Seidel / Wagner

Allgemeine Elektrotechnik

Band 1

Heinz-Ulrich Seidel
Edwin Wagner

Allgemeine Elektrotechnik

Band 1

2. Auflage

HANSER

Carl Hanser Verlag München Wien

Autoren:

Prof. Dr.-Ing. habil Heinz-Ulrich Seidel
Prof. Dr.-Ing. habil.Edwin Wagner

Technische Hochschule Ilmenau

Die Deutsche Bibliothek – CIP-Einheitsaufnahme

Seidel, Heinz-Ulrich:
Allgemeine Elektrotechnik / Heinz-Ulrich Seidel ; Edwin Wagner. -
München ; Wien : Hanser
(Hanser-Studienbücher)

Bd. 1. - 2. Aufl. - 1999
ISBN 3-446-21339-2

Internet: http://www.hanser.de
Druck und Binden: Druckerei Sommer GmbH, Feuchtwangen
Einbandgestaltung: MCP·Agentur für Marketing – Communications – Produktion, Holzkirchen
Printed in Germany

Vorwort

Die mit diesem Buch vorgelegte Darstellung des Wissensgebietes Allgemeine Elektrotechnik ist aus Vorlesungen im Lehrgebiet Grundlagen der Elektrotechnik hervorgegangen, welche die Autoren seit 1972 an der Technischen Hochschule Ilmenau für Studenten der Elektrotechnik und in den letzten Jahren auch für angehende Diplomingenieure des Maschinenbaus, der Informatik und des Wirtschaftsingenieurwesens halten.

Die inhaltliche Auswahl des dargebotenen Stoffes wurde vor dem Hintergrund der modernen Entwicklung der Elektrotechnik, ihrer wachsenden Verbindung zu benachbarten technischen Disziplinen und dem sich wandelnden Berufsbild des Elektroingenieurs bewußt darauf orientiert, vor allem langlebiges und fachübergreifendes Grundlagenwissen des Elektrotechnikers zu vermitteln. Dabei wurden in enger Anlehnung an die physikalischen Grundgesetze der Elektrotechnik sowohl grundlegende Arbeitsmethoden des Elektrotechnikers als auch wesentliche Energiewandlungsprozesse, Bauelemente und Baugruppen behandelt, deren Kenntnis unabhängig von der gewählten Spezialisierung ein breites Fundament anwendungsbereiten Grundlagenwissens sichern soll. Demzufolge wird inhaltlich das Spektrum von der Berechnung stationärer Vorgänge in Gleichstromkreisen über eine Einführung in die Probleme der elektrothermischen Energiewandlungsprozesse, die Behandlung der Grundbegriffe des elektromagnetischen Feldes (Inhalt des ersten Bandes), die Theorie der Wechselstromschaltungen und Ausgleichsvorgänge bis hin zur Wellenausbreitung längs Leitungen (Inhalt des zweiten Bandes) überstrichen. Mit diesen Themenkomplexen grenzen wir uns zu den Inhalten der Lehrgebiete Einführung in die elektrische Energietechnik und der Grundlagen der Elektronik ab, die eigenständig im Grundstudium vermittelt werden.

Die didaktische Aufbereitung des Stoffes sowohl bezüglich der vorausgesetzten mathematischen und physikalischen Vorkenntnisse als auch in der Abfolge der Darstellung wurde so vorgenommen, daß das vorgelegte Buch insbesondere dem Studenten im Grundstudium des Studienganges Elektrotechnik an Universitäten und Technischen Hochschulen ein nützlicher Begleiter sein kann, aber auch Studierende verwandter Studiengänge, Fachhochschulstudenten und in der Praxis tätige Ingenieure anspricht.

Da in den unteren Fachsemestern die Beherrschung des mathematischen Instrumentariums nicht im vollen Umfang vorausgesetzt werden kann, wurde vor allem in den Kapiteln 1 bis 4 auf die Einführung spezieller mathematischer Methoden und die Behandlung theoretisch aufwendiger Beispiele bewußt verzichtet, ohne die gebotene wissenschaftliche Exaktheit zu vernachlässigen. Dies zwang an einigen Stellen auch zur exemplarischen Darstellung von Arbeitsmethoden.

Die Auswahl der durchgerechneten Beispiele erfolgte mit dem Ziel, zum einen die Lösungsmethodik transparent zu machen und zum anderen praxisrelevante Zusatzkenntnisse zu vermitteln.

Die Autoren hoffen, mit dem vorgelegten Lehrbuch dem interessierten Leser ein Hilfsmittel zur Aneignung der Grundgebiete der Elektrotechnik in die Hand gegeben zu haben, welches sich in das Gesamtspektrum der zur Verfügung stehenden Lehrbücher auf diesem Gebiet eigenständig einordnet.

Der Carl Hanser Verlag hat im März 1990 an der Technischen Hochschule Ilmenau angeboten, langjährig erprobte Lehrkonzepte als Lehrbücher herauszugeben. Für dieses Angebot und die verständnisvolle Zusammenarbeit bedanken wir uns beim Verlag, namentlich bei Herrn C. Rauscher.

Die Autoren bedanken sich herzlich bei Frau K. Findeisen und Frau A. Wykowski, die die Schreibarbeiten übernommen haben, sowie bei den Herren Dr. M. Bretschneider und cand. ing. H. Kempe für das Erstellen der Bilder. Herr Dr. Bretschneider hat auch die Feldbilder zu Kapitel 3 berechnet.

Besondere Mühe verwendete Frau K. Findeisen auf das Erstellen des druckfertigen Manuskripts, wofür ihr unser besonderer Dank gilt.

Ilmenau, Frühjahr 1992 H.-U. Seidel, E. Wagner

Vorwort zur 2. Auflage

Im Ergebnis der Drucklegung der 1. Auflage unseres Buches haben uns zahlreiche Hinweise und Anregungen erreicht, die wir bei der Durcharbeitung des Textes für die Neuauflage berücksichtigt haben, und für die wir uns herzlich bedanken. Dies betrifft vor allem die Beseitigung von Schreibfehlern und die Präzisierung einiger Formulierungen. Das Grundkonzept und die Auswahl der behandelten Beispiele haben sich nach unserer Auffassung bewährt und wurden beibehalten.

Wir bedanken uns insbesondere beim Carl Hanser Verlag für sein Entgegenkommen und namentlich bei Frau E. Hotho für die gute Zusammenarbeit.

Ilmenau, Sommer 1999 H.-U. Seidel, E. Wagner

Inhaltsverzeichnis

1 Vorgänge in elektrischen Netzwerken bei Gleichstrom

1.1 Grundbegriffe und Grundgesetze

1.1.1 Die elektrische Ladung Q

Die physikalische Erfahrung zeigt, daß zwischen bestimmten Körpern unter besonderen Umständen in der Natur Kräfte auftreten können, deren Erklärung durch die Grundgesetze der Mechanik nicht möglich ist. Ein klassisches Beispiel ist die leicht experimentell nachvollziehbare Tatsache, daß ein mit einem Wollappen geriebener Bernsteinstab (griech. elektron) ein an einer Schnur aufgehängtes Metallkügelchen nach kurzer Berührung abstößt. Andererseits wird ein ebenfalls an Wolle geriebener Glasstab von Bernstein angezogen. Nach dem griechischen Wort für Bernstein erhielt die so manifestierte Erscheinung den Namen Elektrizität. Die physikalische Größe, die die Menge der Elektrizität bezeichnet und der der Betrag der auftretenden anziehenden oder abstoßenden Kraft proportional ist, wird als elektrische Ladung Q bezeichnet. Die weiteren physikalischen Untersuchungen der Natur der elektrischen Ladungen ergaben folgende Tatsachen:

1. Es existieren zwei verschiedene Ladungen, deren physikalische Auswirkungen sich unter sonst gleichen Bedingungen lediglich in der Richtung der ausgeübten Kraft (Anziehung oder Abstoßung) unterscheiden. Diese Ladungen werden durch das positive oder negative Vorzeichen gekennzeichnet. Dabei ziehen sich ungleichnamig geladene Körper an, gleichnamig geladene Körper stoßen sich ab.

2. Ladungen sind an Ladungsträger gebunden und nicht unendlich teilbar. Die Träger der negativen Elementarladungen werden als Elektronen bezeichnet. Protonen tragen die gleich große positive Elementarladung. Atome, deren elektrische Neutralität durch unterschiedliche Prozesse gestört ist und die demzufolge mit einem ganzzahligen Vielfachen der Elementarladungen aufgeladen sind, heißen Ionen. Die positiv geladenen Ionen werden Kationen, die negativ geladenen Anionen genannt. Diese Ladungsträger sind in bestimmten Stoffen unterschiedlich mobil. Materialien, in denen Ladungsträger relativ frei beweglich sind, werden als Leiter bezeichnet. Sind sie hingegen relativ fest fixiert, spricht man von Isolatoren. Materialien, in denen die Ladungsträgerbeweglichkeit zwischen der von Leitern und der von Isolatoren liegt, sind Halbleiter.

Die Quantifizierung physikalischer Größen erfolgt durch die Definition von Einheiten. Die Einheit der Ladung ist das Coulomb:

$$[Q] = 1 \text{ Coulomb} = 1 \text{ C} = 1 \text{ As}.$$

Das Coulomb ist keine Grundeinheit des SI, sondern wird aus meßtechnischen Gründen auf die noch zu definierende Einheit der elektrischen Stromstärke zurückgeführt. Die kleinste Ladung, die sogenannte Elementarladung e, wurde zu folgender Größe bestimmt:

$$e = 1{,}6021892\ 10^{-19}\ C.$$

Eine weitere wesentliche Tatsache ist der Satz von der Erhaltung der Ladung. Dieser besagt:

In einem abgeschlossenen System ist die Summe aller Ladungen konstant.

Dieser Erhaltungssatz hat einen ähnlichen Charakter wie die übrigen Erhaltungssätze der Physik, die sämtlich durch die experimentelle Erfahrung und ausschließlich durch diese bestätigt werden.

Sehr oft ist nicht nur die auf einem Körper insgesamt vorhandene Ladung Q Gegenstand der Betrachtungen, sondern auch deren Verteilung im Raum, auf Flächen oder längs Linien. Zur Beschreibung der Ladungsverteilung werden die sogenannten Ladungsdichten verwendet:

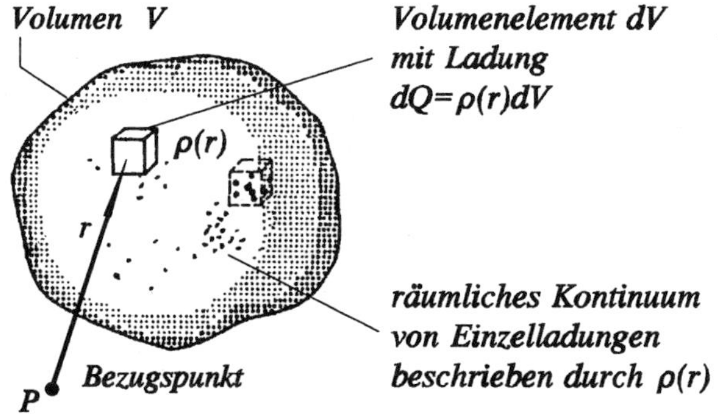

Bild 1.1a Darstellung der Ladungsdichten: Raumladung

- Raumladungsdichte ρ (x, y, z) (s. a. Bild 1.1a):

$$\rho(x, y, z) = \lim_{\Delta V \to 0} \frac{\Delta Q}{\Delta V}, \qquad [\rho] = 1\frac{As}{m^3}. \tag{1.1}$$

Dabei ist ΔQ die Ladung im Volumenelement ΔV.

- Flächenladungsdichte σ (x, y, z) (s. a. Bild 1.1b):

$$\sigma(x, y, z) = \lim_{\Delta A \to 0} \frac{\Delta Q}{\Delta A}, \qquad [\sigma] = 1\frac{As}{m^2}. \tag{1.2}$$

ΔQ ist die auf dem Flächenelement ΔA verteilte Ladung.

- Linienladungsdichte λ (x, y, z) (s. a. Bild 1.1c):

Ist die Ladung Q auf einem linienförmigen Medium verteilt, erhält man zur Beschreibung dieser Verteilung die Linienladungsdichte zu

$$\lambda(x, y, z) = \lim_{\Delta l \to 0} \frac{\Delta Q}{\Delta l}, \qquad [\lambda] = 1\frac{As}{m}. \tag{1.3}$$

Dabei ist ΔQ nunmehr die entlang des Linienelements Δl auftretende Ladung.

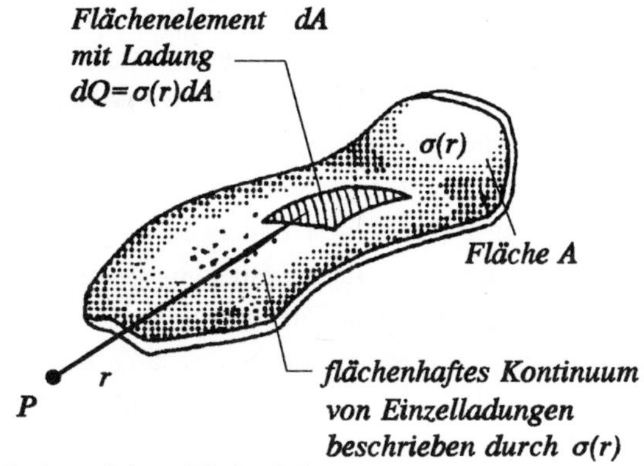

Bild 1.1b Darstellung der Ladungsdichten: Flächenladung

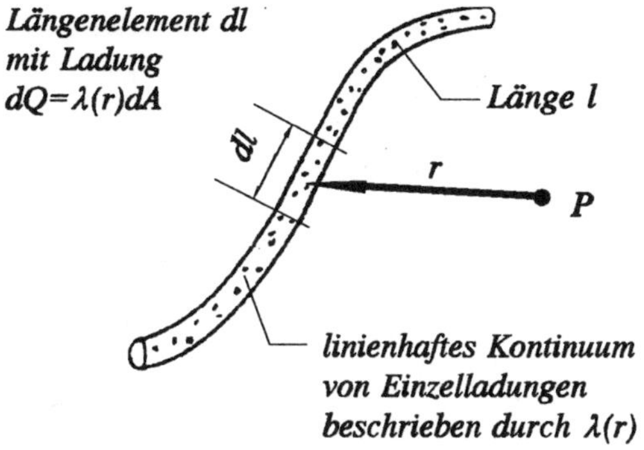

Bild 1.1c Darstellung der Ladungsdichten: Linienladung

Umgekehrt berechnet sich die Größe der vorhandenen Gesamtladung bei bekannter Ladungsdichte gemäß

$$Q = \int_V \rho \; dV \tag{1.4}$$

für räumlich verteilte Ladungen,

$$Q = \int_A \sigma \; dA \tag{1.5}$$

für flächenhaft verteilte Ladungen,

$$Q = \int_l \lambda \; dl \tag{1.6}$$

für Linienladungen.

1.1.2 Die bewegte elektrische Ladung, der elektrische Strom

Aus dem genannten Grundprinzip der Erhaltung der Ladung und der daraus unmittelbar folgenden Aussage, daß immer dann, wenn Ladungen ein abgeschlossenes System verlassen, gleich viele Ladungen an anderen Stellen der Systemoberfläche in das System eintreten müssen, ergibt sich die Tatsache, daß bei mobilen Ladungen die Ladungsbewegung immer entlang geschlossener Bahnen erfolgt. Eine solche Ladungsbewegung wird als elektrischer Strom bezeichnet. Wegen der Existenz von Ladungen entgegengesetzter Polarität ist zur Definition der Stromrichtung die willkürliche Festlegung getroffen worden, daß die positive Stromrichtung mit der Bewegungsrichtung der positiven Ladungen übereinstimmt. Diese Festlegung steht zumindest für die große Gruppe der metallischen Leiter im Widerspruch zur Realität, da dort die frei beweglichen Ladungsträger ausschließlich Elektronen mit negativer Elementarladung sind. Die physikalische Bewegungsrichtung der Ladungsträger in Elektronenleitern erfolgt also entgegengesetzt zur positiven Stromrichtung. Die Stärke des elektrischen Stromes I läßt sich bestimmen als Quotient der Ladungsmenge, die in einer bestimmten Zeiteinheit eine gegebene Fläche durchsetzt, und dieser Zeiteinheit (Bild 1.2).

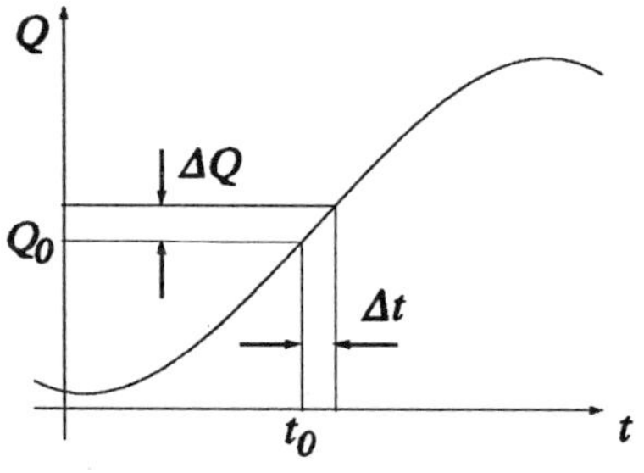

Bild 1.2 Zur Definition der elektrischen Stromstärke

Man schreibt also für die Stromstärke:

$$I = \lim_{\Delta t \to 0} \frac{\Delta Q}{\Delta t} = \frac{dQ}{dt} \,. \qquad (1.7)$$

Erfolgt der Ladungstransport zeitproportional, ist also die Stromstärke zeitlich konstant, spricht man von Gleichstrom. Die Einheit der elektrischen Stromstärke wird über die Kraftwirkung zweier stromdurchflossener Leiter aufeinander bestimmt und ist eine Grundeinheit des SI-Maßsystems. Sie heißt 1 Ampère (Symbol: 1 A).

Da weder die Ladung an sich noch ihre Bewegung durch die menschlichen Sinnesorgane direkt wahrgenommen werden kann, ist die Beobachtung des elektrischen Stromes nur über seine Kennzeichen möglich.

Das Hauptkennzeichen des elektrischen Stromes ist, daß er stets von einem Magnetfeld umgeben ist. Dieses Kennzeichen hat jeder Strom, gleichgültig auf welche Weise die Ladungsbewegung erfolgt.

Ströme, die durch Bewegung von Ladungsträgern entstehen (sogenannte Konvektionsströme), haben als weitere Kennzeichen:

- Sie sind mit Stofftransport verbunden.
- Es erfolgt in der Regel eine Umwandlung von elektrischer Energie in Wärme, Ausnahme sind Supraleiter.

In der Umkehrung von Gleichung (1.7) erhält man bei bekannter Stromstärke für die zum Zeitpunkt t insgesamt durch eine Fläche transportierte Ladung

$$Q(t) = Q_o + \int_{t_o}^{t} I(t)\, dt \tag{1.8}$$

mit: Q_o - zum Zeitpunkt t_o bereits transportierte Ladung, t_o - Beginn der Beobachtung.

In einer Vielzahl von Fällen ist es wünschenswert, außer der elektrischen Stromstärke, die ja bekanntermaßen immer an den durchströmten Gesamtquerschnitt gebunden ist, noch eine weitere Größe einzuführen, die Aufschlüsse über den Anteil jedes Punktes auf dem durchströmten Gesamtquerschnitt am Gesamtstrom gibt. Zu diesem Zweck unterteilt man den Gesamtquerschnitt in Flächenelemente ΔA und ermittelt die durch diese Flächenelemente tretenden Teilströme ΔI (Bild 1.3a).

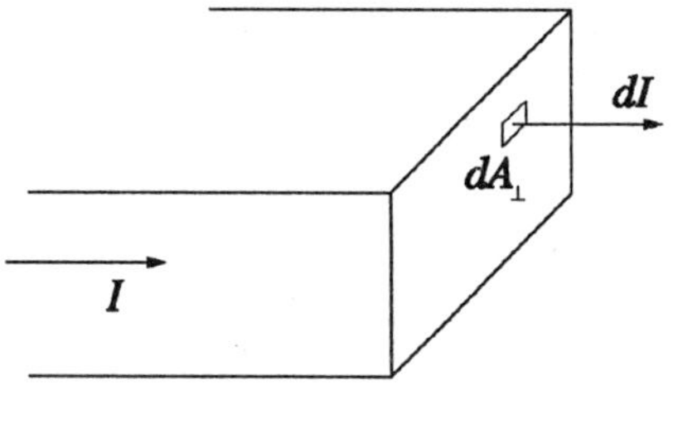

Bild 1.3a Zur Einführung der elektrischen Stromdichte: senkrecht durchströmter Querschnitt

Man definiert dann als Betrag der elektrischen Stromdichte J den Ausdruck

$$J = \lim_{\Delta A_\perp \to 0} \frac{\Delta I}{\Delta A_\perp} . \tag{1.9}$$

Dabei ist $\Delta A_\perp$ das von ΔI senkrecht durchströmte Flächenelement.

Umgekehrt erhält man für den Strom

$$I = \int_{A_\perp} J \, dA_\perp \, . \tag{1.10}$$

Für eine zur Strömungsrichtung der Ladungen um einen beliebigen Winkel geneigte Fläche gilt (Bild 1.3b)

$$dA_\perp = dA \cos\alpha \, . \tag{1.11}$$

Damit erhält man

$$I = \int_{A} J \, dA \cos\alpha \, . \tag{1.12}$$

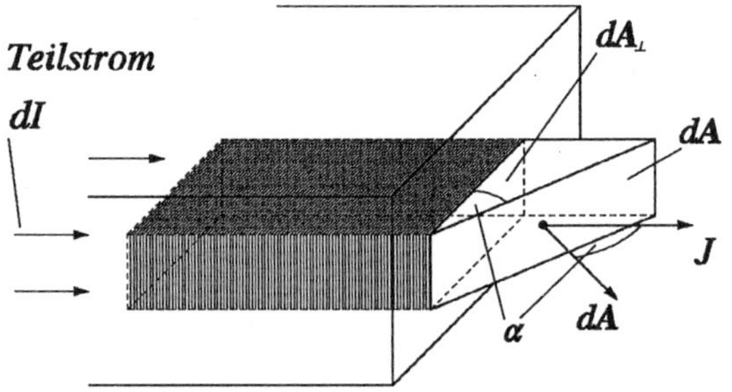

Bild 1.3b Zur Einführung der elektrischen Stromdichte: beliebig geneigtes Flächenelement

Benutzt man nun die Tatsache, daß sich ein Flächenelement in der in Bild 1.3b gezeigten Weise durch einen Vektor darstellen läßt und betrachtet die Stromdichte ebenfalls als Vektor, dessen Richtung mit der Strömungsrichtung der positiven Ladungen übereinstimmt, vereinfacht sich Gleichung (1.12) zu

$$I = \int_{A} \mathbf{J} \, d\mathbf{A} \, . \tag{1.13}$$

Die elektrische Stromdichte ist somit ein Vektorfeld, das die elektrischen Strömungsverhältnisse in jedem Punkt des Raumes nach Betrag und Richtung beschreibt. Eine mögliche Einheit der Stromdichte ist dann

$$[J] = 1\frac{A}{m^2} \qquad bzw. \qquad 1\frac{A}{mm^2} \, .$$

Besonders einfache Verhältnisse ergeben sich dann, wenn die Stromdichte auf dem betrachteten Querschnitt konstant ist und dieser vom Strom senkrecht durchsetzt wird. Man erhält dann aus Gleichung (1.13)

$$I = J \, A \, .$$

Zur anschaulichen Darstellung der Strömungsverhältnisse im jeweils betrachteten Medium werden gern die gedachten Spuren der Ladungsbewegung unter dem Einfluß des elektrischen Strömungsfeldes verwendet. Die so entstehenden Linien werden als Strömungslinien bezeichnet. Die Richtung der Stromdichte stimmt mit der Richtung der Tangente an die Strömungslinien überein (Bild 1.4).

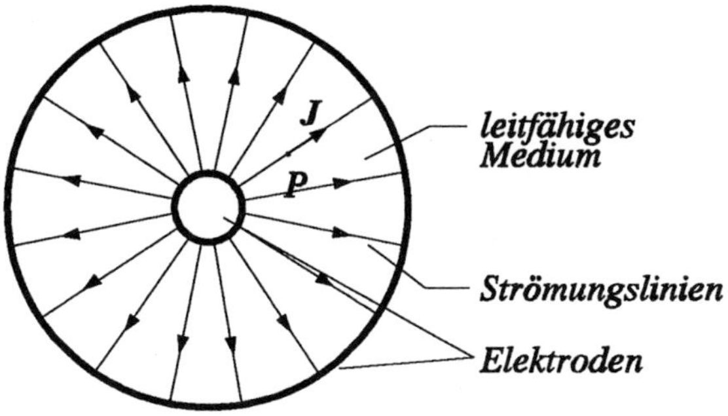

Bild 1.4 Darstellung des elektrischen Strömungsfeldes durch Strömungslinien

Zeichnet man die Strömungslinien so, daß zwischen benachbarten Strömungslinien immer gleiche Teilströme fließen, erhält man zusätzlich eine quantitative Vorstellung über die Stromdichte. Eine hohe Dichte der Strömungslinien entspricht dann auch einer hohen Stromdichte.

Sehr oft ist der Zusammenhang zwischen der elektrischen Stromdichte und der Driftgeschwindigkeit räumlich verteilter Ladungen von Interesse.

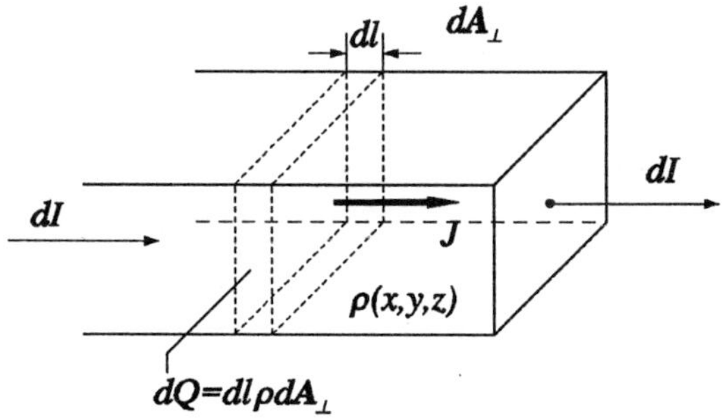

Bild 1.5 Zur Berechnung der Driftgeschwindigkeit der Ladungsträger

Für das in Bild 1.5 dargestellte Strömungsfeld erhält man als Teilstrom dI durch das Flächenelement dA gemäß Gleichung (1.13)

$$dI = \boldsymbol{J}\, d\boldsymbol{A} \,. \tag{1.14}$$

Andererseits läßt sich dieser Strom auch aus der durch dA in der Zeiteinheit dt transportierten Ladungsmenge dQ berechnen. Letztere füllt das Volumen dV mit der Raumladungsdichte ρ aus. Es gilt also

$$dQ = \rho \; dV \tag{1.15}$$

und mit

$$dV = d\boldsymbol{A} \; d\boldsymbol{l} \tag{1.16}$$

wird

$$dQ = \rho \; d\boldsymbol{l} \; d\boldsymbol{A} \; . \tag{1.17}$$

Damit entsteht für dI

$$dI = \frac{dQ}{dt} = \rho \; \frac{d\boldsymbol{l}}{dt} \; d\boldsymbol{A} = \rho \; \boldsymbol{v} \; d\boldsymbol{A} \; , \tag{1.18}$$

und durch Gleichsetzung mit Gleichung 1.14 erhält man

$$\boldsymbol{J} = \rho \; \boldsymbol{v} \; . \tag{1.19}$$

Ein einfaches Rechenbeispiel für einen metallischen Leiter möge den Unterschied zwischen der bekanntermaßen sehr hohen Ausbreitungsgeschwindigkeit der Elektrizität in Schaltungen und der Driftgeschwindigkeit elektrischer Ladungsträger illustrieren. In einem Leiter des Querschnitts A = 2,5 mm^2 fließe ein Strom von 10 A. Die Anzahl n der freien Elektronen in Metall ist 8,6 10^{22} cm^{-3}. Dann ist die Ladungsdichte ρ = -ne = -13780 As cm^{-3}, und man erhält als Driftgeschwindigkeit v = -0,29 mm/s. Dabei ist anzumerken, daß die so ermittelte Driftgeschwindigkeit die mittlere Geschwindigkeit ist, die von zufälligen Bewegungen entsprechend den Gesetzen der Thermodynamik überlagert wird.

Untersucht man schließlich noch die Konsequenzen des Satzes von der Erhaltung der Ladung für die Stärken der Ströme an Stromverzweigungspunkten, den sogenannten Knotenpunkten eines Stromkreises (Bild 1.6), so folgt durch einfache zeitliche Differentiation der sogenannte Knotensatz oder 1. Kirchhoffsche Satz

$$\sum_{\nu=1}^{n} \underset{(vzb)}{I_{\nu}} = 0 \; . \tag{1.20a}$$

Dabei erhalten zum Knoten fließende und vom Knoten weg gerichtete Ströme unterschiedliches Vorzeichen.

Anders ausgedrückt ergibt sich:

$$\sum_{\nu=1}^{n_1} I_{\nu ab} = \sum_{\nu=1}^{n_2} I_{\nu zu} \,, \tag{1.20b}$$

d. h. an Knoten in elektrischen Stromkreisen ist die Summe der Stärken aller zum Knoten hinfließenden Ströme gleich der Summe der Stärken aller vom Knoten wegfließenden Ströme.

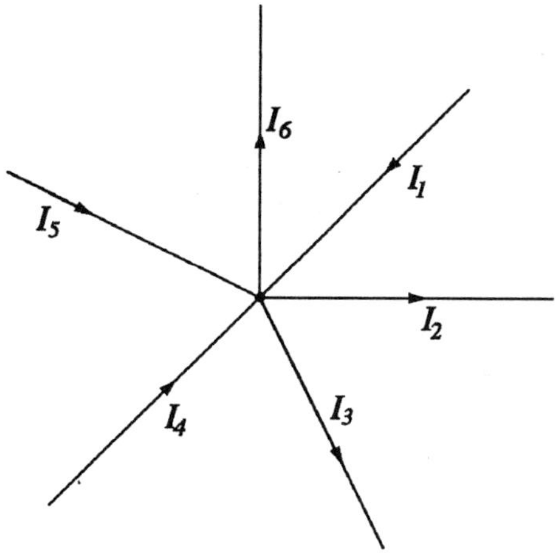

Bild 1.6 Zur Veranschaulichung des Knotensatzes

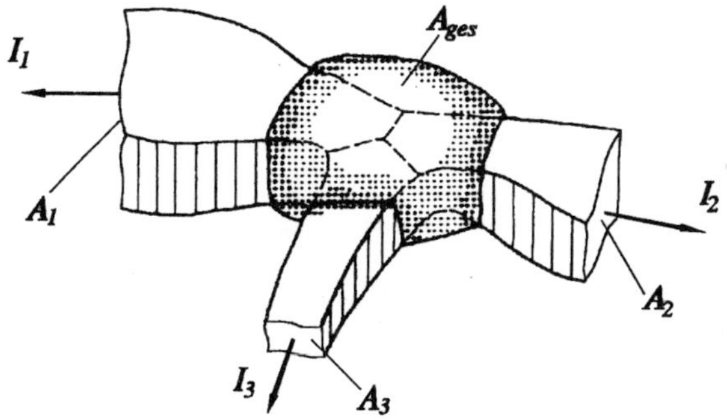

Bild 1.7 Knotensatz im räumlichen Leiter

Wendet man den in Gleichung (1.20) formulierten Knotensatz und den in Gleichung (1.13) gegebenen Zusammenhang zwischen elektrischem Strom und Stromdichte auf eine in sich geschlossene Hüllfläche im Strömungsfeld an, so entsteht (s. a. Bild 1.7)

$$\sum_{\nu=1}^{n} \int_{A_\nu} J \, dA = 0 \tag{1.21}$$

und damit als wichtige Grundeigenschaft des elektrischen Strömungsfeldes

$$\oint \boldsymbol{J}\, d\boldsymbol{A} = 0 \,. \tag{1.22}$$

1.1.3 Kräfte auf Ladungen, elektrische Spannung und elektrische Feldstärke

Da die Ursache der im vorangehenden Kapitel beschriebenen elektrischen Strömungserscheinungen Ladungsbewegungen unter dem Einfluß elektrischer Kräfte sind, muß nun der Beschreibung letzterer das notwendige Augenmerk gewidmet werden. Physikalische Beobachtungen haben ergeben, daß bei sonst gleichem elektrischen Zustand des untersuchten Mediums die darin auf eingebrachte Probeladungen ausgeübten Kräfte sowohl nach Betrag als auch nach Richtung der Größe und Polarität der Probeladung proportional sind.

Da die Ladung eine skalare, die Kraft jedoch eine vektorielle Größe ist, muß der den elektrischen Zustand des Mediums beschreibende Teil der Gleichung eine vektorielle Größe sein. Man schreibt also

$$\boldsymbol{F} = Q\, \boldsymbol{E} \tag{1.23}$$

oder

$$\boldsymbol{E} = \frac{\boldsymbol{F}}{Q} \,. \tag{1.24}$$

Die Größe **E** wird als die elektrische Feldstärke bezeichnet und bildet ebenfalls ein Vektorfeld, da bekanntermaßen die Kraft auf eine Probeladung nach Betrag und Richtung an jedem Punkt des Raumes variieren kann. Die elektrische Feldstärke kann somit als ein Vektorfeld interpretiert werden, welches die Kraft pro Ladungseinheit im elektrischen Feld darstellt. Die Richtung des Feldstärkevektors stimmt dabei mit der Richtung der Kraft auf positive Ladungen überein.

In vielen Fällen erweist sich auch für die elektrische Feldstärke eine übersichtliche Darstellung durch Feldlinien als wünschenswert. Der Verlauf der Feldlinien wird wie bei den Strömungslinien dadurch charakterisiert, daß die Richtung des Feldstärkevektors mit der Richtung der Tangente an die Feldlinie im betrachteten Punkt übereinstimmt. Diese Tatsache nutzt man zur rechnerischen Ermittlung der Gleichungen der Feldlinien aus. Ist **dl** in dem in Bild 1.8 dargestellten elektrischen Feld ein Element der Feldlinie durch den Punkt P und **E** die Feldstärke in diesem Punkt, so ist die Bedingung für die Parallelität beider Vektoren das Verschwinden ihres Vektorproduktes.

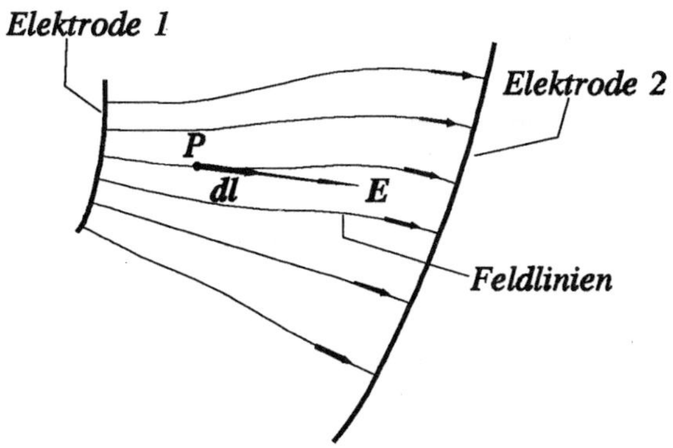

Bild 1.8 Zur Berechnung der Feldlinien

Der Vektor **dl** ist also dann Teil einer Feldlinie, wenn gilt:

$$\boldsymbol{E} \times \boldsymbol{dl} = 0 \ . \tag{1.25}$$

Werden beide Vektoren im kartesischen Koordinatensystem durch ihre Komponenten dargestellt, so ergibt sich für die beiden Vektoren **dl** und **E**

$$\boldsymbol{dl} = dx\ \boldsymbol{i} + dy\ \boldsymbol{j} + dz\ \boldsymbol{k}\ , \tag{1.26}$$

$$\boldsymbol{E} = E_x\ \boldsymbol{i} + E_y\ \boldsymbol{j} + E_z\ \boldsymbol{k}\ . \tag{1.27}$$

Für das Vektorprodukt entsteht dann:

$$O = \boldsymbol{i}\ (E_y dz - E_z dy) + \boldsymbol{j}\ (E_z dx - E_x dz) + \boldsymbol{k}\ (E_x dy - E_y dx) \tag{1.28}$$

oder für die Komponenten getrennt:

$$\begin{aligned} E_y\ dz &= E_z\ dy\ , \\ E_z\ dx &= E_x\ dz\ , \\ E_x\ dy &= E_y\ dx\ . \end{aligned} \tag{1.29}$$

Mit diesem System von Differentialgleichungen können für jede Feldanordnung die Gleichungen aller Feldlinien berechnet werden.

Die Einheit der elektrischen Feldstärke berechnet sich dann als abgeleitete Einheit zu

$$[E] = \frac{[F]}{[Q]} = 1\frac{N}{As} = 1\frac{kgm}{As^3}\ .$$

Mit der Abkürzung

$$1V = 1\frac{kgm^2}{As^3} \quad (1\ Volt)$$

wird die Einheit der elektrischen Feldstärke

$$[E] = 1\frac{V}{m} \ .$$

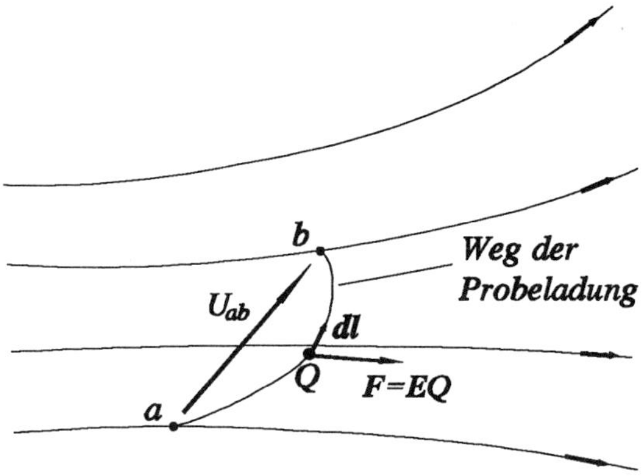

Bild 1.9 Zur Definition der elektrischen Spannung

Ein wichtiger Zusammenhang ist die Berechnung der zum Transport einer Ladung Q vom Punkt a zum Punkt b im elektrischen Feld durch dieses aufgebrachte Energie (Bild 1.9).Die dazu benötigte mechanische Arbeit wird der Energie des elektrischen Feldes entzogen. Man kann also schreiben:

$$\Delta W_{el} = \int_a^b \boldsymbol{F}\ dl = \int_a^b Q\ \boldsymbol{E}\ dl = Q \int_a^b \boldsymbol{E}\ dl \ . \tag{1.30}$$

Für das Wegintegral der Feldstärke wird in der Elektrotechnik der Begriff der elektrischen Spannung U eingeführt. Man erhält aus Gleichung (1.30)

$$U = \int_a^b \boldsymbol{E}\ dl = \frac{\Delta W_{el}}{Q} \ . \tag{1.31}$$

Damit ist als elektrische Spannung die Energie pro Ladungseinheit charakterisiert, die notwendig ist, um die Ladungseinheit durch das elektrische Feld vom Punkt a zum Punkt b zu transportieren. Erfolgt der Ladungstransport in einem Feld konstanter elektrischer Feldstärke (homogenes Feld) entlang einer Feldlinie, gestaltet sich der Zusammenhang nach Gleichung (1.31) besonders einfach. Man erhält:

$$U = E\, l_{ab} = \frac{\Delta W_{el}}{Q} .$$

Die Einheit der elektrischen Spannung wird dann definiert zu

$$[U] = 1\frac{Nm}{As} = 1\frac{kgm^2}{As^3} = 1V .$$

Die Spannung zwischen zwei Punkten des elektrischen Feldes wird durch einen Spannungspfeil gekennzeichnet, dessen Orientierung mit der Richtung der positiven Ladungsbewegung übereinstimmt (s. gleichf. Bild 1.9).

Dies ist auch bei passiven Elementen die Antriebsrichtung auf positive Ladungsträger. Dabei werden im folgenden entsprechend den Regeln des in diesem Buch benutzten Verbraucherzählpfeilsystems alle die Elemente als passiv bezeichnet, bei denen die Energiedifferenz ΔW_{el} positive Werte besitzt, in denen also elektrische Energie in andere Energieformen umgewandelt wird (Wärme, mechanische Energie u. ä.). Im Gegensatz dazu existieren in elektrischen Stromkreisen auch aktive Elemente, in denen elektrische Energie aus der entsprechenden Umwandlung anderer Energieformen (chemische Energie, mechanische Energie u. a.) hervorgeht. In diesen Elementen erfolgt durch die äußeren Kräfte die Bewegung der positiven Ladungen gegen das elektrische Feld, so daß die Energiedifferenz ein negatives Vorzeichen erhält. Um die unterschiedliche Natur aktiver Elemente zu charakterisieren, spricht man in diesen Fällen von sogenannten Quellenspannungen U_q. Diese sind wegen ihrer "äußeren" Ursachen nicht von Stromdichte oder Strom im elektrischen Feld abhängig.

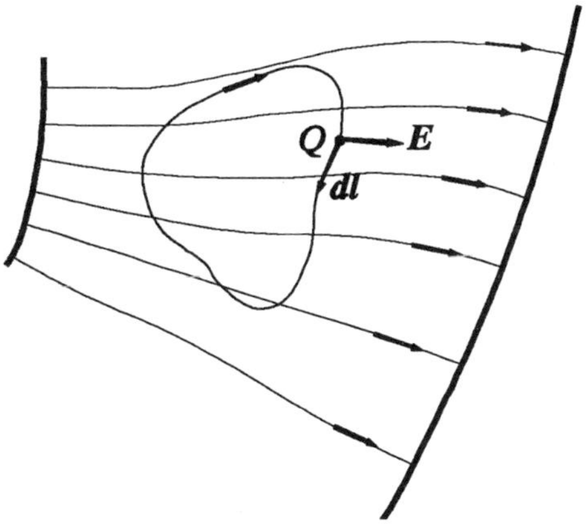

Bild 1.10a Ladungsbewegung in räumlichen Leitern

Eine wichtige Fundamentaleigenschaft der elektrischen Spannung und der elektrischen Feldstärke ergibt sich aus dem Energieerhaltungssatz.

Bewegt man als Gedankenexperiment im elektrischen Feld (s. Bild 1.10a) oder in einem elektrischen Stromkreis (siehe Bild 1.10b) eine Probeladung Q längs eines geschlossenen Weges, so muß aus energetischen Gründen die dabei aufgenommene Energie gleich der abgegebenen Energie sein. Wegen des unterschiedlichen Vorzeichens der beiden Energiearten muß die Gesamtsumme aller Energieänderungen also gleich Null sein. Man erhält im Fall von Bild 1.10a

$$\Delta W_{el\,ges} = Q \oint \boldsymbol{E}\, d\boldsymbol{l} = 0 \tag{1.32}$$

und damit

$$\oint \boldsymbol{E}\, d\boldsymbol{l} = 0\ . \tag{1.33}$$

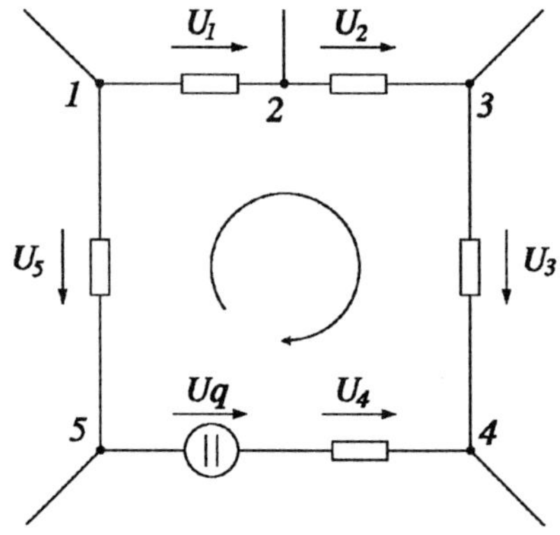

Bild 1.10b Maschensatz in Stromkreisen

Für einen elektrischen Stromkreis führt die stückweise Auflösung des Integrals (s. Bild 1.10b) zu

$$\int_1^2 \boldsymbol{E}\, d\boldsymbol{l} + \int_2^3 \boldsymbol{E}\, d\boldsymbol{l} + \ldots + \int_n^1 \boldsymbol{E}\, d\boldsymbol{l} = 0 \tag{1.34}$$

und schließlich zu

$$U_1 + U_2 + U_3 - U_4 - U_q - U_5 = 0 \tag{1.34a}$$

oder allgemein

$$\sum_{\nu=1}^{n} \underset{(vzb)}{U_\nu} = 0\ . \tag{1.35}$$

Dieser als Maschensatz oder 2. Kirchhoffscher Satz bezeichnete Zusammenhang besagt, daß auf einem geschlossenen Weg die vorzeichenbehaftete Summe aller Spannungen (unter Einschluß der Quellenspannungen) gleich Null ist. Dabei sind alle Spannungen, deren Pfeilrichtungen mit der gewählten Umlaufrichtung übereinstimmen, als positiv zu zählen, solche mit entgegengesetzter Richtung als negativ.

1.1.4 Widerstand und Leitwert, das passive Element

Mißt man an einem passiven Element eines elektrischen Stromkreises gleichzeitig Strom und Spannung, so erhält man die sogenannte U-I-Kennlinie. Diese ist für einige typische passive Elemente in Bild 1.11a und Bild 1.11b dargestellt.

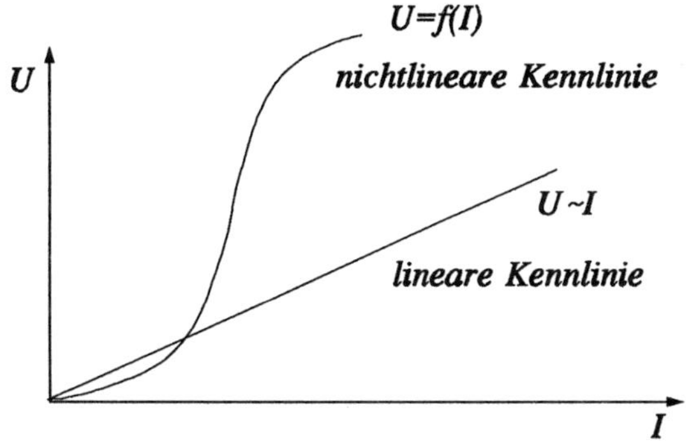

Bild 1.11a U-I-Kennlinie linearer und nichtlinearer Elemente

Für eine große Gruppe von Materialien hat sie den gezeigten linearen Verlauf. Man spricht dann von linearen passiven Elementen. Unter diesen Bedingungen ist die Strom-Spannungskennlinie durch eine Geradengleichung durch den Nullpunkt darstellbar.

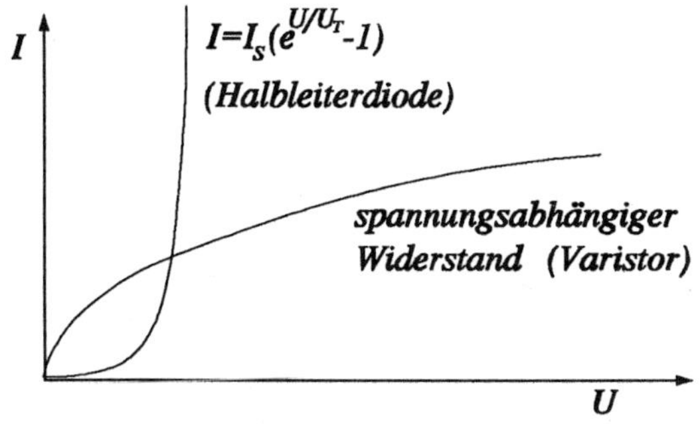

Bild 1.11b U-I-Kennlinie nichtlinearer passiver Elemente

Man erhält

$$U = R\,I \tag{1.36}$$

und

$$R = \frac{U}{I} = \mathit{konst.} \tag{1.37}$$

Letztere Gleichung wird als Ohmsches Gesetz bezeichnet.

Der Quotient aus Spannung und Strom ist der elektrische Widerstand R. Sein Reziprokwert wird als elektrischer Leitwert G bezeichnet. Man definiert

$$G = \frac{1}{R} = \frac{I}{U} \,. \tag{1.38}$$

Die Einheiten sind dann:

$$[R] = 1\frac{V}{A} = 1\Omega \qquad (1\ \mathit{Ohm})\ ,$$

$$[G] = 1\frac{A}{V} = 1\Omega^{-1} = 1S \quad (1\ \mathit{Siemens}).$$

Für passive Elemente werden die in Bild 1.12 dargestellten Schaltzeichen verwendet.

Neben den linearen Kennlinien gibt es eine Vielzahl von passiven Elementen, deren Kennlinie von der Gerade abweicht. Man spricht dann von nichtlinearen Elementen. So gilt beispielsweise für die in Bild 1.11b ebenfalls dargestellten Varistoren, daß ihr Widerstand wegen des speziellen verwendeten Werkstoffes (Si-Karbid) räumliche Sperrschichteffekte aufweist, die eine Kennlinie folgender Form hervorbringen:

$$I = K\,U^{\alpha}. \tag{1.39}$$

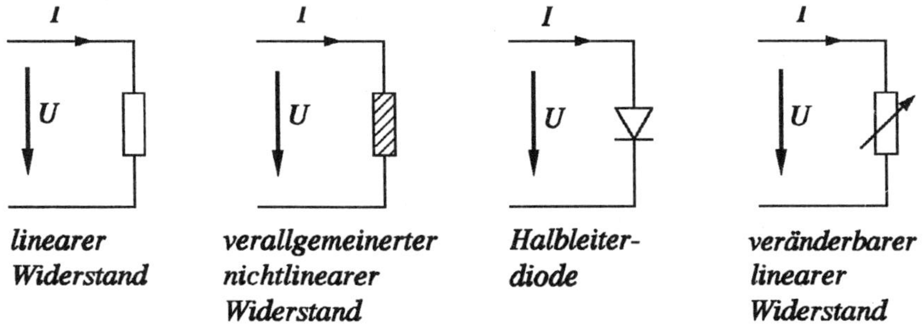

Bild 1.12 Schaltzeichen typischer passiver Elemente

Halbleiterdioden haben eine stark unsymmetrische Kennlinie, die durch den Ausdruck

$$I = I_s \left(e^{\frac{U}{U_T}} - 1\right) \tag{1.40}$$

mit

I_s = Sättigungsstrom (1nA ... 1 mA),

$U_T = kT/e$ = 25mV bei Zimmertemperatur

beschrieben werden kann.

Im Unterschied zu diesen nichtlinearen Elementen, die durch direkte Spannungsabhängigkeit des Stromes (nichtträge Elemente) gekennzeichnet sind, existieren auch Widerstände, deren Nichtlinearität über eine besonders ausgeprägte Temperaturabhängigkeit des elektrischen Widerstandes entsteht. Da thermische Prozesse i. a. wesentlich träger ablaufen, spricht man in diesem Falle von trägen nichtlinearen Elementen.

Heißleiter (Thermistoren) leiten im erwärmten Zustand besonders gut, Kaltleiter hingegen im kalten Zustand.

Aus der Anwendung der Definitionsgleichung des elektrischen Widerstandes auf die Gleichungen für die Strom-Spannungskennlinie bei nichtlinearen Elementen läßt sich sofort zeigen, daß der Widerstand bei nichtlinearen Elementen nicht konstant ist, sondern von Spannung oder Strom mittelbar oder unmittelbar abhängt.

Für Anwendungsfälle, bei denen nicht der Quotient aus Spannung und Strom interessant ist, sondern der Anstieg der Strom-Spannungskennlinie, definiert man den sogenannten differentiellen Widerstand r_d zu

$$r_d = \frac{dU}{dI} \; . \tag{1.41}$$

Für nichtlineare Elemente (verallgemeinertes Schaltzeichen s. Bild 1.12) gilt dabei

$$r_d \neq R \; . \tag{1.42}$$

Eine andere Form der Darstellung des Verhaltens passiver Elemente unter dem Einfluß eines elektrischen Feldes ergibt sich aus der in Gleichung (1.19) abgeleiteten Abhängigkeit der elektrischen Stromdichte von Raumladungsdichte ρ und Strömungsgeschwindigkeit **v** der Ladungen. Es galt

$$\boldsymbol{J} = \rho \, \boldsymbol{v} \; .$$

Geht man nun weiter davon aus, daß in Stoffen mit leitendem oder halbleitendem Charakter die frei beweglichen Ladungsträger auf ihrer durch das elektrische Feld hervorgerufenen

Driftbewegung ständig mit Gitteratomen, die infolge ihres thermischen Energiezustandes um ihre Ruhelage schwingen, zusammenstoßen, entsteht eine Proportionalität zwischen Driftgeschwindigkeit und elektrischer Feldstärke. Man schreibt

$$\boldsymbol{v} = b\,\boldsymbol{E} . \tag{1.43}$$

Die Proportionalitätskonstante b wird dabei als die Beweglichkeit der Ladungen bezeichnet. Eine mögliche Einheit von b ist

$$[b] = 1\frac{m^2}{Vs} \quad bzw. \quad 1\frac{cm^2}{Vs} .$$

Die Beweglichkeit von Elektronen in metallischen Leitern liegt bei (10...50) cm^2/Vs. Berücksichtigt man die Polarität der bewegten Ladungen und die Tatsache, daß z. B. in leitfähigen Flüssigkeiten sowohl positive als auch negative Ionen am Leitungsprozeß beteiligt sind, so ergibt sich

$$\boldsymbol{v}_+ = b_+\,\boldsymbol{E} \tag{1.44}$$

und

$$\boldsymbol{v}_- = -b_-\,\boldsymbol{E} \tag{1.45}$$

für den Zusammenhang zwischen Driftgeschwindigkeit und elektrischer Feldstärke. Die infolge der Ladungsdrift in Festkörpern und Flüssigkeiten entstehende Stromdichte wird dann

$$\boldsymbol{J} = \rho_+\,\boldsymbol{v}_+ + \rho_-\,\boldsymbol{v}_- = (\rho_+\,b_+ - \rho_-\,b_-)\,\boldsymbol{E} . \tag{1.46}$$

Kürzt man ab

$$\kappa = \rho_+\,b_+ - \rho_-\,b_- , \tag{1.47}$$

entsteht das sogenannte Ohmsche Gesetz in differentieller Form

$$\boldsymbol{J} = \kappa\,\boldsymbol{E} . \tag{1.48}$$

Die Größe κ wird dabei als elektrische Leitfähigkeit bezeichnet und ist eine reine Materialgröße. Eine mögliche Einheit ist

$$[\kappa] = 1\frac{A}{Vm} = 1\Omega^{-1}m^{-1} = 1\frac{S}{m} .$$

Der Reziprokwert der elektrischen Leitfähigkeit ist der spezifische Widerstand

$$\rho = \frac{1}{\kappa} . \tag{1.49}$$

Häufig benutzte Einheiten für den spezifischen Widerstand sind

$$[\rho] = 1\Omega\, m,\ 1\frac{\Omega\, mm^2}{m},\ 1\Omega\, cm\ .$$

Die elektrische Leitfähigkeit bzw. der spezifische Widerstand unterliegen ihrer Natur nach mehr oder weniger deutlichen Einflüssen der Temperatur. Typische Abhängigkeiten ρ (T) zeigt Bild 1.13.

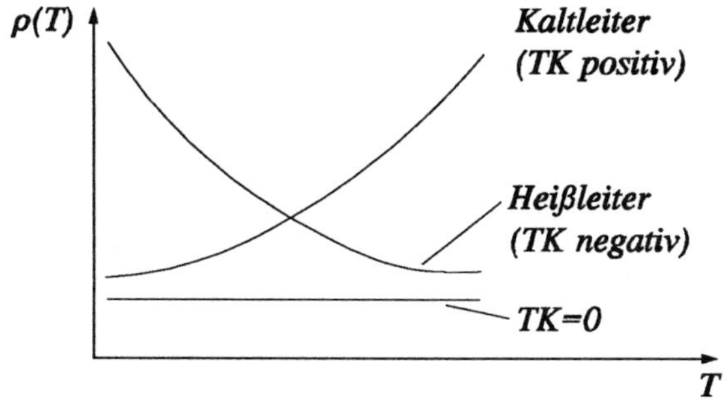

Bild 1.13a Temperaturabhängigkeit des spezifischen Widerstandes bei Heiß- und Kaltleitern

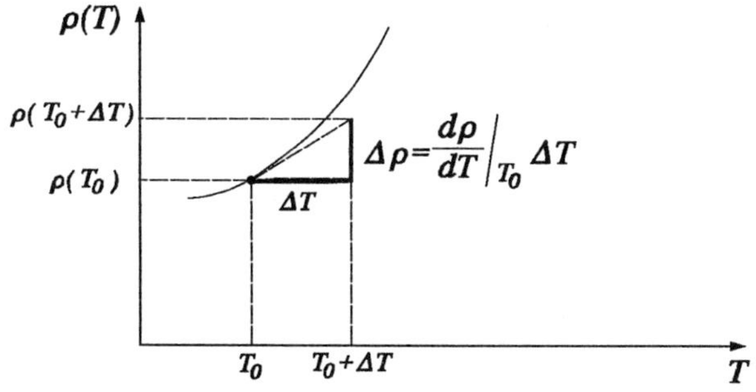

Bild 1.13b Zur Definition des Temperaturkoeffizienten des elektrischen Widerstandes

Da in der ingenieurtechnischen Praxis sehr häufig die Einflüsse relativ geringer Temperaturschwankungen um eine Bezugstemperatur zu betrachten sind, wird eine Approximation der Temperaturabhängigkeit des spezifischen Widerstandes durch eine Potenzreihenentwicklung vorgenommen.

Man erhält allgemein durch Entwicklung der Temperaturabhängigkeit des spezifischen Widerstandes in eine Taylor-Reihe

$$\rho(T) = \rho(T_o) + \frac{d\rho(T)}{dT}\Big|_{T=T_0}(T-T_o) + \frac{1}{2}\,\frac{d^2\rho(T)}{dT^2}\Big|_{T=T_0}(T-T_o)^2 + \ldots$$

$$\ldots + \frac{1}{n!}\,\frac{d^n\rho(T)}{dT^n}\Big|_{T=T_0}(T-T_0)^n + \ldots \qquad (1.50)$$

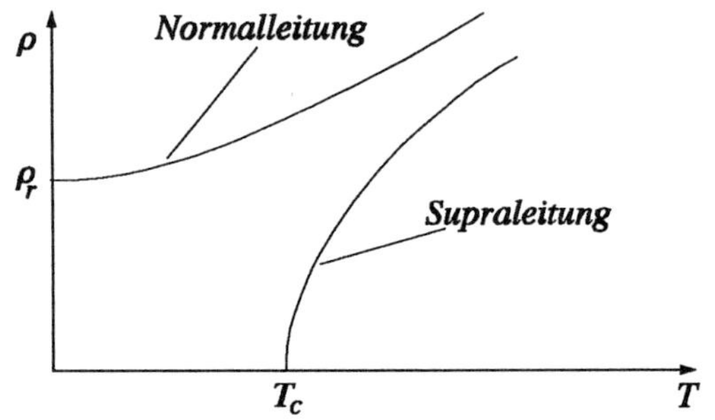

Bild 1.13c Temperaturabhängigkeit des spezifischen Widerstandes bei Normal- und Supraleitern

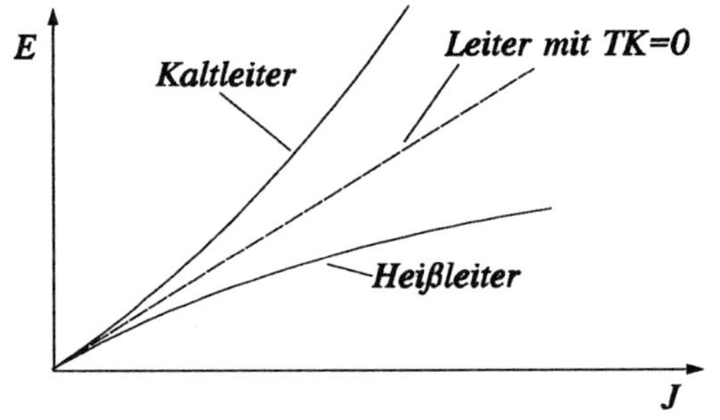

Bild 1.13d Abhängigkeit der elektrischen Feldstärke von der Stromdichte für verschiedene Leiter

Für kleine Temperaturänderungen (bei Metallen $/\Delta T/ = (50 \ldots 100)$ K) genügt i. d. R. ein Abbruch nach dem linearen Glied. Man erhält dann

$$\rho(T) = \rho(T_o) + \frac{d\rho(T)}{dT}\Big|_{T=T_o} (T-T_o) \tag{1.51}$$

oder

$$\rho(T) = \rho(T_o)\,(1 + \alpha_{T_o} \Delta T) \tag{1.52}$$

mit

$$\alpha_{T_o} = \frac{1}{\rho(T_o)} \frac{d\rho(T)}{dT}\Big|_{T=T_o} \quad und \quad \Delta T = T - T_o\,. \tag{1.53}$$

In der Regel wird Zimmertemperatur (20°C) als Bezugstemperatur angesetzt und man erhält

$$\rho(T) = \rho_{20}\,(1 + \alpha_{20} \Delta T)\,. \tag{1.54}$$

Die Größe α_{20} wird als linearer Temperaturkoeffizient des spezifischen Widerstandes bezeichnet (Einheit: K^{-1}).

Bei größeren Temperaturschwankungen wird die lineare Approximation zu ungenau und man muß höhere Ableitungen in die Rechnung einbeziehen. Man erhält dann für die quadratische Approximation

$$\rho(T) = \rho_{20}(1 + \alpha_{20}\Delta T + \beta_{20}(\Delta T)^2) \tag{1.55}$$

mit

$$\beta_{20} = \frac{1}{2\rho_{20}} \frac{d^2\rho(T)}{dT^2}\Big|_{T=293K} \tag{1.56}$$

Betrachtet man nun den elektrischen Widerstand eines von einem homogenen elektrischen Feld durchsetzten Leiters, wie er in Bild 1.14 dargestellt ist, so folgt unter Anwendung der oben beschriebenen Vereinfachungen

$$U = E\, l\,,$$

$$I = J\, A$$

für den elektrischen Widerstand

$$R = \frac{U}{I} = \frac{E}{J}\frac{l}{A} = \frac{l}{\kappa\, A} = \rho\,\frac{l}{A} \tag{1.57}$$

als sogenannte Widerstandsbemessungsgleichung.

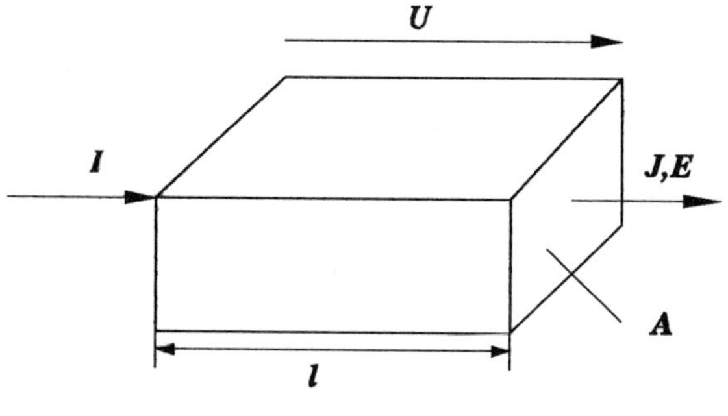

Bild 1.14 Zur Ableitung der Widerstandsbemessungsgleichung

1.1.5 Spannungs- und Stromquelle, das aktive Element

Wie bereits erwähnt, wird unter einem aktiven Element eines Stromkreises im strengen Sinne ein Element verstanden, in dem eine Umwandlung von nichtelektrischer Energie in elektrische Energie erfolgt.

Typische Beispiele sind Akkumulatoren, Generatoren, Fotodioden, Thermoelemente u. ä.. Die Strom- und Spannungskennlinien einiger typischer aktiver Elemente zeigt Bild 1.15.

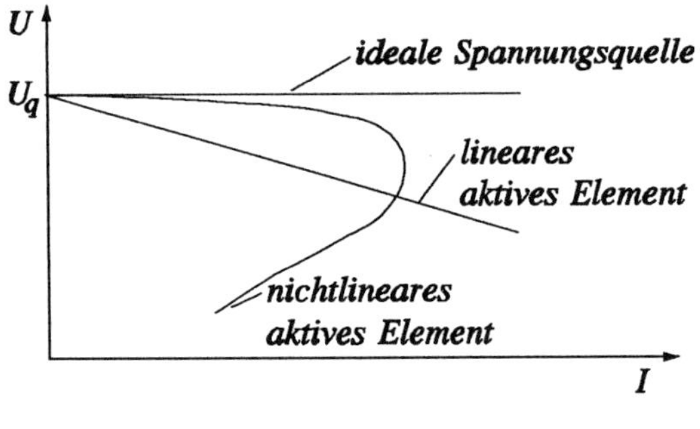

Bild 1.15 U-I-Kennlinien aktiver Elemente

Ihnen ist gemeinsam, daß keine der U-I-Kennlinien durch den Ursprung des Koordinatensystems geht, daß also auch bei Stromfluß Null zwischen den Klemmen eine Spannung, die sogenannte Quellenspannung U_q, gemessen werden kann. Erinnert sei auch an die Tatsache, daß in aktiven Elementen der Antrieb auf positive Ladungen entgegengesetzt zur Richtung der Quellenspannung erfolgt (Verbraucherzählpfeilsystem). Ist die Strom- und Spannungskennlinie des aktiven Elements ("Quelle") eine Gerade, spricht man von einer linearen Quelle. Ist der Verlauf entweder der Spannung oder des Stromes von der jeweils anderen Größe unabhängig, wird die Quelle als ideal betrachtet. Im ersten Fall, also bei konstanter Quellenspannung, spricht man von einer idealen Spannungsquelle (Schaltzeichen s. Bild 1.16).

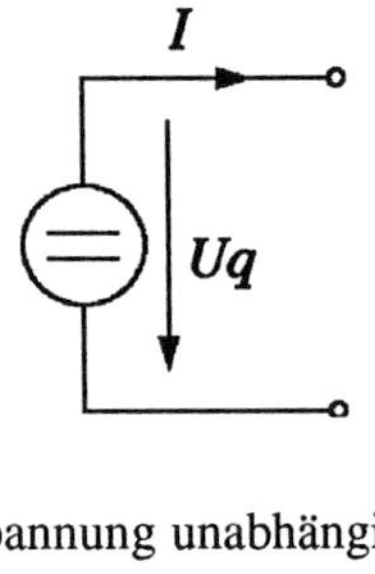

Bild 1.16 Ideale Spannungsquelle

Bei konstantem, von der Klemmenspannung unabhängigen Strom liegt eine ideale Stromquelle vor (Schaltzeichen s. Bild 1.17).

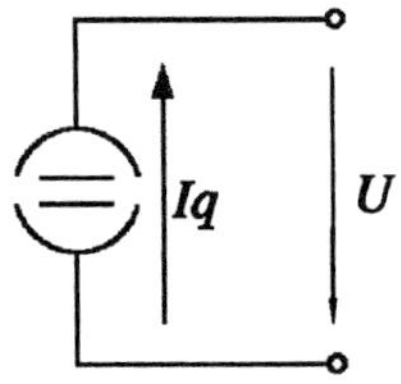

Bild 1.17 Ideale Stromquelle

Jedes reale aktive Element kann demzufolge aus einer idealen Spannungsquelle und einem vom Strom abhängigen inneren Spannungsabfall U_i dargestellt werden (s. Bild 1.18).

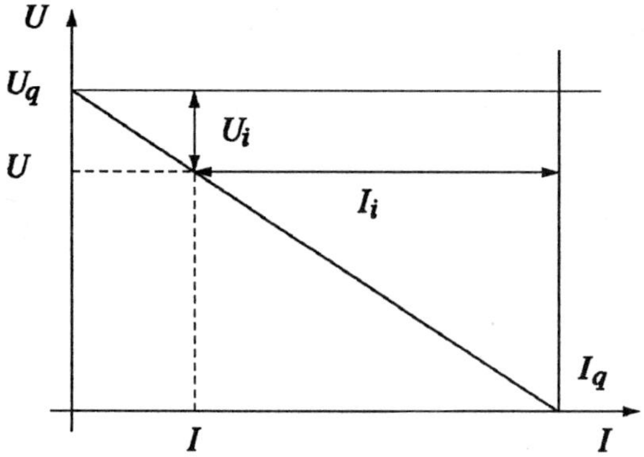

Bild 1.18 Zur Ersatzschaltung linearer Spannungs- und Stromquellen

Es gilt dann

$$U = U_q - U_i(I) \ . \tag{1.58}$$

Für I = 0 wird U_i(I) gleich Null, so daß U_i(I) ein passives Element charakterisiert. Für lineare aktive Elemente ist der innere Spannungsabfall stromproportional. Man erhält dann für die Klemmenspannung

$$U = U_q - I\,R_i \ . \tag{1.59}$$

Die Größe R_i wird als Innenwiderstand der Spannungsquelle bezeichnet. Damit läßt sich jedes lineare aktive Element durch das in Bild 1.19 gezeigte Spannungsquellenersatzschaltbild darstellen.

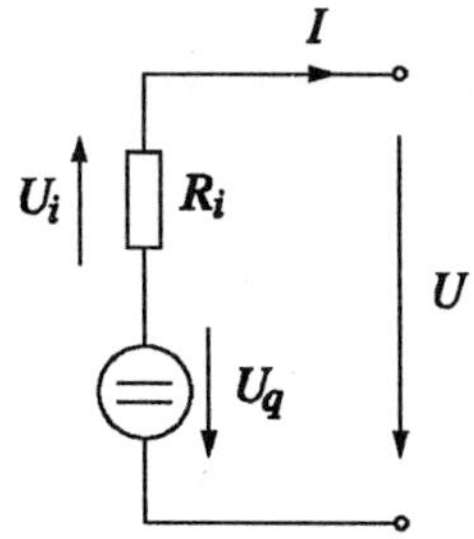

Bild 1.19 Ersatzschaltbild einer realen linearen Spannungsquelle

Andererseits ist ebenfalls eine Überlagerung von idealer Stromquelle und spannungsproportionalem inneren Strom möglich.

Man erhält dann für den Klemmenstrom

$$I = I_q - I_i \tag{1.60}$$

und für linearen Kennlinienverlauf

$$I = I_q - G_i\, U. \tag{1.61}$$

In diesem Falle spricht man von einem Stromquellenersatzschaltbild. Die entsprechende Ersatzschaltung zeigt Bild 1.20.

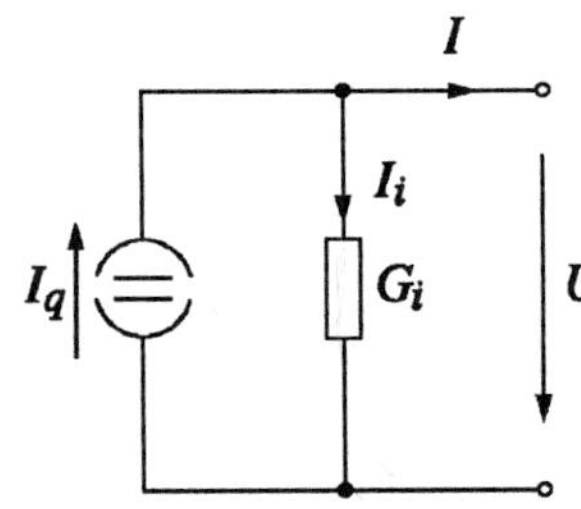

Bild 1.20 Ersatzschaltbild einer realen linearen Stromquelle

Eine vergleichende Gegenüberstellung beider elektrisch äquivalenter Ersatzschaltbilder ergibt die Transformationsbeziehungen

$$R_i = \frac{1}{G_i} \quad und \quad U_q = I_q\, R_i\,. \tag{1.62}$$

Werden reale aktive Elemente nicht belastet, also im stromlosen Zustand betrieben, so spricht man von Leerlauf. Für die dann an den Klemmen abgreifbare Spannung gilt

$$U_L = U_q\,. \tag{1.63}$$

Wird im Gegensatz dazu das aktive Element widerstandslos abgeschlossen (U = 0), so fließt der maximal mögliche Strom. Man spricht dann von Kurzschluß. Es gilt

$$I_K = \frac{U_q}{R_i} = I_q\,. \tag{1.64}$$

1.1.6 Die elektrische Leistung

Die zum Transport einer Ladung zwischen zwei Punkten im elektrischen Feld benötigte Energie wurde zu

$$W_{el} = U\,Q$$

ermittelt. Geht man davon aus, daß in einem zeitlichen Beobachtungsintervall zwischen t_o und $t_o + dt$ die Spannung gleich $U(t_o)$ bleibt und die Ladung dQ transportiert wird, so erhält man für die im Intervall umgesetzte elektrische Energie dW_{el}

$$dW_{el} = U\,dQ \tag{1.65}$$

und mit

$$dQ = I\,dt \tag{1.66}$$

folgt

$$dW_{el} = U\,I\,dt\ . \tag{1.67}$$

Für die Leistung erhält man

$$P_{el} = \frac{dW_{el}}{dt} = U\,I\ . \tag{1.68}$$

Die Einheit der elektrischen Leistung ist

$$[P_{el}] = 1VA = 1W \quad (1\ Watt)\ .$$

Entsprechend den Regeln des Verbraucherzählpfeilsystems ist dabei die Leistung immer dann positiv (passives Element), wenn Strom- und Spannungspfeil in die gleiche Richtung zeigen. Bei im aktiven Bereich betriebenen Elementen (Strom- bzw. Spannungsquellen) ist die Leistung stets negativ.

Für die Leistung gilt ebenfalls ein Erhaltungsprinzip, welches unmittelbar aus dem Energieerhaltungssatz abgeleitet werden kann. Letzterer lautet für abgeschlossene Systeme

$$\sum_{\nu} \underset{(vzb)}{W_{\nu}} = konst\ . \tag{1.69}$$

Die einfache zeitliche Differentiation ergibt die Leistungsbilanzgleichung

$$\sum_{\nu} \underset{(vzb)}{P_{\nu}} = 0\ . \tag{1.70}$$

1.1.7 Der Grundstromkreis

Als Grundstromkreis wird die Zusammenschaltung eines aktiven und passiven Elementes zu einem unverzweigten Stromkreis (Bild 1.21) bezeichnet.

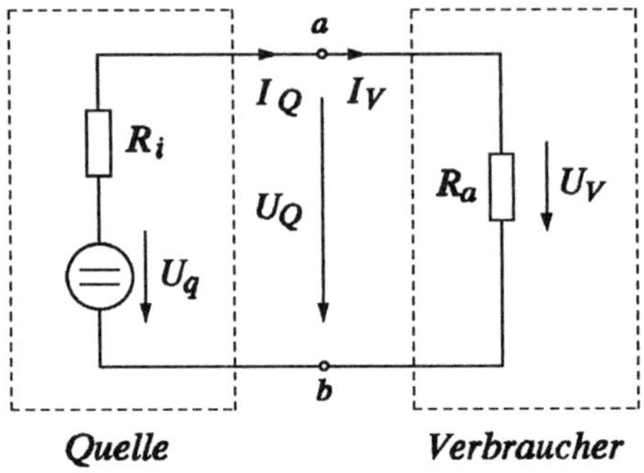

Bild 1.21 Grundstromkreis aus Spannungsquelle und Verbraucher

In einem solchen Stromkreis muß gelten:

$$U_Q = U_V = U_{ab} \quad und \quad I_Q = I_V = I \;, \tag{1.71}$$

d. h. der sich einstellende Strom muß sowohl auf der U-I-Kennlinie der Quelle als auch auf der des Verbrauchers liegen. Gleiches gilt für die Spannung U_{ab}. Der Arbeitspunkt eines Grundstromkreises ist also der Schnittpunkt der U-I-Kennlinien von Quelle und Verbraucher (s. Bild 1.22).

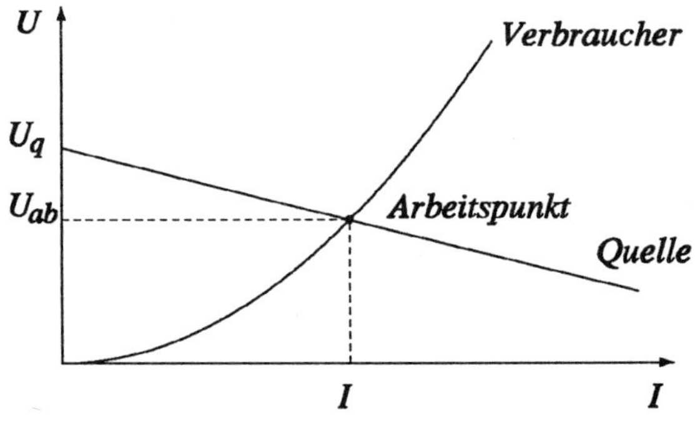

Bild 1.22 Grafische Arbeitspunktermittlung im Grundstromkreis

Im Falle eines linearen Verbrauchers und einer linearen Quelle (s. Bild 1.21) läßt sich die Berechnung des Arbeitspunktes auch rechnerisch leicht durchführen. Man erhält:

$$U_q - I\,R_i = I\,R_a \tag{1.72}$$

und damit

$$I = \frac{U_q}{R_i + R_a} \;. \tag{1.73}$$

Für die Spannung ergibt sich

$$U_{ab} = I\,R_a = \frac{R_a}{R_i + R_a}\,U_q\ . \tag{1.74}$$

Die von der Quelle an den Verbraucher abgegebene Leistung P_a wird dann

$$P_a = U_{ab}\,I = \frac{U_q^2\,R_a}{(R_a + R_i)^2}\ . \tag{1.75}$$

Die insgesamt von dem aktiven Element in die Schaltung eingespeiste Leistung P_q wird

$$P_q = U_q\,I = \frac{U_q^2}{R_a + R_i}\ . \tag{1.76}$$

Damit erhält man für den elektrischen Wirkungsgrad der Schaltung:

$$\eta = \frac{P_a}{P_q} = \frac{R_a}{R_a + R_i}\ . \tag{1.77}$$

Stellt man die gewonnenen Zusammenhänge für den Wirkungsgrad η und die an den Verbraucher übertragene Leistung P_a in Abhängigkeit vom Widerstand des Verbrauchers dar, ergeben sich die in Bild 1.23a und 1.23b gezeigten Kurven.

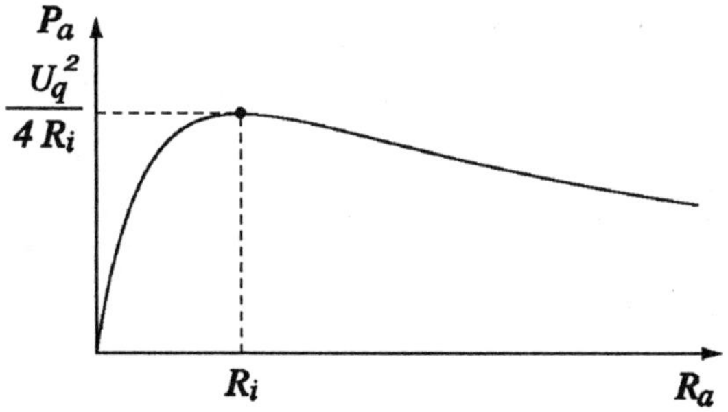

Bild 1.23a Darstellung der Leistung in Abhängigkeit von der Belastung

Interessant ist insbesondere das durch Extremwertberechnung leicht nachprüfbare Ergebnis, daß die von der Quelle an den Verbraucher übertragene Leistung bei $R_a = R_i$ für lineare Grundstromkreise ein Maximum hat, während gleichzeitig der elektrische Wirkungsgrad nur 50 % beträgt. Der Belastungsfall, bei dem die maximale Leistung übertragen wird, wird auch als Leistungsanpassung bezeichnet.

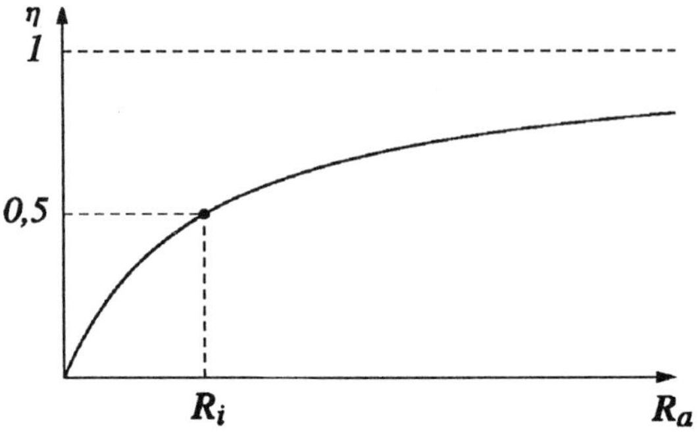

Bild 1.23b Darstellung des elektrischen Wirkungsgrades in Abhängigkeit von der Belastung

In der Realisierung der Leistungsübertragung zwischen Quelle und Verbraucher zeigen sich grundsätzliche Unterschiede zwischen den Herangehensweisen der Energietechnik und der Nachrichtentechnik. Kommt es bei der Energietechnik aus Wirtschaftlichkeits- und Zweckmäßigkeitsgesichtspunkten weitgehend darauf an, einen hohen Wirkungsgrad und eine weitgehend lastunabhängige Klemmenspannung am Verbraucher zu sichern, so sind die bei der Nachrichtentechnik zur Verfügung stehenden Übertragungsleistungen so gering, daß auf optimal angepaßte Verbraucher auf keinen Fall verzichtet werden kann, während die Fragen des Wirkungsgrades von untergeordneter Bedeutung sind.

1.2 Berechnungsmethoden elektrischer Gleichstromkreise

1.2.1 Die Anwendung der Kirchhoffschen Sätze zur Netzwerkberechnung

Werden in einem Stromkreis mehrere aktive und passive Elemente in beliebiger Weise zusammengeschaltet, so daß auch Stromverzweigungspunkte entstehen, bezeichnet man letztere als Knoten und die so entstehende Struktur als elektrisches Netzwerk. Die Verbindung zweier Knoten durch eine unverzweigte Zusammenschaltung aktiver und/oder passiver Elemente ist ein Zweig. Schließlich spricht man im Falle einer geschlossenen Verbindung mehrerer Zweige von einer Masche. Die grundsätzliche Aufgabenstellung der Netzwerkanalyse besteht in der Ermittlung des elektrischen Zustandes jedes Elementes eines gegebenen Netzwerkes. Dies ist ohne Schwierigkeiten möglich, wenn der Strom in jedem der z Zweige des Netzwerkes ermittelt werden kann. Dazu ist also ein Gleichungssystem erforderlich, welches ebenso viele unabhängige Gleichungen enthält wie Zweige, also insgesamt z Gleichungen.

Wendet man zunächst den Knotensatz auf ein Netzwerk der in Bild 1.24 dargestellten Struktur an, so läßt sich für jeden der k Knoten eine Knotengleichung aufstellen.

Sollen alle k Knotengleichungen einen Beitrag zur Lösung liefern, müssen sie linear unabhängig sein, d. h. keine Gleichung darf eine Linearkombination der übrigen sein. Es läßt sich nun leicht zeigen, daß von allen k Gleichungen nur

$$\alpha = k - 1 \tag{1.78}$$

Knotengleichungen linear unabhängig sein können. Zählt man alle k Knotengleichungen zusammen, muß sich zwangsläufig Null ergeben, da jeder Strom einmal als zufließender und einmal als abfließender Strom auftritt. Läßt man bei der Addition eine beliebige Knotengleichung weg, muß also das Ergebnis der Addition der verbleibenden k-1 Gleichungen die mit -1 multiplizierte weggelassene Knotengleichung sein. Damit ist also eine Gleichung linear abhängig.

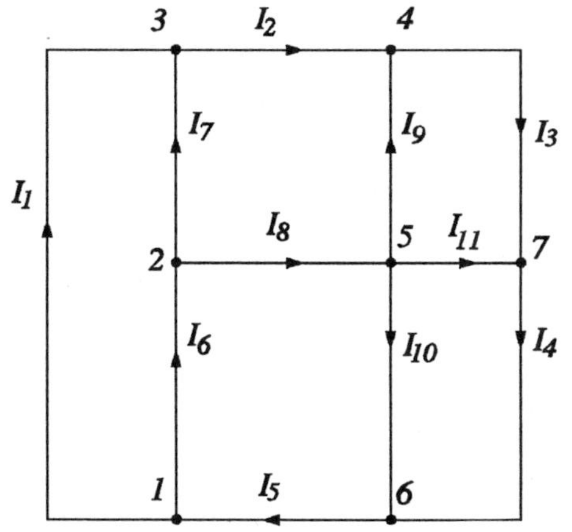

Bild 1.24 Beispiel zur Netzwerkberechnung

Für die verbleibenden k-1 Gleichungen ist die lineare Unabhängigkeit leicht einsehbar, da die Ströme der k-ten Gleichung dann nur einmal enthalten sind und demzufolge nicht aus anderen Gleichungen darstellbar sind. Es muß nicht besonders betont werden, daß die Wahl der weggelassenen Knotengleichung beliebig ist. Die Zahl α der linear unabhängigen Knotengleichungen stimmt überein mit der Zahl der Verbindungen von allen k Knoten untereinander, wenn man diese so vornimmt, daß keine geschlossenen Verbindungen (Maschen) entstehen und die Verbindungen mit den Zweigen des Netzwerkes übereinstimmen. Eine so entstehende Struktur wird als vollständiger Baum bezeichnet.

Bild 1.25 zeigt eine Netzwerkstruktur und einige für diese Struktur mögliche vollständige Bäume. Untersucht man nun die Anzahl der unabhängigen Maschengleichungen, so ist einleuchtend, daß nur solche Gleichungen unabhängig sein können, die mindestens einen Zweig enthalten, der nur einer Masche angehört.

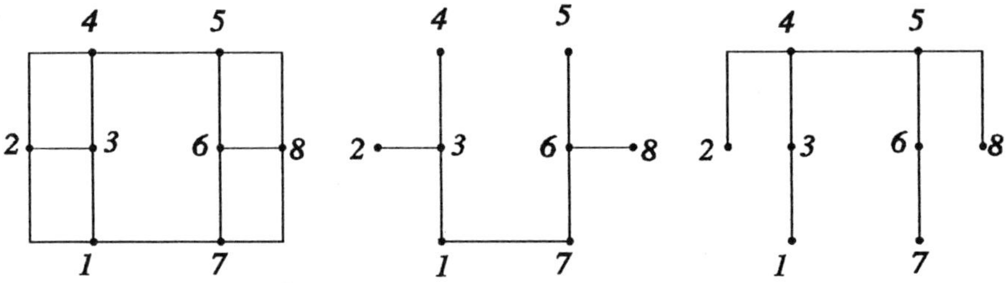

Bild 1.25 Varianten vollständiger Bäume für die Struktur links im Bild

Man nennt solchen Zweig einen selbständigen Zweig. Ergänzt man die durch den vollständigen Baum gegebene Struktur so, daß durch die Einbeziehung jeweils eines nicht zum vollständigen Baum gehörigen Zweiges eine Masche entsteht, erhält man genauso viele unabhängige Maschen, wie in diesem Netzwerk selbständige Zweige vorhanden sind. Die Anzahl der linear unabhängigen Maschengleichungen ß ist demzufolge

$$\beta = z - \alpha = z - k + 1 \; . \tag{1.79}$$

Die Wahl der ß Maschen ist beliebig, jedoch muß jeder Zweig in mindestens einer Masche enthalten sein. Damit entstehen durch die Nutzung der Kirchhoffschen Sätze genauso viele linear unabhängige Gleichungen, wie das Netzwerk Zweige hat. Die Grundaufgabe der Netzwerkanalyse ist also eindeutig lösbar.

Für ein in Bild 1.25a gezeigtes Netzwerk würde also das vollständige System der Netzwerkgleichungen folgendermaßen aufgestellt:

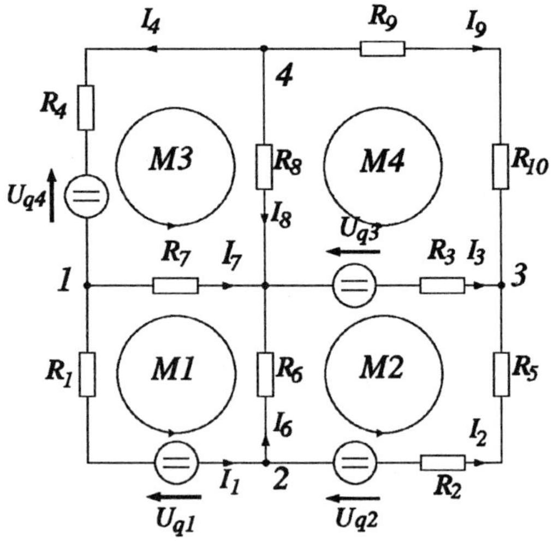

Bild 1.25a Beispiel zur Netzwerkberechnung

Zunächst erfolgt die Wahl der Stromrichtung in den einzelnen Zweigen. Sie ist beliebig. Im gegebenen Netzwerk sind vier unabhängige Knotengleichungen möglich. Man wählt sich also die entsprechenden Knoten aus (z. B. 1 ... 4). Für diese werden die Knotengleichungen aufgestellt. Man erhält für:

Knoten 1:

$$I_4 - I_1 - I_7 = 0 \, , \tag{1.80}$$

Knoten 2:

$$I_1 - I_2 - I_6 = 0 \, , \tag{1.81}$$

Knoten 3:

$$I_2 + I_3 + I_9 = 0 \, , \tag{1.82}$$

Knoten 4:

$$-I_4 - I_8 - I_9 = 0 \, . \tag{1.83}$$

Danach werden die Maschen gewählt und der Umlaufsinn willkürlich vorgegeben. Für die Maschen 1 bis 4 ergeben sich dann folgende Gleichungen:

Masche 1:

$$-U_{q1} + I_1 R_1 + I_6 R_6 - I_7 R_7 = 0 \, , \tag{1.84}$$

Masche 2:

$$-U_{q2} + U_{q3} + I_2(R_2 + R_5) - I_3 R_3 - I_6 R_6 = 0 \, , \tag{1.85}$$

Masche 3:

$$-U_{q4} + I_4 R_4 + I_7 R_7 - I_8 R_8 = 0 \, , \tag{1.86}$$

Masche 4:

$$-U_{q3} + I_3 R_3 - I_9(R_9 + R_{10}) + I_8 R_8 = 0 \, . \tag{1.87}$$

Die Lösung dieses Gleichungssystems liefert die Werte für alle acht Zweigströme. Die Auflösung geschieht mit den bekannten Methoden der linearen Algebra. Neben dem Vorteil der Gültigkeit für alle Arten von Netzwerken hat die Anwendung der Kirchhoffschen Sätze für Netzwerkberechnungen den unbestreitbaren Nachteil, daß der zur Lösung der Gleichungssysteme erforderliche Rechenaufwand recht hoch ist. Es lohnt sich deshalb die Ableitung aufwandssparender Rechenverfahren für die große Klasse der linearen Netzwerke, auf die in den folgenden Abschnitten näher eingegangen wird.

Zunächst soll jedoch eine spezielle Schreibweise des Gleichungssystems auf der Grundlage der Kirchhoffschen Sätze eingeführt werden.

Bekanntlich läßt sich jedes lineare Gleichungssystem als eine Matrizengleichung schreiben. Ordnet man die Gleichungen für obiges Beispiel so, daß die einzelnen Ströme in der Reihenfolge ihres Index' nacheinanderstehen und in jeder Gleichung alle Ströme berücksichtigt werden, erhält man:

$$-1\ I_1 + 0\ I_2 + 0\ I_3 + 1\ I_4 + 0\ I_6 - 1\ I_7 + 0\ I_8 + 0\ I_9 = 0\ , \tag{1.88}$$

$$1\ I_1 - 1\ I_2 + 0\ I_3 + 0\ I_4 - 1\ I_6 + 0\ I_7 + 0\ I_8 + 0\ I_9 = 0\ , \tag{1.89}$$

$$0\ I_1 + 1\ I_2 + 1\ I_3 + 0\ I_4 + 0\ I_6 + 0\ I_7 + 0\ I_8 + 1\ I_9 = 0\ , \tag{1.90}$$

$$0\ I_1 + 0\ I_2 + 0\ I_3 - 1\ I_4 + 0\ I_6 + 0\ I_7 - 1\ I_8 - 1\ I_9 = 0\ , \tag{1.91}$$

$$R_1 I_1 + 0\ I_1 + 0\ I_2 + 0\ I_3 + 0\ I_4 + R_6 I_6 - R_7 I_7 + 0\ I_8 + 0\ I_9 = U_{q1}\ , \tag{1.92}$$

$$0\ I_1 + (R_2+R_5) I_2 - R_3 I_3 + 0\ I_4 - R_6 I_6 - 0\ I_7 + 0\ I_8 - 0\ I_9 = U_{q2} - U_{q3}\ , \tag{1.93}$$

$$0\ I_1 + 0\ I_2 + 0\ I_3 + R_4 I_4 + 0\ I_6 + R_7 I_7 - R_8 I_8 + 0\ I_9 = U_{q4}\ , \tag{1.94}$$

$$0\ I_1 + 0\ I_2 + R_3 I_3 + 0\ I_4 + 0\ I_6 + 0\ I_7 + R_8 I_8 - (R_9 + R_{10}) I_9 = U_{q3}\ . \tag{1.95}$$

Dieses Gleichungssystem läßt sich in folgender Weise als Matrizengleichung schreiben:

$$\begin{bmatrix} -1 & 0 & 0 & 1 & 0 & -1 & 0 & 0 \\ 1 & -1 & 0 & 0 & -1 & 0 & 0 & 0 \\ 0 & 1 & 1 & 0 & 0 & 0 & 0 & 1 \\ 0 & 0 & 0 & -1 & 0 & 0 & -1 & -1 \\ R_1 & 0 & 0 & 0 & R_6 & -R_7 & 0 & 0 \\ 0 & (R_2+R_5) & -R_3 & 0 & -R_6 & 0 & 0 & 0 \\ 0 & 0 & 0 & R_4 & 0 & R_7 & -R_8 & 0 \\ 0 & 0 & R_3 & 0 & 0 & 0 & R_8 & -(R_9+R_{10}) \end{bmatrix} \begin{bmatrix} I_1 \\ I_2 \\ I_3 \\ I_4 \\ I_6 \\ I_7 \\ I_8 \\ I_9 \end{bmatrix} = \begin{bmatrix} 0 \\ 0 \\ 0 \\ 0 \\ +U_{q1} \\ +U_{q2}-U_{q3} \\ +U_{q4} \\ +U_{q3} \end{bmatrix} \tag{1.96}$$

Vorgenanntes Beispiel gestaltet sich insofern besonders einfach, als die aktiven Elemente ausschließlich aus Spannungsquellen bestehen. Bei Vorliegen von Stromquellenersatzschaltbildern empfiehlt sich deren Umwandlung in das Spannungsquellenersatzschaltbild.

1.2.2 Das Superpositionsprinzip

Schreibt man das durch die Kirchhoffschen Sätze entstehende Gleichungssystem, wie eben gezeigt, als Matrizengleichung, erhält man allgemein

$$[K][I] = [Q] \tag{1.97}$$

mit

[K] - Koeffizientenmatrix, bestehend aus den Koeffizienten der α Knotengleichungen und der β Maschengleichungen,

[I] - Spaltenvektor aller Zweigströme,

[Q] - Spaltenvektor der negativen Summen aller Quellenspannungen in jeder Masche. Die ersten α Komponenten sind Null (Stromsumme in Knoten).

Dann läßt sich ein Zweigstrom dadurch berechnen, daß man das o. g. Gleichungssystem mittels der Methoden der linearen Algebra löst. Für die Ableitung des Superpositionsprinzips ist die Anwendung der Cramerschen Regel besonders interessant. Dabei berechnet sich der Zweigstrom I_ν aus

$$I_\nu = \frac{\det[K_\nu]}{\det[K]} \ . \tag{1.98}$$

Dabei ist $[K_\nu]$ die Matrix, die entsteht, wenn die ν-te Spalte der Koeffizientenmatrix durch den Spaltenvektor [Q] ersetzt wird. Die Entwicklung der Determinante det $[K_\nu]$nach der ν-ten Spalte ergibt für den gesuchten Zweigstrom

$$I_\nu = \frac{1}{\det[K]} \sum_{k=1}^{z} (-1)^{\nu+k} \, Q_k \, \det[K_{k,\nu}] \tag{1.99}$$

mit

Q_k - k-te Komponente des Vektors [Q]

$\det[K_{k,\nu}]$ - Determinante, die durch Streichung der k-ten Zeile und der ν-ten Spalte von [K] entsteht.

Eine einfache Umsortierung dieses Ergebnisses nach den einzelnen Quellenspannungen führt dazu, daß alle von einer Spannungsquelle herrührenden Teilwirkungen zusammengefaßt werden können, so daß sich der Zweigstrom I_ν als die vorzeichenbehaftete Summe aller Teilströme $I_\nu^{(k)}$ ergibt, die im Zweig ν von jedem aktiven Element hervorgerufen werden. Man schreibt also

$$I = \sum_{k=1}^{n} \underset{(vzb)}{I_\nu^{(k)}} \ . \tag{1.100}$$

Aus der Herleitung dieses auch als Superpositionsprinzip bezeichneten Gesetzes folgt unmittelbar, daß dieses Prinzip nur für lineare Systeme, also Systeme, deren elektrisches Verhalten durch lineare Gleichungssysteme beschrieben werden kann, gültig ist.

Zur Veranschaulichung der Ungültigkeit für nichtlineare Systeme diene der in Bild 1.26a dargestellte einfache Stromkreis.

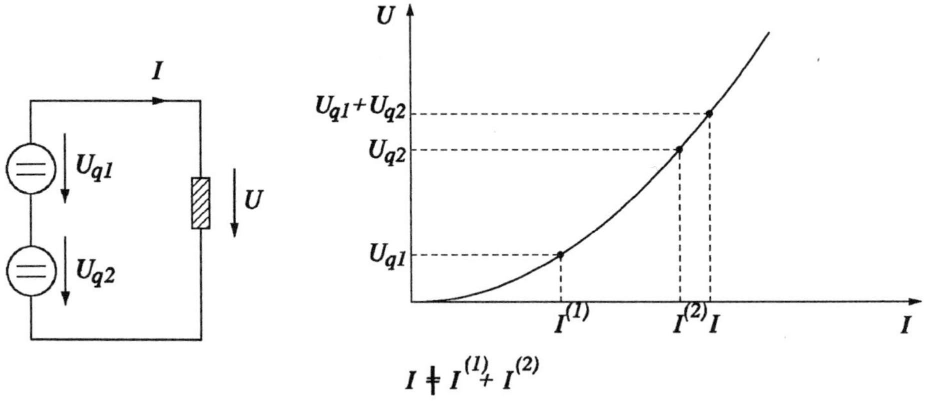

Bild 1.26a Zur Veranschaulichung der Ungültigkeit des Superpositionsprinzips für nichtlineare Netzwerke

Man sieht sofort, daß der durch Überlagerung der von den beiden Teilspannungsquellen erhaltene Strom beträchtlich von dem wirklich fließenden Strom abweicht.

Ein Beispiel für die Anwendung des Superpositionsprinzips soll mit der in Bild 1.26b gezeigten Schaltung gegeben werden.

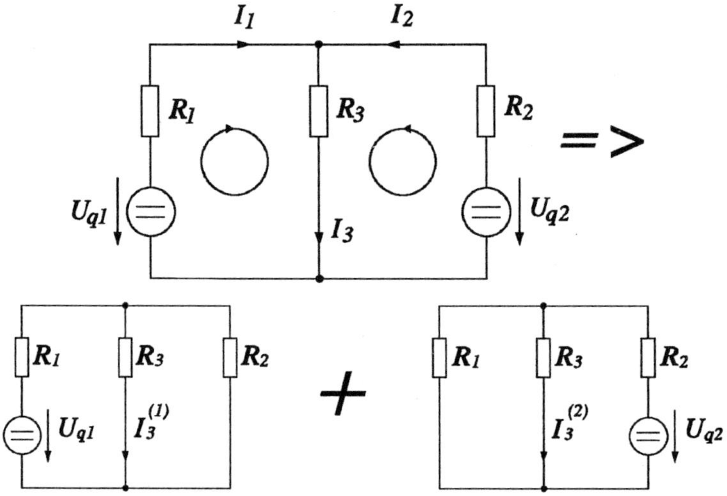

Bild 1.26b Zur Anwendung des Superpositionsprinzips

Die Anwendung der Kirchhoffschen Sätze ergibt das Gleichungssystem

$$\begin{aligned} I_1 + I_2 - I_3 &= 0 \,, \\ R_1\, I_1 + R_3\, I_3 &= U_{q1} \,, \\ R_2\, I_2 + R_3\, I_3 &= U_{q2} \,. \end{aligned} \tag{1.101}$$

Die Lösung mit der Cramerschen Regel führt für den im Beispiel interessanten Strom I_3 auf

$$I_3 = \frac{\det \begin{bmatrix} 1 & 1 & 0 \\ R_1 & 0 & U_{q1} \\ 0 & R_2 & U_{q2} \end{bmatrix}}{\det \begin{bmatrix} 1 & 1 & -1 \\ R_1 & 0 & R_3 \\ 0 & R_2 & R_3 \end{bmatrix}} \tag{1.102}$$

Die Entwicklung nach der dritten Spalte der Zählerdeterminante ergibt:

$$I_3 = \frac{1}{\det \begin{bmatrix} 1 & 1 & -1 \\ R_1 & 0 & R_3 \\ 0 & R_2 & R_3 \end{bmatrix}} \left(-U_{q1} \det \begin{bmatrix} 1 & 1 \\ 0 & R_2 \end{bmatrix} + U_{q2} \det \begin{bmatrix} 1 & 1 \\ R_1 & 0 \end{bmatrix} \right) , \tag{1.103}$$

bzw. ausgerechnet

$$I_3 = \frac{R_2 U_{q1}}{R_1 R_2 + R_1 R_3 + R_2 R_3} + \frac{R_1 U_{q2}}{R_1 R_2 + R_1\, R_3 + R_2\, R_3} \,. \tag{1.104}$$

Man überzeugt sich unschwer, daß die beiden Summanden die Teilströme $I_3^{(1)}$ und $I_3^{(2)}$ darstellen, die im Zweig 3 von jeweils der Spannungsquelle U_{q1} bzw. U_{q2} allein hervorgerufen werden, wenn alle Spannungsquellen, außer der betrachteten, durch Kurzschlüsse ersetzt werden.

Die Anwendung des Superpositionsprinzips auf praktisch relevante Aufgabenstellungen bleibt aus Aufwandsgründen einem relativ kleinen Kreis einfacher Gleichstromkreise und speziellen Aufgabenstellungen der Wechselstromtechnik vorbehalten.

1.2.3 Grundbegriffe der Zweipoltheorie

In technischen Stromkreisen werden häufig Elemente eingesetzt, die mit ihrer Umgebung über 2n Klemmen (Pole) elektrisch zusammenwirken. Man spricht dann von 2n-Polen oder n-Toren. Das einfachste mögliche Element ist demzufolge der Zweipol, der lediglich über einen stromzuführenden und einen stromabführenden Pol mit den übrigen Elementen des Stromkreises verbunden ist. Dabei ist unerheblich, ob sich im Inneren eines solchen Zweipols nur ein einzelnes Element oder eine Zusammenschaltung von Elementen beliebiger Komplexität befindet (s. a. Bild 1.27).

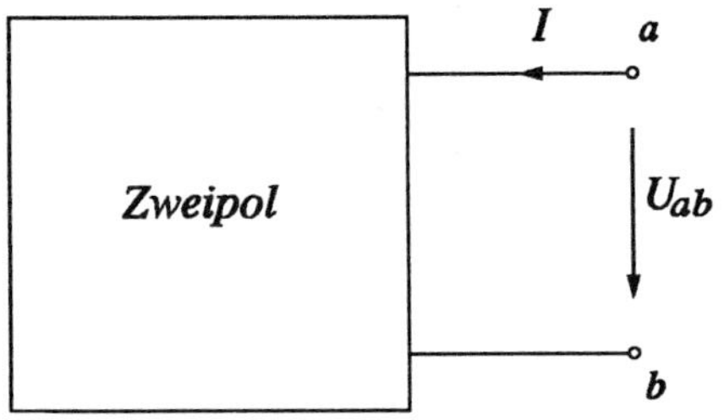

Bild 1.27a Zweipoldarstellung allgemein

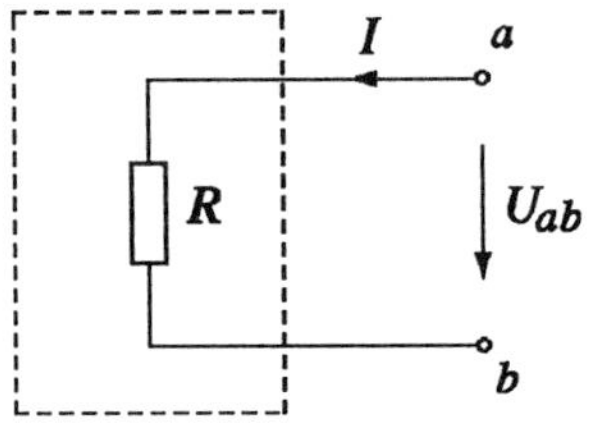

Bild 1.27b Elementarer passiver Zweipol

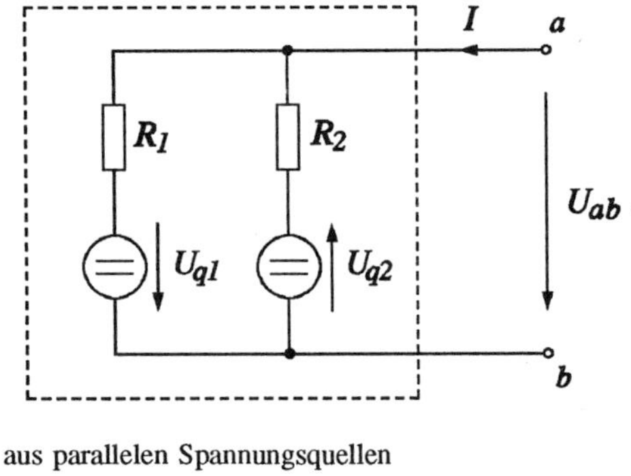

Bild 1.27c Aktiver Zweipol aus parallelen Spannungsquellen

Das elektrische Verhalten eines Zweipols ist i. a. durch seine Strom-Spannungs-Kennlinie hinreichend charakterisiert. Ist diese eine Gerade, spricht man von linearen Zweipolen, geht sie durch den Ursprung, liegt ein passiver Zweipol vor.

Eine wesentliche Aufgabe der Zweipoltheorie besteht darin, für beliebige Zusammenschaltungen von elementaren Zweipolen die Parameter des äquivalenten Zweipols für die Gesamtschaltung zu ermitteln.

1.2.4 Die Zusammenschaltung linearer passiver Zweipole

Werden n lineare passive Zweipole in der in Bild 1.28 gezeigten Weise hintereinandergeschaltet, erhält man die sogenannte Reihenschaltung. Man sieht, daß der elektrische Strom alle in Reihe geschalteten Elemente in gleicher Stärke durchfließt, während sich die Gesamtspannung U_{ab} aus der Summe der Spannungen über den jeweiligen Widerständen zusammensetzt.

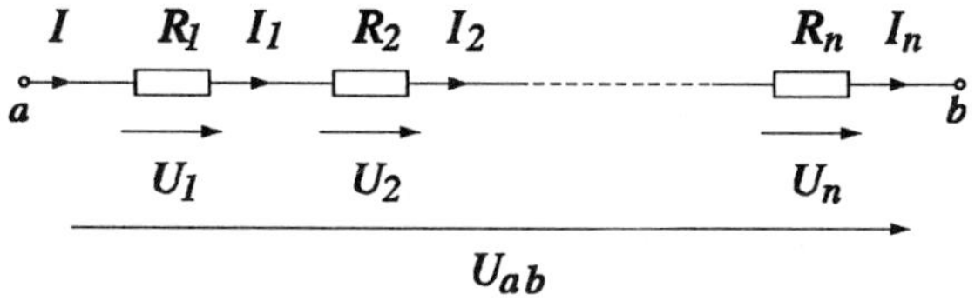

Bild 1.28 Reihenschaltung von Widerständen

Man kann also schreiben

$$I = I_1 = I_2 = \dots = I_n \tag{1.105}$$

sowie

$$U_{ab} = \sum_{\nu=1}^{n} U_\nu \tag{1.106}$$

und für jeden Widerstand R_ν

$$U_\nu = R_\nu \, I \, . \tag{1.107}$$

Damit wird

$$U_{ab} = I \sum_{\nu=1}^{n} R_\nu = I \, R_{ersR} \, , \tag{1.108}$$

d. h. die Reihenschaltung der n Widerstände kann durch ein elektrisch äquivalentes Element R_{ersR} ersetzt werden, für dessen Berechnung gilt

$$R_{ersR} = \sum_{\nu=1}^{n} R_\nu \, . \tag{1.109}$$

Für die Leitwerte gilt dann:

$$\frac{1}{G_{ersR}} = \sum_{\nu=1}^{n} \frac{1}{G_\nu} \,. \tag{1.110}$$

Eine andere grundsätzliche Art der Zusammenschaltung von Zweipolen ist die in Bild 1.29 gezeigte Parallelschaltung.

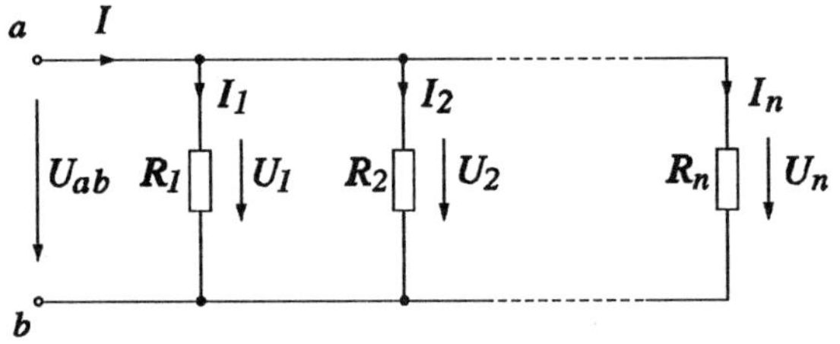

Bild 1.29 Parallelschaltung von Widerständen

Im Gegensatz zur Reihenschaltung ist die Parallelschaltung dadurch gekennzeichnet, daß an allen Elementen die gleiche Spannung anliegt. Es gilt

$$U_{ab} = U_1 = U_2 = \ldots = U_n \tag{1.111}$$

und

$$I = \sum_{\nu=1}^{n} I_\nu \,. \tag{1.112}$$

Mit

$$I_\nu = \frac{U_{ab}}{R_\nu} = U_{ab}\, G_\nu \tag{1.113}$$

wird

$$I = U_{ab} \sum_{\nu=1}^{n} G_\nu = U_{ab}\, G_{ersP} \,. \tag{1.114}$$

Damit erhält man für den äquivalenten Leitwert einer Parallelschaltung G_{ersP} aus dem Vergleich der beiden Teile von Gleichung (1.114)

$$G_{ersP} = \sum_{\nu=1}^{n} G_\nu \tag{1.115}$$

oder für die Widerstände

$$\frac{1}{R_{ersP}} = \sum_{\nu=1}^{n} \frac{1}{R_\nu} \,. \qquad (1.116)$$

Der Sonderfall n = 2 führt auf

$$R_{ersP} = \frac{R_1 R_2}{R_1 + R_2} \,. \qquad (1.117)$$

In praktisch vorkommenden Schaltungen ist die Kombination von Reihen- und Parallelschaltungen sehr häufig. In diesen Fällen läßt sich das für die gesamte Schaltung äquivalente Ersatzelement durch kombinierte Anwendung der für Reihen- und Parallelschaltung gültigen Gesetzmäßigkeiten ermitteln. Eine einfache Reihen-Parallelschaltung zeigt Bild 1.30.

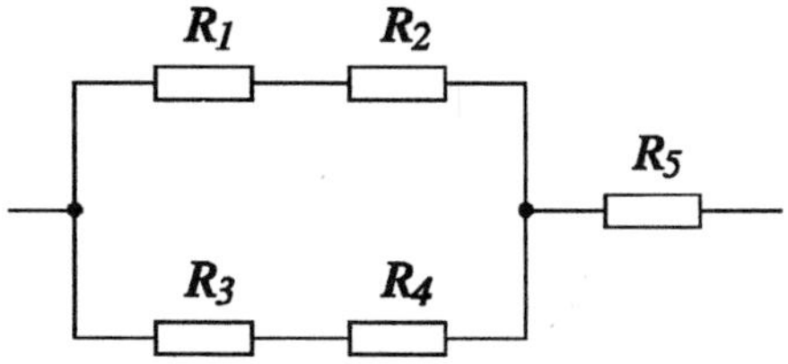

Bild 1.30 Reihen-Parallelschaltung von Widerständen

Das Ergebnis für das Ersatzelement R_{ers} entsteht durch Anwendung der Gesetze der Reihenschaltung auf die Elemente R_1 und R_2 bzw. R_3 und R_4 sowie die Parallelschaltung der so entstehenden Ersatzelemente. R_5 schließlich ist zu dem aus R_1, R_2, R_3 und R_4 gebildeten Ersatzelement in Reihe geschaltet.

Man erhält für das Ersatzelement

$$R_{ers} = \frac{(R_1 + R_2)\,(R_3 + R_4)}{R_1 + R_2 + R_3 + R_4} + R_5 \,.$$

In einer Reihe von Fällen kann es jedoch vorkommen, daß ein Widerstandnetzwerk weder auf Reihen- noch auf Parallelschaltungen zurückgeführt werden kann. Ein einfaches Beispiel ist die in Bild 1.31 dargestellte Brückenschaltung.

Will man den Ersatzzweipol auch für solche Zusammenschaltungen von Widerständen ermitteln, muß ein Teil solcher Netzwerke so in eine äquivalente andere Schaltung umgewandelt werden, daß im Ergebnis eine Reihen-Parallelschaltung entsteht. Ein Mittel für diese Umwandlung ist die Stern-Dreieck-Transformation. Das Ziel besteht dabei darin, für ein gegebenes Dreieck von Widerständen (s. Bild 1.32) den bezüglich des Strom-Spannungsverhaltens an den Klemmen 1, 2 und 3 äquivalenten Stern zu ermitteln und umgekehrt.

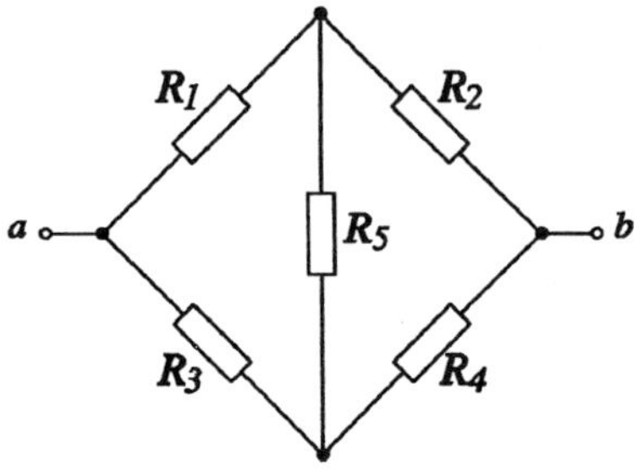

Bild 1.31 Brückenschaltung von Widerständen

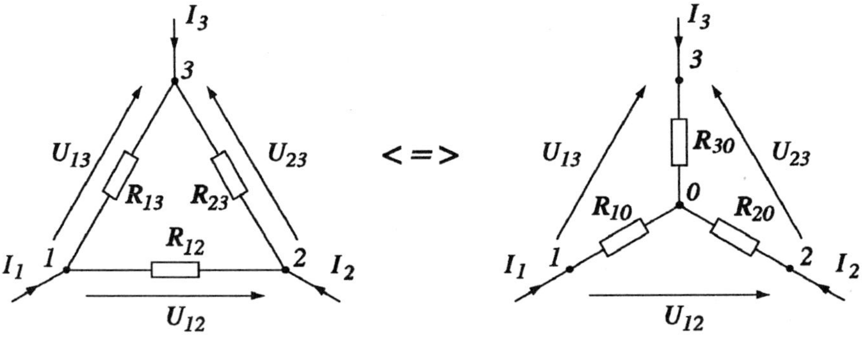

Bild 1.32 Zur Stern-Dreieck-Transformation

Die Äquivalenz ist dann gegeben, wenn die Abhängigkeiten der Ströme I_1, I_2, I_3 von den Spannungen U_{12}, U_{23}, U_{13} für beide Schaltungen identisch sind. Für die Spannungen gilt in beiden Fällen

$$U_{13} - U_{12} - U_{23} = 0 \ . \qquad (1.118)$$

Faßt man jeweils die gesamte Schaltung als Knoten auf, erhält man für die Ströme

$$I_1 + I_2 + I_3 = 0 \ . \qquad (1.119)$$

Damit wird deutlich, daß es ausreicht, die Abhängigkeit zweier Ströme von jeweils zwei Klemmenspannungen zu untersuchen, da wegen obiger Relationen dann die Äquivalenz für die jeweils dritte Größe automatisch gegeben ist. Am Knoten 1 des Widerstandsdreiecks gilt

$$I_1 = \frac{U_{13}}{R_{13}} + \frac{U_{12}}{R_{12}} \ . \qquad (1.120)$$

Für den Knoten 2 entsteht analog

$$I_2 = -\frac{U_{12}}{R_{12}} + \frac{U_{23}}{R_{23}} \tag{1.121}$$

oder mit

$$U_{23} = U_{13} - U_{12} \tag{1.122}$$

ergibt sich

$$I_2 = -U_{12}\left(\frac{1}{R_{12}} + \frac{1}{R_{23}}\right) + \frac{1}{R_{23}}\, U_{13} \, . \tag{1.123}$$

Das gesamte Strom-Spannungsverhalten des Widerstandstromkreises ist also beschreibbar durch das Gleichungssystem

$$I_1 = \frac{1}{R_{12}}\, U_{12} + \frac{1}{R_{13}}\, U_{13} \, , \tag{1.124}$$

$$I_2 = -\left(\frac{1}{R_{12}} + \frac{1}{R_{23}}\right) U_{12} + \frac{1}{R_{23}}\, U_{13} \, . \tag{1.125}$$

Für den Stern erhält man durch Anwendung des Maschensatzes

$$U_{12} = I_1\, R_{10} - I_2\, R_{20} \, , \tag{1.126}$$

$$U_{13} = I_1\, R_{10} - I_3\, R_{30} \, , \tag{1.127}$$

oder mit

$$I_3 = -(I_1 + I_2) \tag{1.128}$$

entsteht für den Stern

$$U_{12} = I_1\, R_{10} - I_2\, R_{20} \, , \tag{1.129}$$

$$U_{13} = I_1\, (R_{10} + R_{30}) + I_2\, R_{30} \, . \tag{1.130}$$

Eine Umstellung der Gleichungen (1.124) und (1.125) nach den Spannungen U_{12} und U_{13} liefert

$$U_{12} = \frac{R_{12}\, R_{13}}{R_{12} + R_{13} + R_{23}}\, I_1 - \frac{R_{12}\, R_{23}}{R_{12} + R_{13} + R_{23}}\, I_2 \, , \tag{1.131}$$

$$U_{13} = \frac{R_{23}\, R_{13} + R_{12}\, R_{13}}{R_{12} + R_{13} + R_{23}}\, I_1 + \frac{R_{13}\, R_{23}}{R_{12} + R_{13} + R_{23}}\, I_2 \, . \tag{1.132}$$

Die Gleichsetzung der Koeffizienten der den Stern und das Dreieck beschreibenden Gleichungen liefert die Äquivalenzbeziehungen:

$$R_{10} = \frac{R_{12}\,R_{13}}{R_{12} + R_{13} + R_{23}}\,, \tag{1.133}$$

$$R_{20} = \frac{R_{12}\,R_{23}}{R_{12} + R_{13} + R_{23}}\,, \tag{1.134}$$

$$R_{30} = \frac{R_{23}\,R_{13}}{R_{12} + R_{13} + R_{23}}\,. \tag{1.135}$$

Die inverse Transformation erhält man leicht durch Umstellung der Stern-Gleichungen nach den Strömen. Der entsprechende Vergleich liefert

$$\frac{1}{R_{12}} = \frac{\frac{1}{R_{10}}\,\frac{1}{R_{20}}}{\frac{1}{R_{10}} + \frac{1}{R_{20}} + \frac{1}{R_{30}}} \quad bzw. \quad G_{12} = \frac{G_{10}\,G_{20}}{G_{10} + G_{20} + G_{30}}\,, \tag{1.136}$$

$$\frac{1}{R_{23}} = \frac{\frac{1}{R_{20}}\,\frac{1}{R_{30}}}{\frac{1}{R_{10}} + \frac{1}{R_{20}} + \frac{1}{R_{30}}} \quad bzw. \quad G_{23} = \frac{G_{20}\,G_{30}}{G_{10} + G_{20} + G_{30}}\,, \tag{1.137}$$

$$\frac{1}{R_{13}} = \frac{\frac{1}{R_{10}}\,\frac{1}{R_{30}}}{\frac{1}{R_{10}} + \frac{1}{R_{20}} + \frac{1}{R_{30}}} \quad bzw. \quad G_{13} = \frac{G_{10}\,G_{30}}{G_{10} + G_{20} + G_{30}}\,. \tag{1.138}$$

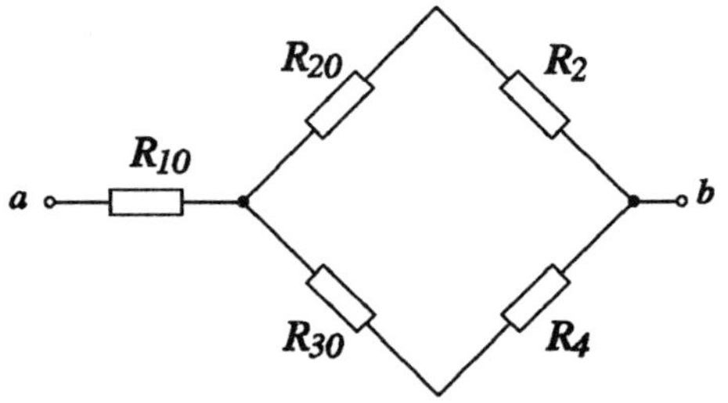

Bild 1.33 Ersatzschaltung für die Brücke von Bild 1.31 nach Stern-Dreieck-Transformation

Als Beispiel für die Anwendung der Stern-Dreieck-Transformation sei die in Bild 1.31 dargestellte Brückenschaltung von Widerständen herangezogen. Durch Umwandlung der Widerstände R_1, R_3 und R_5 in einen äquivalenten Stern erhält man die in Bild 1.33 dargestellte Ersatzschaltung. Für die Sternwiderstände erhält man unter Nutzung der Gleichungen (1.133) bis (1.135)

$$R_{10} = \frac{R_1 R_3}{R_1 + R_3 + R_5} , \qquad (1.139)$$

$$R_{20} = \frac{R_1 R_5}{R_1 + R_3 + R_5} , \qquad (1.140)$$

$$R_{30} = \frac{R_3 R_5}{R_1 + R_3 + R_5} . \qquad (1.141)$$

Die Anwendung der Rechenregeln für die Reihen- und die Parallelschaltung von Widerständen liefert schließlich für den Ersatzwiderstand der gesamten Brückenschaltung bezüglich der Klemmen a und b

$$R_{ers} = R_{10} + \frac{(R_{20} + R_2)(R_{30} + R_4)}{R_{20} + R_{30} + R_2 + R_4} . \qquad (1.142)$$

Damit wird deutlich, daß unter Nutzung der Regeln der Netzwerkumwandlung und der Berechnung von Reihen- und Parallelschaltungen jede beliebige Zusammenschaltung von linearen Zweipolen durch ein wohl berechenbares Ersatzelement, welches ebenfalls ein linearer Widerstand ist, elektrisch äquivalent nachgebildet werden kann.

Spezielle Regeln für Reihen- und Parallelschaltungen linearer passiver Zweipole

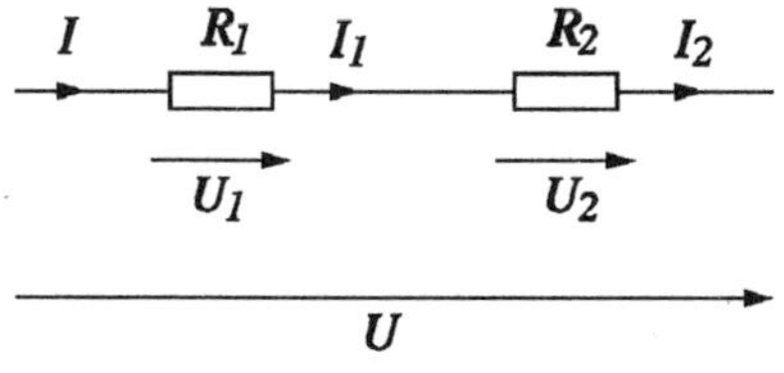

Bild 1.34 Zur Spannungsteilerregel

Betrachtet man die in Bild 1.34 dargestellte Reihenschaltung zweier linearer Widerstände, erhält man für die Strom-Spannungs-Beziehungen

$$I_1 = \frac{U_1}{R_1} , \tag{1.143}$$

$$I_2 = \frac{U_2}{R_2} , \tag{1.144}$$

$$I = \frac{U}{R_1 + R_2} . \tag{1.145}$$

Die Gleichheit der Ströme im unverzweigten Stromkreis hat zur Folge, daß gilt:

$$\frac{U_1}{R_1} = \frac{U_2}{R_2} = \frac{U}{R_1 + R_2} . \tag{1.146}$$

Damit ergibt sich für die Aufteilung der Spannungen auf die Widerstände folgende Regel (Spannungsteilerregel):

$$\frac{U_1}{U_2} = \frac{R_1}{R_2} \quad oder \quad \frac{U_1}{U} = \frac{R_1}{R_1 + R_2} , \tag{1.147}$$

d. h. bei in Reihe geschalteten linearen Widerständen verhalten sich die Spannungen wie die diesen Spannungen zugehörigen Widerstände. Diese Regel ist natürlich auch sinngemäß auf Ersatzelemente von Zweipolschaltungen anwendbar, wie folgendes Beispiel (Bild 1.35) zeigt:

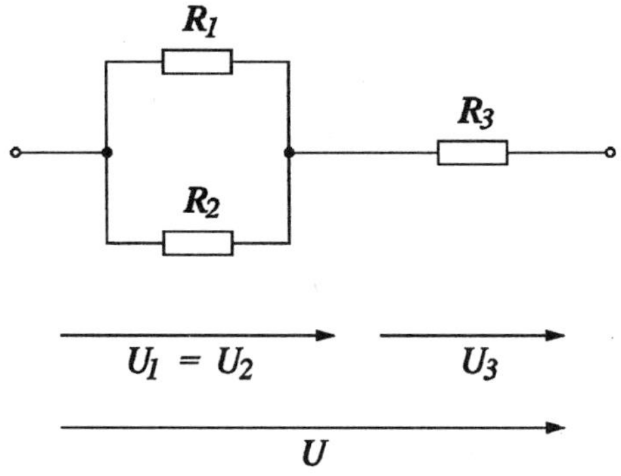

Bild 1.35 Beispiel zur Anwendung der Spannungsteilerregel

Die Anwendung der Spannungsteilerregel auf die Widerstände R_3 und das aus der Parallelschaltung von R_1 und R_2 gebildete Ersatzelement ergibt z. B.

$$\frac{U_3}{U} = \frac{R_3}{\dfrac{R_1\,R_2}{R_1 + R_2} + R_3} = \frac{(R_1 + R_2)R_3}{R_1R_2 + R_1\,R_3 + R_2\,R_3} \ . \tag{1.148}$$

Auch eine mehrfache Anwendung der Spannungsteilerregel ist möglich und führt bei einfach strukturierten Schaltungen i. d. R. sehr schnell zum Ergebnis, wie das folgende Beispiel zeigt (Bild 1.36):

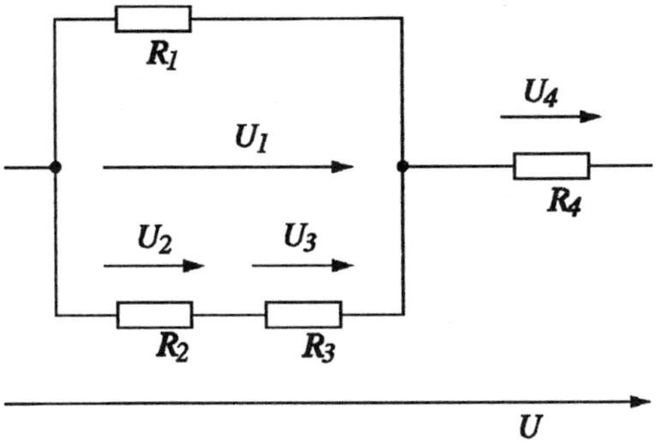

Bild 1.36 Zweifacher Spannungsteiler

Soll in dieser Schaltung die Spannung an R_2 aus der Gesamtspannung U und den Widerständen R_1 bis R_4 bestimmt werden, erhält man zunächst eine Zerlegung in zwei Spannungsteiler

$$\frac{U_2}{U} = \frac{U_2}{U_1}\,\frac{U_1}{U} \ . \tag{1.149}$$

Die Anwendung der Spannungsteilerregel auf die so entstehenden Spannungsteiler ergibt

$$\frac{U_2}{U} = \frac{R_2}{R_2 + R_3}\;\frac{\dfrac{R_1(R_2 + R_3)}{R_1 + R_2 + R_3}}{R_4 + \dfrac{R_1(R_2 + R_3)}{R_1 + R_2 + R_3}} \ . \tag{1.150}$$

Nach Vereinfachung erhält man schließlich

$$\frac{U_2}{U} = \frac{R_1R_2}{R_1R_2 + R_1R_3 + R_1R_4 + R_2R_4 + R_3R_4} \ . \tag{1.151}$$

Eine ähnlich nützliche Regel läßt sich für die in Bild 1.37 dargestellte Parallelschaltung linearer Widerstände aufstellen.

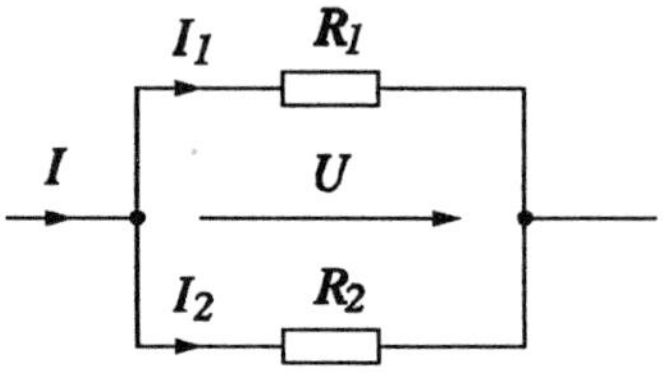

Bild 1.37 Zur Stromteilerregel

Für diese Schaltung gilt

$$U = I \frac{R_1 R_2}{R_1 + R_2} = I_1 R_1 = I_2 R_2 \,. \tag{1.152}$$

Die Umstellung ergibt die sogenannte Stromteilerregel, die die Stromaufteilung zwischen linearen Widerständen beschreibt:

$$\frac{I_1}{I} = \frac{R_2}{R_1 + R_2} \; bzw. \; \frac{I_1}{I_2} = \frac{R_2}{R_1} \,. \tag{1.153}$$

Der Umgang mit der Stromteilerregel zur Netzwerksberechnung erfolgt in analoger Weise wie bei der Spannungsteilerregel, so daß auf Beispiele verzichtet werden kann.

1.2.5 Die Zusammenschaltung linearer aktiver Zweipole

Ein besonders einfacher Weg der Ermittlung der Parameter, die die elektrischen Eigenschaften eines beliebigen aktiven Zweipols äquivalent nachbilden, ist die Anwendung des Satzes von der Ersatzspannungsquelle.

Zu dessen Ableitung sei von dem in Bild 1.38a dargestellten aktiven Zweipol ausgegangen. Es liegt auf der Hand, daß die in Bild 1.38b vorgenommene Einfügung zweier idealer gegeneinander geschalteter Spannungsquellen dann keine Störung der gesamten Schaltung bedeutet, wenn unabhängig von der Größe der Quellenspannung gilt

$$U'_{qh} = U_{qh} \,. \tag{1.154}$$

Wählt man nun U'_{qh} betragsmäßig so, daß bei alleinigem Vorhandensein von U'_{qh} und dem aktiven Zweipol im Außenzweig kein Strom fließt, so kann davon ausgegangen werden, daß unter dieser Bedingung U'_{qh} die Wirkung aller Strom- und Spannungsquellen im Inneren des aktiven Zweipols kompensiert. Damit können U'_{qh} und alle inneren Spannungsquellen durch Brücken und alle inneren Stromquellen durch Unterbrechungen ersetzt werden.

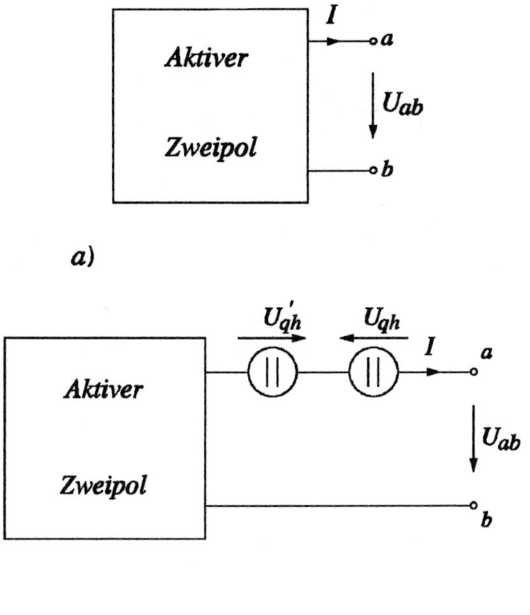

Bild 1.38a,b Zur Ableitung des Theveninschen Satzes

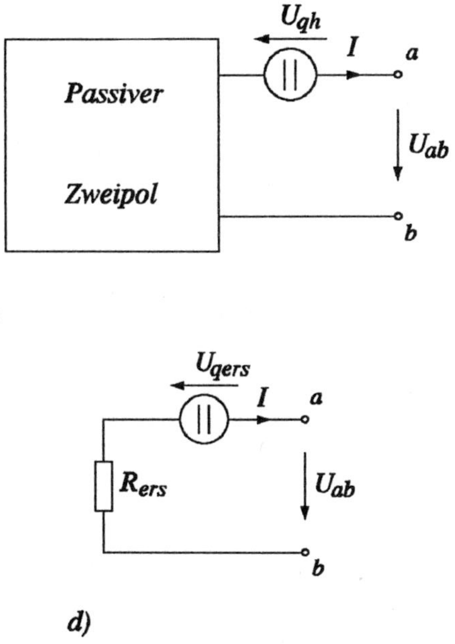

Bild 1.38c,d Zur Ableitung des Theveninschen Satzes

Die entgegengesetzt gleiche Quellenspannung U_{qh} stellt somit die einzige Spannungsquelle des so entstandenen Netzwerkes dar und kann demzufolge als die Ersatzquellenspannung U_{qers} angesehen werden. Das auf die oben angegebene Weise aus dem aktiven Zweipol entstehende passive Netzwerk kann gemäß der in diesem Abschnitt besprochenen Regeln für passive Zweipole zu einem Ersatzwiderstand zusammengefaßt werden. Damit entsteht die in Bild 1.38d dargestellte Ersatzschaltung.

Da der Zustand I = 0 dem Leerlauf entspricht, ist $U_{qers} = U_{abL}$. Damit lautet der Satz von der Ersatzspannungsquelle (Theveninscher Satz):

Jeder aktive Zweipol ist durch ein Spannungsquellenersatzschaltbild darstellbar. Dabei ist die Ersatzquellenspannung gleich der Leerlaufspannung des Zweipols zwischen seinen äußeren Klemmen. Der Ersatzwiderstand ist der Ersatzwiderstand des passiven Zweipols, der entsteht, wenn die Spannungsquellen im aktiven Zweipol durch Brücken und die Stromquellen durch Unterbrechungen ersetzt werden.

Entsprechend der Umwandelbarkeit von Spannungs- in Stromquellenersatzschaltbild läßt sich auch ein Satz von der Ersatzstromquelle formulieren (Maier- oder Norton-Theorem):

Ein aktiver Zweipol ist durch ein Stromquellenersatzschaltbild darstellbar. Dabei ist der Ersatzquellenstrom I_{qers} gleich dem Kurzschlußstrom des Zweipols zwischen seinen äußeren Klemmen a und b. Der Ersatzwiderstand wird auf die gleiche Weise bestimmt wie im Theveninschen Satz beschrieben.

Als Beispiel für den Theveninschen Satz sei die Reihenschaltung von n aktiven Zweipolen untersucht (Bild 1.39).

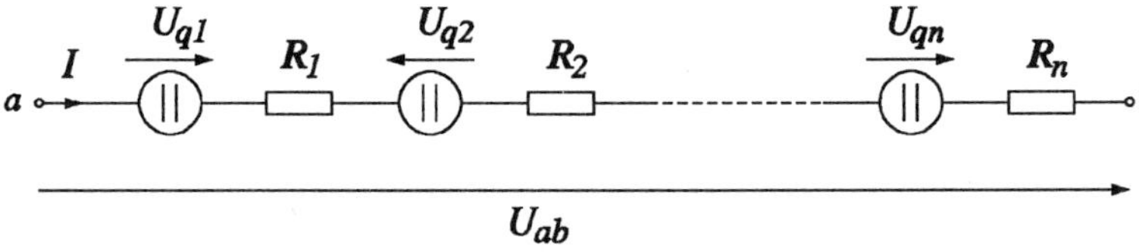

Bild 1.39 Reihenschaltung aktiver Zweipole

Entsprechend dem Satz von Thevenin erhält man durch Ersatz der Spannungsquellen durch Brücken für den Ersatzwiderstand

$$R_{ers} = \sum_{\nu=1}^{n} R_{\nu} \; . \tag{1.155}$$

Die Leerlaufspannung (I = 0) zwischen den Klemmen a und b ist entsprechend dem Maschensatz, da im Leerlauf an den Widerständen keine Spannung abfällt,

$$U_{abL} = U_{q1} - U_{q2} + \ldots + U_{qn} \; , \tag{1.156}$$

bzw. allgemein gilt für $U_{qers} = U_{abL}$

$$U_{qers} = \sum_{v=1}^{n} U_{qv \atop (vzb)} \ . \tag{1.157}$$

Dabei sind alle Quellenspannungen als positiv einzusetzen, die von a nach b gerichtet sind. Im entgegengesetzten Falle sind sie negativ zu zählen.

Als Beispiel für das Norton-Theorem möge die Parallelschaltung von n aktiven Zweipolen dienen (Bild 1.40).

Auch in diesem Fall ist die Bestimmung des Ersatzwiderstandes sehr einfach. Entsprechend den Regeln der Parallelschaltung erhält man ebenfalls nach Ersatz der Spannungsquellen durch Brücken für den Ersatzwiderstand

$$\frac{1}{R_{ers}} = \sum_{v=1}^{n} \frac{1}{R_v} \ . \tag{1.158}$$

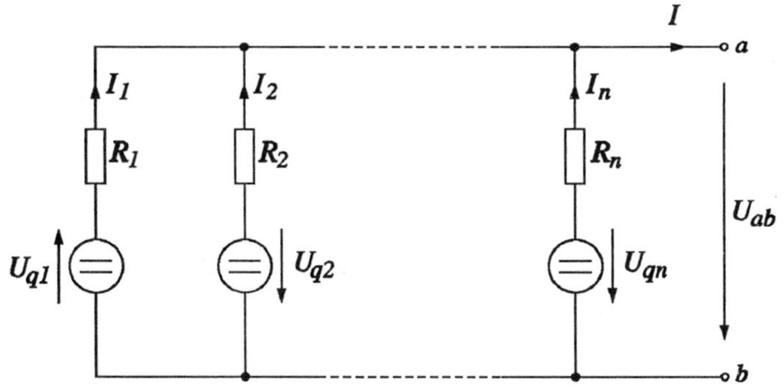

Bild 1.40 Parallelschaltung aktiver Zweipole

Zur Berechnung des Ersatzkurzschlußstromes erhält man für jeden Zweigstrom bei Kurzschluß zwischen den Klemmen a und b, d. h. $U_{ab} = 0$, durch einfache Anwendung des Maschensatzes

$$I_{vK} = \frac{U_{qv(vzb)}}{R_v} \ . \tag{1.159}$$

Dabei ist jede Spannungsquelle als positiv anzusehen, die von Klemme a nach Klemme b gerichtet ist. Die Anwendung des Knotensatzes ergibt für den gesamten Kurzschlußstrom und damit für den Ersatzquellenstrom $I_{qers} = I_{abK}$

$$I_{qers} = I_{\mathrm{abK}} = \sum_{\nu=1}^{n} \frac{U_{q\nu(\nu zb)}}{R_\nu} \,. \tag{1.160}$$

Die Transformationsbeziehungen zwischen Strom- und Spannungsquelle ergeben für die Ersatzquellspannung

$$U_{qers} = I_{qers} R_{ers} = I_{qers} \frac{1}{G_{ers}} \tag{1.161}$$

und damit

$$U_{qers} = \frac{\sum_{\nu=1}^{n} \frac{U_{q\nu(\nu zb)}}{R_\nu}}{\sum_{\nu=1}^{n} \frac{1}{R_\nu}} \,. \tag{1.162}$$

1.2.6 Die Ermittlung der Strom-Spannungskennlinie nichtlinearer Zweipole

Sehr häufig bestehen elektrische oder elektronische Schaltungen nicht ausschließlich aus Bauelementen mit linearer Strom-Spannungs-Kennlinie, sondern beinhalten ein oder mehrere nichtlineare Bauelemente (Varistoren, Dioden, Thermistoren o. ä.). Da die Kennlinien solcher Bauelemente meist als Meßkurven vorliegen, ist die grafische Ermittlung der Kennlinien des Ersatzelementes der gesamten Schaltung eine häufig notwendige Arbeitsmethode, insbesondere für Schaltungen, die Kombinationen von Reihen- und Parallelschaltungen linearer und nichtlinearer Zweipole darstellen. Als Beispiel für die Behandlung von Reihenschaltungen soll die in Bild 1.41 dargestellte Reihenschaltung einer realen linearen Spannungsquelle und einer Diode untersucht werden.

Geht man von den Kirchhoffschen Sätzen aus, so ergibt sich wegen der Gleichheit der Ströme durch alle Elemente für die Konstruktion der Gesamtspannung allgemein

$$U_{ab} = \sum_{\nu=1}^{n} U_\nu(I) \,, \tag{1.163}$$

d. h. die Kennlinie des Ersatzelementes erhält man durch punktweise Addition der Spannungen über allen Elementen bei gleichem Strom.

Für das in Bild 1.41 dargestellte Beispiel ergibt sich konkret

$$U_{ab} = U_q + U_R(I) + U_D(I) \tag{1.164}$$

und damit der in Bild 1.42 dargestellte Verlauf.

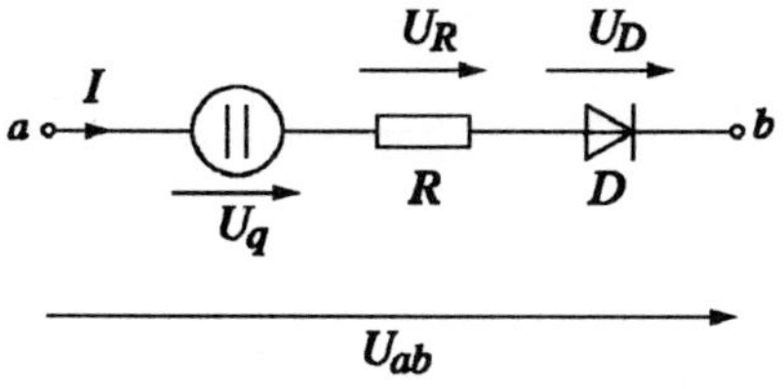

Bild 1.41 Reihenschaltung mit einem nichtlinearen Element

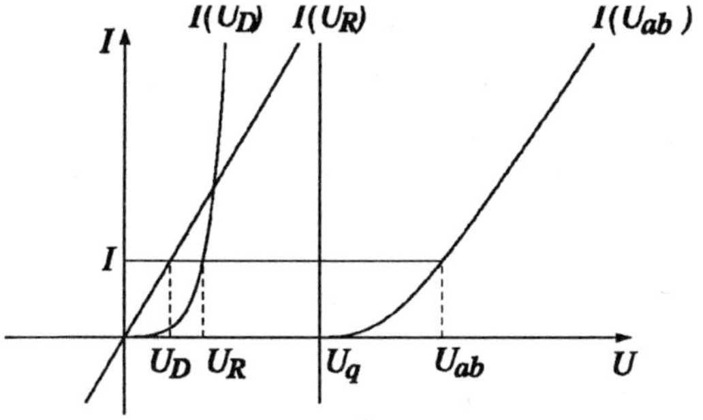

Bild 1.42 Konstruktion der Strom-Spannungskennlinie für die Schaltung von Bild 1.41

In ganz ähnlicher Weise läßt sich die Parallelschaltung von linearen und nichtlinearen Elementen grafisch behandeln. Ein Beispiel zeigt Bild 1.43.

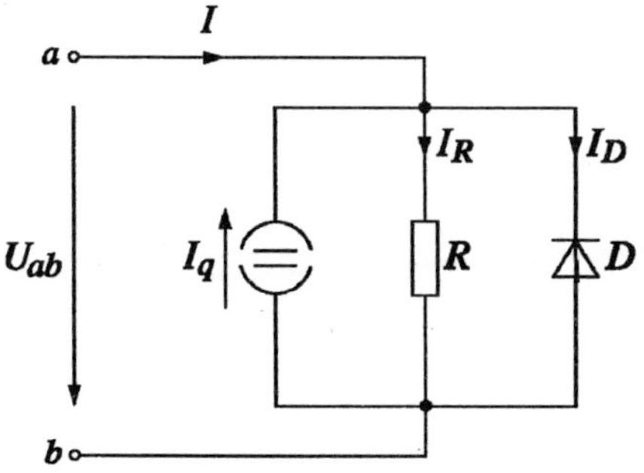

Bild 1.43 Parallelschaltung von Zweipolen mit einem nichtlinearen Element

Aus den Eigenschaften der Parallelschaltung ergibt sich, daß der Gesamtstrom bei gleicher Spannung an allen parallelgeschalteten Elementen gleich der vorzeichenbehafteten Summe aller Teilströme ist. Man schreibt also

$$I(U_{ab}) = \sum_{\nu=1}^{n} I_\nu(U_{ab}) \ . \tag{1.165}$$

Für die Beispielschaltung nach Bild 1.43 ergibt sich

$$I(U_{ab}) = I_R(U_{ab}) + I_D(U_{ab}) - I_q \; . \tag{1.166}$$

Die sich ergebende Kennlinie und die Konstruktion zeigt Bild 1.44.

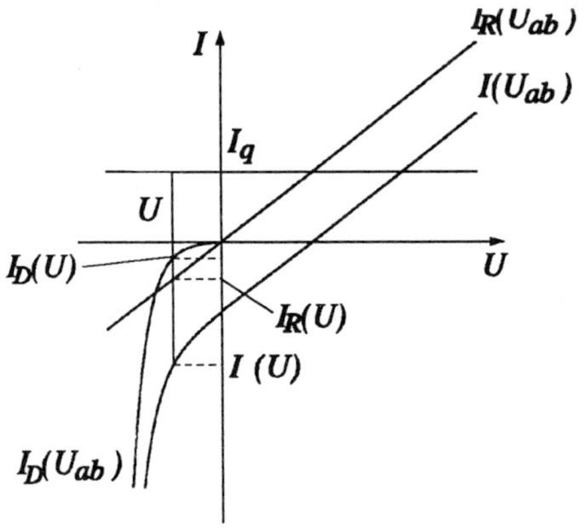

Bild 1.44 Konstruktion der Strom-Spannungskennlinie für die Schaltung von Bild 1.43

Die nacheinanderfolgende Anwendung beider Konstruktionsvorschriften ermöglicht die Konstruktion der Strom-Spannungskennlinie auch für komplizierte Reihen-Parallelschaltungen von linearen und nichtlinearen aktiven und passiven Elementen.

1.2.7 Die Anwendung der Zweipoltheorie zur Netzwerkberechnung

Ist in einem Netzwerk nur ein Strom gesucht oder nur ein nichtlinearer Widerstand vorhanden, erweist sich die Anwendung der Zweipoltheorie zur Netzwerkberechnung als sinnvoll bzw. erforderlich. Sucht man also den Strom in einem Zweig eines Netzes (I_5 im Beispiel Bild 1.45a), wird man die diesen Zweig begrenzenden Knoten als die Klemmen a und b eines aktiven Zweipols auffassen (Bild 1.45b).

Durch Berechnung von U_{qers} und R_{ers} für diesen aktiven Zweipol kann die Berechnungsaufgabe auf den Grundstromkreis zurückgeführt werden (Bild 1.45c).Der gesuchte Zweigstrom I_5 wird dann

$$I_5 = \frac{U_{qers}}{R_{ers} + R_5} = \frac{R_{ers}\, I_{qers}}{R_{ers} + R_5} \; . \tag{1.167}$$

Für die Schaltung nach Bild 1.45b ergibt sich dann für die Leerlaufspannung U_{abL}

$$U_{abL} = U_3 - U_4 \, . \tag{1.168}$$

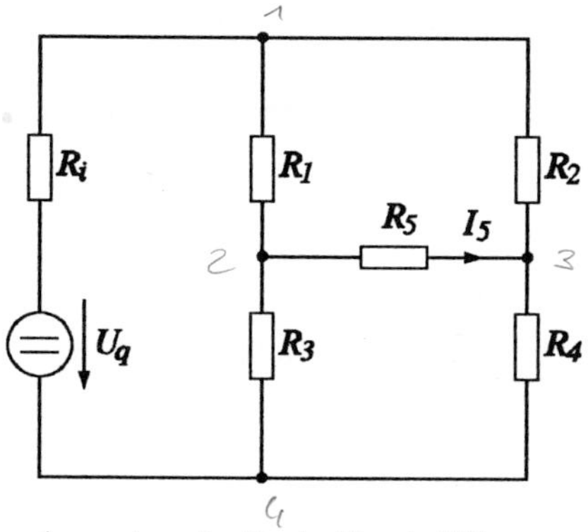

Bild 1.45a Beispielschaltung zur Anwendung der Zweipoltheorie (Wheatstonesche Brücke)

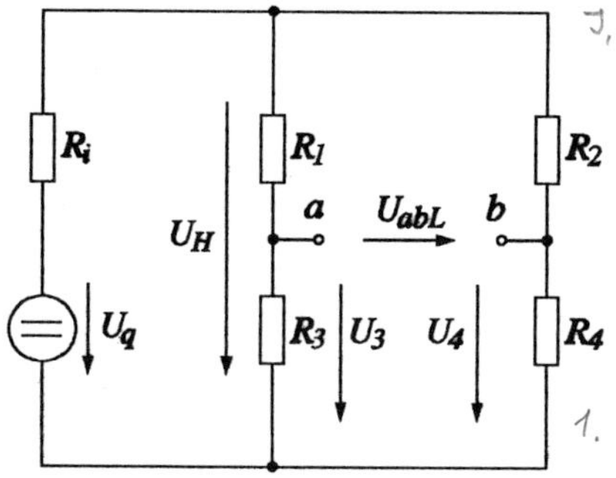

Bild 1.45b Abgetrennter aktiver Zweipol von Bild 1.45a

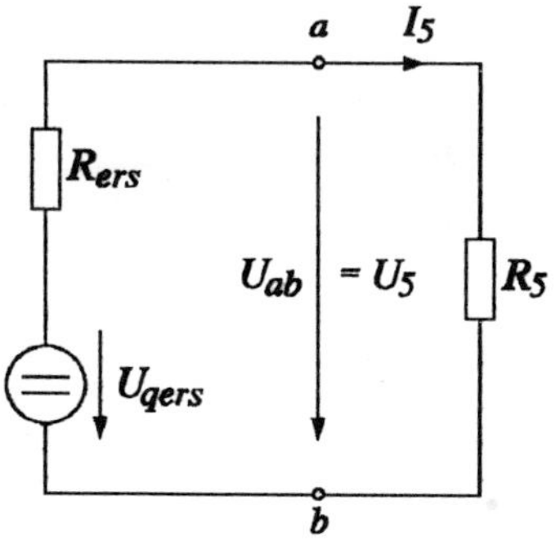

Bild 1.45c Grundstromkreis nach Anwendung der Zweipoltheorie

Unter Anwendung der Spannungsteilerregel erhält man zunächst

$$\frac{U_3}{U_q} = \frac{U_3}{U_H}\,\frac{U_H}{U_q} \; bzw. \; \frac{U_4}{U_q} = \frac{U_4}{U_H}\,\frac{U_H}{U_q} \; . \tag{1.169}$$

Bei Nutzung der Gleichungen (1.168) und (1.169) entsteht

$$U_{abL} = U_{qers} = (\frac{U_3}{U_H} - \frac{U_4}{U_H})\,\frac{U_H}{U_q}\,U_q \, , \tag{1.170}$$

und nach Einsetzen der zugehörigen Widerstände erhält man

$$U_{qers} = (\frac{R_3}{R_1 + R_3} - \frac{R_4}{R_2 + R_4})\,\frac{\dfrac{(R_1 + R_3)\,(R_2 + R_4)}{R_1 + R_2 + R_3 + R_4}}{\dfrac{(R_1 + R_3)\,(R_2 + R_4)}{R_1 + R_2 + R_3 + R_4} + R_i}\,U_q \tag{1.171}$$

oder nach Umformung

$$U_{qers} = \frac{R_3\,R_2 - R_1\,R_4}{(R_1 + R_3)\,(R_2 + R_4) + R_i(R_1 + R_2 + R_3 + R_4)}\,U_q \; . \tag{1.172}$$

Der Ersatzinnenwiderstand ergibt sich unter Nutzung der im Abschnitt über die Stern-Dreieck-Transformation dargestellten Transformationsbeziehungen zu

$$R_{ers} = R_{10} + \frac{(R_{20} + R_2)\,(R_{30} + R_4)}{R_{20} + R_{30} + R_2 + R_4} \tag{1.173}$$

mit

$$R_{10} = \frac{R_1\,R_3}{R_1 + R_3 + R_i} \, , \tag{1.174}$$

$$R_{20} = \frac{R_1\,R_i}{R_1 + R_3 + R_i} \, , \tag{1.175}$$

$$R_{30} = \frac{R_3\,R_i}{R_1 + R_3 + R_i} \; . \tag{1.176}$$

Der gesuchte Zweigstrom berechnet sich dann zu

$$I_5 = \frac{U_{qers}}{R_{ers} + R_5} . \qquad (1.177)$$

Interessant an dieser Lösung ist, daß U_{qers} und damit I_5 verschwindet, wenn die Bedingung

$$R_2 \, R_3 = R_1 \, R_4 \qquad (1.178)$$

bzw.

$$\frac{R_1}{R_2} = \frac{R_3}{R_4} \qquad (1.179)$$

erfüllt ist. Man spricht dann von einer abgeglichenen Brücke. Diese sogenannte Abgleichbedingung kann mit Nutzen zur Messung von Widerständen verwendet werden.

Legt man die Widerstände R_2 und R_4 als Potentiometer mit dem Gesamtwiderstand R_p und den Widerstand R_3 als Normalwiderstand R_N aus (Bild 1.46) und schließt den unbekannten Widerstand R_x an die Stelle von R_1, so kann man durch Verstellen des Potentiometers erreichen, daß der Nullindikator im Diagonalzweig stromlos wird.

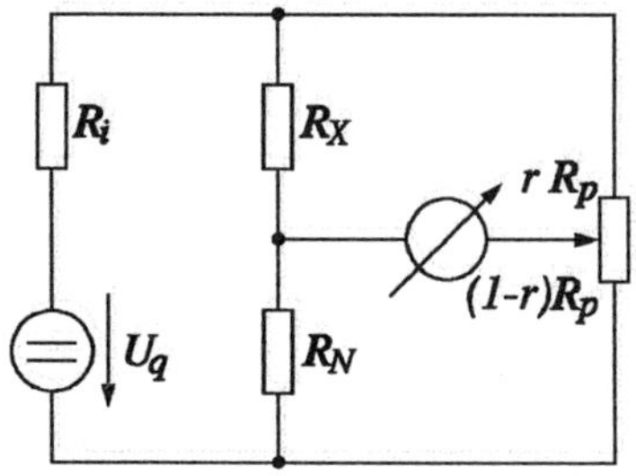

Bild 1.46 Wheatstonesche Widerstandsmeßbrücke

Für den so erhaltenen Abgleich gilt

$$\frac{R_X}{R_N} = \frac{r \, R_p}{(1 - r)R_p} \qquad (1.180)$$

oder

$$R_X = \frac{r}{1 - r} \, R_N . \qquad (1.181)$$

Die Anwendung der Zweipoltheorie wird erforderlich, wenn im Netzwerk ein einzelnes nichtlineares Element enthalten ist.

Dann wird zunächst der lineare Teil des Netzwerkes zu einem aktiven Zweipol zusammengefaßt, während das nichtlineare Element den Außenwiderstand des so entstehenden Grundstromkreises bildet. Der Arbeitspunkt kann dann analog Bild 1.47 grafisch ermittelt werden.

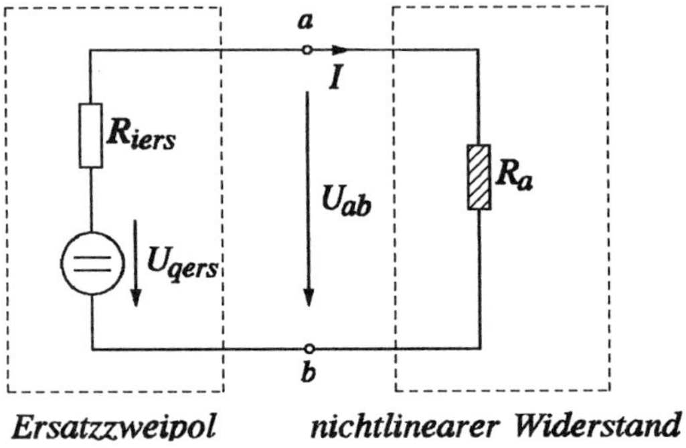

Bild 1.47a Ersatzschaltung zur Berechnung von Stromkreisen mit einem nichtlinearen Element

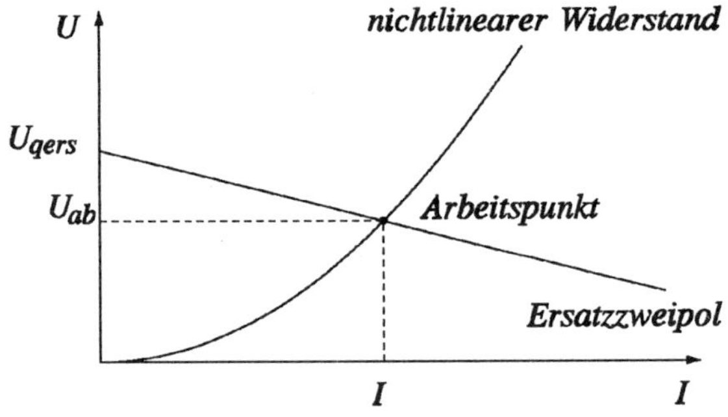

Bild 1.47b Arbeitspunktermittlung in Schaltungen mit einem nichtlinearen Element

Die Berechnung aller übrigen Zweigströme des Netzwerkes erfolgt durch zielgerichtete Anwendung der Kirchhoffschen Gesetze.

1.2.8 Die Methode der Knotenspannungsanalyse

Wie bereits in Abschnitt 1.2.1 ausgeführt, ist die Berechnung jedes elektrischen Stromkreises durch die Anwendung der Kirchhoffschen Gesetze möglich. Man erhält jedoch ein Gleichungssystem, welches ebenso viele Unbekannte enthält wie das Netzwerk Zweige. Der zur Lösung umfangreicher Gleichungssysteme erforderliche beträchtliche numerische Aufwand läßt nach Methoden suchen, die die Anzahl der durch die Lösung von Gleichungssystemen zu ermittelnden Unbekannten drastisch senken.

Ein solches Verfahren ist die Knotenspannungsanalyse. Man führt bei der Anwendung dieser Methode als Hilfsvariablen sogenannte Knotenspannungen (auch Knotenpotentiale) ein (Bild 1.48). Dabei wird zunächst ein Knoten (im Bild der Knoten 0) als Bezugsknoten definiert. Als Knotenspannung wird nun die Spannung $U_{\nu 0}$ zwischen dem Knoten ν und dem Bezugsknoten bezeichnet. Es liegt auf der Hand, daß es ebenso viele Knotenspannungen wie unabhängige Knotengleichungen gibt, nämlich α = k-1.

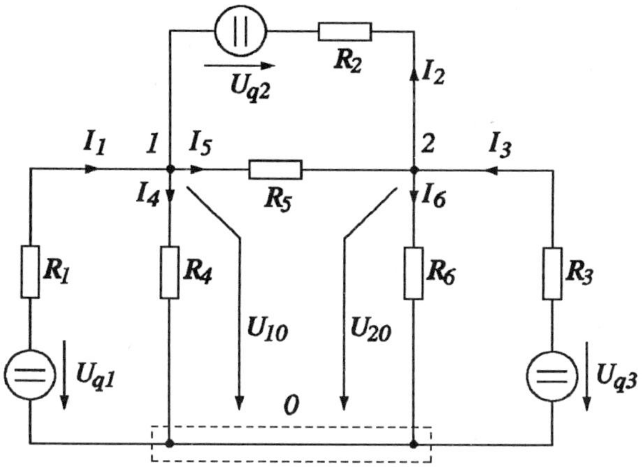

Bild 1.48 Zur Methode der Knotenspannungsanalyse

Weiterhin läßt sich bei Kenntnis der Knotenspannungen zweier Knoten, die einen Zweig begrenzen, leicht der Strom in diesem Zweig ermitteln. Ein Beispiel zeigt Bild 1.49.

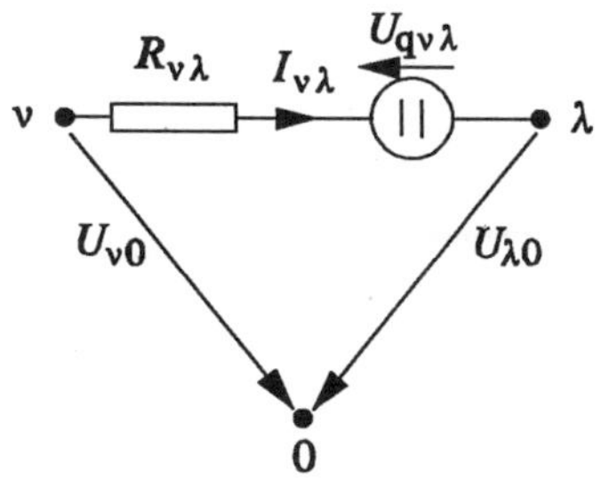

Bild 1.49 Zur Berechnung eines Zweigstromes aus den Knotenspannungen

Die Anwendung des Maschensatzes auf die so entstehende Masche ergibt

$$-U_{\nu 0} + R_{\nu\lambda} I_{\nu\lambda} - U_{q\nu\lambda} + U_{\lambda 0} = 0 \tag{1.182}$$

und nach Umstellung

$$I_{\nu\lambda} = \frac{U_{\nu 0} - U_{\lambda 0} + U_{q\nu\lambda}}{R_{\nu\lambda}} \,. \qquad (1.183)$$

Damit lassen sich allgemein alle Zweigströme durch die Knotenspannungen und die Schaltelemente des jeweils betrachteten Zweiges ausdrücken. Die Berechnung der Knotenspannungen erfolgt durch Einsetzen der so ausgedrückten Zweigströme in die Knotengleichungen.

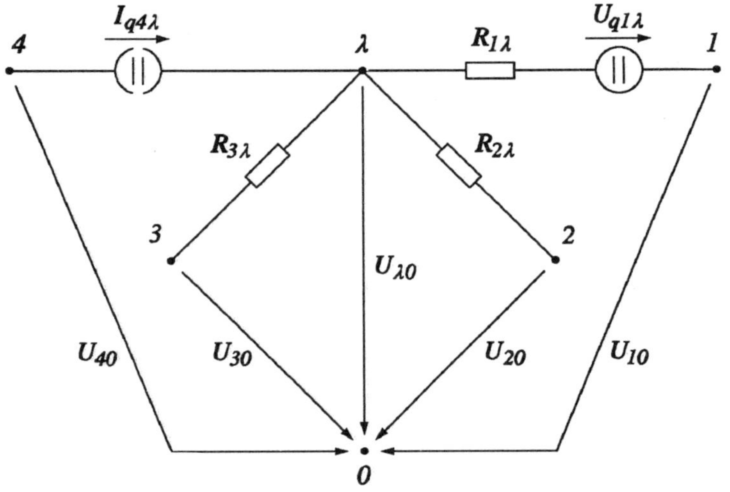

Bild 1.50 Zur Berechnung der Knotenspannungen

Für den in Bild 1.50 dargestellten Knoten ergibt sich aus dem Knotensatz und Bild 1.49

$$\sum_{\nu=0}^{n} I_{\nu\lambda} = 0 \,. \qquad (1.184)$$

Unter Ausnutzung der Beziehung zwischen Zweigströmen und Knotenspannungen (Gleichung (1.183)) erhält man

$$I_{\nu\lambda} = \frac{U_{\nu 0} - U_{\lambda 0} + U_{q\nu\lambda}}{R_{\nu\lambda}} \qquad (1.185)$$

bzw. bei einer idealen Stromquelle im Zweig ν-λ

$$I_{\nu\lambda} = I_{q\nu\lambda} \,. \qquad (1.186)$$

Bezüglich des Vorzeichens der aktiven Elemente ist zu beachten, daß alle Quellspannungen, deren Spannungspfeil vom Knoten λ nach Knoten ν zeigt bzw. alle Quellströme, die vom Knoten ν nach Knoten λ gerichtet sind, als positiv eingesetzt werden. Im entgegengesetzten Fall ist das Vorzeichen negativ.

Nach Einsetzen in die Knotengleichung erhält man (ohne Stromquellen):

$$\sum_{\nu=0}^{n} \frac{U_{\nu 0} - U_{\lambda 0} + U_{q\nu\lambda}}{R_{\nu\lambda}} = 0 \ . \tag{1.187}$$

Nach Umstellung ergibt sich

$$\sum_{\nu=0}^{n} \frac{U_{\nu 0}}{R_{\nu\lambda}} - U_{\lambda 0} \sum_{\nu=0}^{n} \frac{1}{R_{\nu\lambda}} + \sum_{\nu=0}^{n} \frac{U_{q\nu\lambda}}{R_{\nu\lambda}} = 0 \tag{1.188}$$

und schließlich

$$U_{\lambda 0} \sum_{\nu=0}^{n} \frac{1}{R_{\nu\lambda}} - \sum_{\nu=0}^{n} \frac{U_{\nu 0}}{R_{\nu\lambda}} = + \sum_{\nu=0}^{n} \frac{U_{q\nu\lambda}}{R_{\nu\lambda}} \ . \tag{1.189}$$

Bei Vorhandensein von idealen Stromquellen tritt für den betreffenden Zweig $I_{q\nu\lambda}$ an die Stelle des Quotienten $U_{q\nu\lambda}/R_{\nu\lambda}$.

Stellt man für jeden Knoten des Netzwerkes mit Ausnahme des Bezugsknotens die Knotengleichung nach o. g. Schema auf, ergibt sich ein Gleichungssystem von α Gleichungen. Die Berechnung aller Knotenspannungen ist somit möglich. Unter Benutzung der Gleichung (1.185) erhält man schließlich aus den Knotenspannungen die Zweigströme. Für das in Bild 1.48 angegebene Beispiel erhält man:

Knoten 1:

$$U_{10}\left(\frac{1}{R_1} + \frac{1}{R_2} + \frac{1}{R_4} + \frac{1}{R_5}\right) - U_{20}\left(\frac{1}{R_5} + \frac{1}{R_2}\right) = \frac{U_{q1}}{R_1} + \frac{U_{q2}}{R_2} \tag{1.190}$$

Knoten 2:

$$U_{20}\left(\frac{1}{R_2} + \frac{1}{R_3} + \frac{1}{R_5} + \frac{1}{R_6}\right) - U_{10}\left(\frac{1}{R_5} + \frac{1}{R_2}\right) = - \frac{U_{q2}}{R_2} + \frac{U_{q3}}{R_3} \tag{1.191}$$

Die Auflösung der Gleichungen ergibt U_{10} und U_{20}. Damit entsteht für die Zweigströme:

$$I_1 = \frac{U_{q1} - U_{10}}{R_1} \ , \tag{1.192}$$

$$I_2 = \frac{U_{q2} + U_{20} - U_{10}}{R_2} \ , \tag{1.193}$$

$$I_3 = \frac{U_{q3} - U_{20}}{R_3} , \tag{1.194}$$

$$I_4 = \frac{U_{10}}{R_5} , \tag{1.195}$$

$$I_5 = \frac{U_{10} - U_{20}}{R_5} , \tag{1.196}$$

$$I_6 = \frac{U_{20}}{R_6} . \tag{1.197}$$

An diesem Beispiel, welches die Ordnung des zu lösenden Gleichungssystems von 6 bei Anwendung der Kirchhoffschen Sätze auf lediglich 2 reduziert, werden die Vorteile der Knotenspannungsanalyse hinreichend deutlich.

Da zur Berechnung von Gleichungssystemen sehr häufig der Matrizenkalkül verwendet wird und sich bei seiner Anwendung einfach algorithmierbare Vorschriften für die Aufstellung der Gleichungen ergeben, sei die Formulierung der Methode der Knotenspannungen auch auf diese Weise angegeben. Man erhält für das Gleichungssystem zur Berechnung der Knotenspannungen

$$[K_B] \; [G_z] \; [K_B]^T \; [U] = [K_B] \; \{ \; [I_{qz}] + [G_z] \; [U_{qz}] \; \} \; . \tag{1.198}$$

Dabei ist $[K_B]$ die um die Zeile B reduzierte Knoteninzidenzmatrix [K] und $[K]^T$ deren Transponierte. B ist die Nummer des gewählten Bezugsknotens.

Als vollständige Knoteninzidenzmatrix [K] wird eine Matrix mit k Zeilen (k - Anzahl der Knoten) und z Spalten (z - Anzahl der Zweige) bezeichnet, für deren Elemente gilt:

$$K_{\nu\mu} = \left\{ \begin{array}{l} +1 \; \textit{wenn} \; I_\mu \; \textit{zum Knoten} \; \nu \; \textit{zeigt} \\ -1 \; \textit{wenn} \; I_\mu \; \textit{vom Knoten} \; \nu \; \textit{weg zeigt} \\ 0 \; \textit{wenn} \; I_\mu \; \textit{den Knoten} \; \nu \; \textit{nicht berührt} \end{array} \right\} .$$

Man erhält für die in Bild 1.48 gezeigte Schaltung (Bezugsknoten ist Knoten 3)

$$[K] = \begin{bmatrix} +1 & +1 & 0 & -1 & -1 & 0 \\ 0 & -1 & +1 & 0 & +1 & -1 \\ -1 & 0 & -1 & +1 & 0 & +1 \end{bmatrix} . \tag{1.199}$$

Die Matrix $[K_B]$ entsteht durch Streichung der 3. Zeile.

$[G_z]$ ist die Matrix der Zweigleitwerte. Sie ist eine quadratische Matrix der Ordnung z mit den Leitwerten G_z in der Diagonalen, die übrigen Elemente sind Nullen.

Man erhält zum Beispiel für Bild 1.48

$$[G_z] = \begin{bmatrix} \frac{1}{R_1} & 0 & 0 & 0 & 0 & 0 \\ 0 & \frac{1}{R_2} & 0 & 0 & 0 & 0 \\ 0 & 0 & \frac{1}{R_3} & 0 & 0 & 0 \\ 0 & 0 & 0 & \frac{1}{R_4} & 0 & 0 \\ 0 & 0 & 0 & 0 & \frac{1}{R_5} & 0 \\ 0 & 0 & 0 & 0 & 0 & \frac{1}{R_6} \end{bmatrix} . \tag{1.200}$$

$[I_{qz}]$ ist der Vektor aller Quellenströme in den Zweigen, d. h. ein Vektor mit z Komponenten. Die Quellenströme sind dann positiv einzutragen, wenn der Quellenstrom die Richtung des Zweigstromes hat, sonst negativ. Im Beispiel Bild 1.48 ergibt sich der Nullvektor.

$[U_{qz}]$ ist der Vektor aller Quellenspannungen in den Zweigen, d. h. ebenfalls ein Vektor mit z-Komponenten. Das Vorzeichen ist dann positiv, wenn der Spannungspfeil entgegen der Richtung des Zweigstromes zeigt, sonst negativ. Für das Beispiel Bild 1.48 ergibt sich

$$[U_{qz}]^T = [U_{q1} \; U_{q2} \; U_{q3} \; 0 \; 0 \; 0] . \tag{1.201}$$

[U] ist der Vektor aller α Knotenspannungen, im Beispiel nach Bild 1.48 erhält man

$$[U]^T = [U_{10} \; U_{20}] . \tag{1.202}$$

Einsetzen und Ausführen der Matrizenoperationen in Gleichung (1.198) führt auf das mit den Gleichungen (1.190) und (1.191) gegebene Gleichungssystem.

1.2.9 Die Methode der Maschenstromanalyse

Eine andere Methode der aufwandssparenden Netzwerkberechnung ist die Maschenstromanalyse. Bei dieser Methode wird davon ausgegangen, daß die Ströme in den selbständigen Zweigen des betrachteten Netzwerkes als Hilfsvariable angesehen werden. Man erhält dann zur Bestimmung dieser Hilfsvariablen so viele unabhängige Gleichungen, wie sich linear unabhängige Maschengleichungen aufstellen lassen. Die Ströme in den Koppelzweigen errechnen sich dann aus der zweckentsprechenden Umstellung der Knotengleichungen. Die entsprechenden Erläuterungen sollen am Beispiel der in Bild 1.51 dargestellten Schaltung erfolgen.

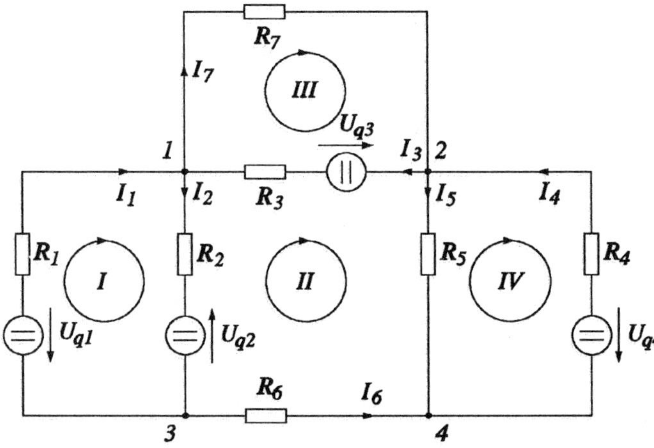

Bild 1.51 Zur Einführung der Maschenstromanalyse

Jeder vollständige Baum eines Netzwerkes besteht aus $\alpha = k - 1$ Zweigen (s. a. 1.2.1), im Beispiel also aus 3 Zweigen. Eine Möglichkeit zeigt Bild 1.52.

Die unabhängigen Knotengleichungen sind beispielsweise bei Weglassen des Knotens 4

$$I_1 - I_2 + I_3 - I_7 = 0 \, , \tag{1.203}$$

$$-I_3 + I_4 - I_5 + I_7 = 0 \, , \tag{1.204}$$

$$-I_1 + I_2 - I_6 = 0 \, . \tag{1.205}$$

Stellt man nun die Knotengleichungen so um, daß die Ströme in den Zweigen des vollständigen Baumes durch die Ströme in den selbständigen Zweigen ausgedrückt werden, erhält man ein Gleichungssystem

$$-I_2 + I_3 = I_7 - I_1 \, ,$$

$$I_3 + I_5 = I_7 + I_4 \ , \tag{1.206}$$

$$I_2 = I_1 + I_6 \ .$$

Entsprechendes Auflösen ergibt für die Baumströme

$$I_2 = I_1 + I_6 \ , \tag{1.207a}$$

$$I_3 = I_7 + I_6 \ , \tag{1.207b}$$

$$I_5 = I_4 - I_6 \ . \tag{1.207c}$$

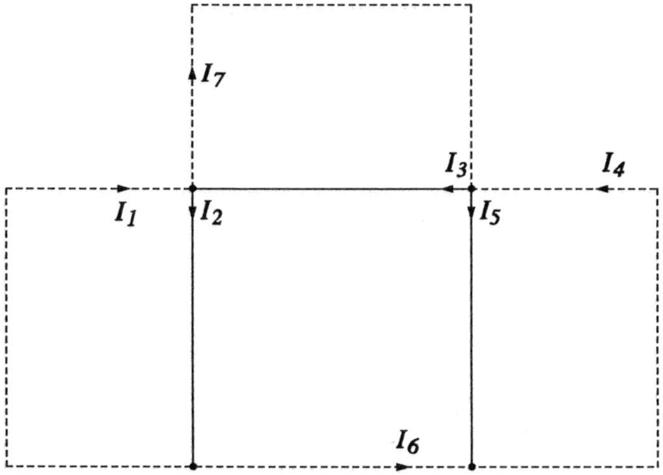

Bild 1.52 Vollständiger Baum zum Beispiel von Bild 1.51

Die Maschengleichungen ergeben sich für den gewählten Umlaufsinn zu

$$I_1 R_1 + I_2 R_2 - U_{q1} - U_{q2} = 0 \ , \tag{1.208}$$

$$-I_2 R_2 - I_3 R_3 + I_5 R_5 - I_6 R_6 + U_{q2} + U_{q3} = 0 \ , \tag{1.209}$$

$$I_3 R_3 + I_7 R_7 - U_{q3} = 0 \ , \tag{1.210}$$

$$-I_4 R_4 - I_5 R_5 + U_{q4} = 0 \ . \tag{1.211}$$

Ersetzt man in den Maschengleichungen die Baumströme durch die Ströme in den selbständigen Zweigen und ordnet die Maschengleichungen, erhält man

$$I_1(R_1 + R_2) + R_2 I_6 = U_{q1} + U_{q2} \ , \tag{1.212}$$

$$-I_6(R_2 + R_3 + R_5 + R_6) - I_1R_2 - I_7R_3 + I_4R_5 = -U_{q2} - U_{q3} , \tag{1.213}$$

$$I_7(R_3 + R_7) + I_6 R_3 = U_{q3} , \tag{1.214}$$

$$-I_4(R_4 + R_5) + I_6 R_5 = -U_{q4} . \tag{1.215}$$

Betrachtet man das so entstehende Gleichungssystem bezüglich der Systematik des Aufbaus der einzelnen Gleichungen, fällt auf, daß man jeder Masche einen Strom, den sogenannten Maschenstrom zuordnen kann, der im Sinne des gewählten Umlaufes durch die gesamte Masche fließt.

Die Verkopplung mit benachbarten Maschen wird durch Überlagerung des Maschenstromes der betrachteten Masche mit den Maschenströmen der Nachbarmaschen in den Widerständen der Koppelzweige erfaßt. Man erhält für die Zweigströme aus den so definierten Maschenströmen I_I, I_{II}, I_{III} und I_{IV}, für die Ströme in den selbständigen Zweigen

$$I_1 = I_I , \tag{1.216}$$

$$I_6 = -I_{II} , \tag{1.217}$$

$$I_7 = I_{III} , \tag{1.218}$$

$$I_4 = -I_{IV} . \tag{1.219}$$

und aus den umgestellten Knotengleichungen für die Koppelzweige

$$I_2 = I_I - I_{II} , \tag{1.220}$$

$$I_3 = I_{III} - I_{II} , \tag{1.221}$$

$$I_5 = I_{II} - I_{IV} . \tag{1.222}$$

Man überzeugt sich leicht, daß die Zweigströme auch aus der vorzeichengerechten Überlagerung aller in einem Zweig vorhandenen Maschenströme erhalten werden können. Für die Maschengleichungen ergibt sich dann

$$I_I(R_1 + R_2) - R_2 I_{II} = U_{q1} + U_{q2} , \tag{1.223}$$

$$-I_I R_2 + I_{II}(R_2 + R_3 + R_5 + R_6) - I_{III} R_3 - I_{IV} R_5 = -U_{q2} - U_{q3} , \tag{1.224}$$

$$-I_{II} R_3 + I_{III}(R_3 + R_7) = U_{q3} , \tag{1.225}$$

$$-I_{II} R_5 + I_{IV}(R_4 + R_5) = -U_{q4} . \tag{1.226}$$

Im Matrizenkalkül läßt sich dieses Gleichungssystem in folgender Weise schreiben

$$\begin{bmatrix} (R_1+R_2) & -R_2 & 0 & 0 \\ -R_2 & (R_2+R_3+R_5+R_6) & -R_3 & -R_5 \\ 0 & -R_3 & (R_3+R_7) & 0 \\ 0 & -R_5 & 0 & (R_4+R_5) \end{bmatrix} \begin{bmatrix} I_I \\ I_{II} \\ I_{III} \\ I_{IV} \end{bmatrix} = \begin{bmatrix} U_{q1}+U_{q2} \\ -U_{q2}-U_{q3} \\ U_{q3} \\ U_{q4} \end{bmatrix} \qquad (1.227)$$

oder allgemein

$$[R_M]\ [I_M] = [U_{qM}]\ . \qquad (1.228)$$

Dabei ist $[R_m]$ eine Matrix mit ß Zeilen und ß Spalten. Die Diagonalelemente bilden die jeweiligen Summen aller in der Masche vorhandenen Widerstände, die übrigen Elemente werden durch die Koppelwiderstände zwischen den verschiedenen Maschen gebildet. Bei gleichem Umlaufsinn aller Maschen ist das Vorzeichen der Koppelwiderstände negativ.

$[I_M]$ ist der Spaltenvektor aller ß Maschenströme.

$[U_{qM}]$ bezeichnet den Spaltenvektor der negativen Quellenspannungssummen aller Maschen. Die Zählweise erfolgt wie bei der Aufstellung der Maschengleichungen.

Diese Methode ist ebenfalls leicht algorithmierbar und senkt den Rechenaufwand bezüglich der Kirchhoffschen Sätze beträchtlich, ist aber insbesondere bei vielen parallelgeschalteten Zweigen im Netzwerk weniger effektiv als die Methode der Knotenspannungen. Sie sollte jedoch benutzt werden, wenn die Anzahl der selbständigen Maschen kleiner als die Anzahl der unabhängigen Knotengleichungen ist.

1.3 Elektrothermische Energiewandlungsvorgänge in Gleichstromkreisen

1.3.1 Die Grundgesetze der Erwärmung und des Wärmeaustauschs

Soll ein Körper der Masse m von einer Ausgangstemperatur T_1 auf eine andere Temperatur $T_2 > T_1$ erwärmt werden, so bedeutet das, daß eine Energie

$$W_{erw} = m\ c\ (T_2 - T_1) \qquad (1.229)$$

aufgebracht werden muß. Dabei ist c die spezifische Wärme des Körpers (Materialkonstante). Das Produkt

$$C_{th} = m\ c \qquad (1.230)$$

wird auch als die Wärmekapazität eines Körpers bezeichnet. Die entsprechenden Einheiten sind

$$[c] = 1 \frac{Ws}{kg\ K} ,$$

$$[C_{th}] = 1 \frac{Ws}{K} .$$

Da für technische Berechnungen wegen der besseren Formulierbarkeit der Leistungbilanz sehr häufig die Leistung benötigt wird, die zur Erwärmung eines Körpers aufgewendet werden muß, erhält man für den Erwärmungsprozeß bei zeitlich veränderlicher Temperatur des Körpers als Leistungsbedarf

$$P_{erw} = \frac{dW_{erw}}{dt} = m\ c\ \frac{dT(t)}{dt} = C_{th}\ \frac{dT(t)}{dt} . \tag{1.231}$$

Wird, was häufig vorkommt, nicht die absolute Temperatur zur Berechnung herangezogen, sondern die Temperaturdifferenz bezüglich einer Bezugstemperatur T_0 (i.d.R. die Umgebungstemperatur), spricht man von der Übertemperatur $\vartheta_ü$ des erwärmten Körpers. Man erhält dann

$$\vartheta_ü(t) = T(t) - T_o \tag{1.232}$$

und

$$P_{erw} = m\ c\ \frac{d\vartheta_ü}{dt} = C_{th} \frac{d\vartheta_ü}{dt} . \tag{1.233}$$

Aus Gleichung (1.233) ergibt sich unmittelbar ein für die Berechnung von elektrothermischen Vorgängen sehr wichtiger Stetigkeitssatz. Es wird sofort deutlich, daß jede sprungförmige Änderung der Temperatur eines Körpers wegen des dann unendlichen Differentialquotienten eine unendlich hohe Leistungszufuhr erfordern würde. Da dies in natürlichen Systemem unmöglich ist, darf gefolgert werden

$$\vartheta_ü(t - 0) = \vartheta_ü(t + 0) , \tag{1.234}$$

bzw. verbal formuliert: Die Temperatur eines Körpers kann sich nicht sprunghaft ändern.

Hat nun ein Körper gegenüber seiner Umgebung eine höhere Temperatur, so setzen Prozesse ein, die auf eine Wiederherstellung des thermischen Gleichgewichtes hinwirken.

Es muß also Wärmeenergie vom wärmeren, also energiereicheren Körper zum kälteren Körper transportiert werden. Die zeitliche Ableitung, also die Wärmeleistung, wird auch als Wärmestrom bezeichnet. Dieser Wärmestrom ist grundsätzlich vom wärmeren zum kälteren Körper bzw. innerhalb eines Mediums mit unterschiedlicher Temperaturverteilung in Richtung des maximalen Temperaturgefälles gerichtet.

Für den Wärmetransport sind drei Vorgänge charakteristisch:

1. Wärmetransport durch Leitung

Im Rahmen dieses Buches soll nur die eindimensionale Wärmeleitung betrachtet werden.

Für einen im Bild 1.53 dargestellten Stab der Länge l und des senkrecht vom Wärmestrom P_L durchsetzten Querschnitts A wird die vom wärmeren zum kälteren Ende übertragene Leistung

$$P_L = \frac{\lambda A}{l}(T_2 - T_1) = \frac{\lambda A}{l}\vartheta_ü \,. \tag{1.235}$$

Gleichung (1.235) gilt jedoch nur für den Fall, daß der Wärmefluß ausschließlich in der in Bild 1.53 dargestellten Richtung erfolgt, die seitlichen Flächen also wärmeisoliert sind bzw. so betrachtet werden können.

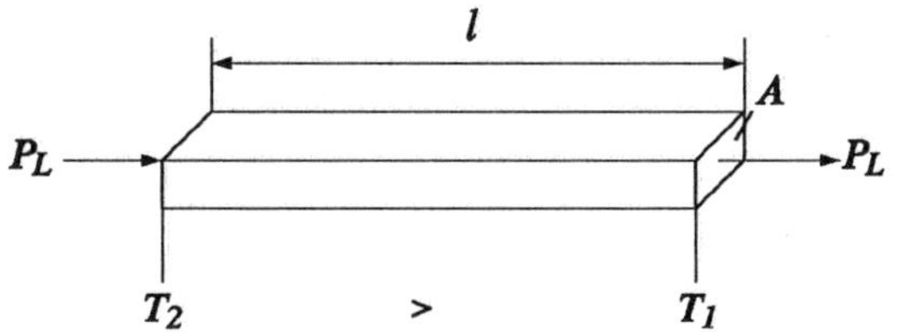

Bild 1.53 Darstellung der Wärmeleitung (eindimensional)

Die Werkstoffkonstante λ wird als Wärmeleitfähigkeit bezeichnet. Ihre Einheit ist

$$[\lambda] = 1\frac{W}{mK} \,.$$

Wegen der Analogie zur Bemessungsgleichung des elektrischen Widerstandes definiert man als thermischen Widerstand die Größe

$$R_{thL} = \frac{l}{\lambda A} = \frac{\vartheta_ü}{P_L} = \frac{\Delta T}{P_L} \,. \tag{1.236}$$

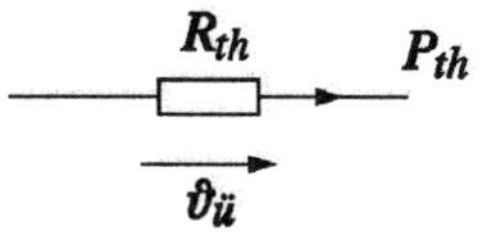

Bild 1.54 Ersatzschaltbild des Wärmewiderstandes

Der thermische Widerstand wird häufig zur Beschreibung komplexer Wärmetransportvorgänge herangezogen und durch ein ebenfalls der Analogie zu den elektrischen Stromkreisen entlehntes Symbol dargestellt (Bild 1.54).

2. Wärmetransport durch Konvektion

An der Grenzfläche zwischen Festkörpern und Flüssigkeiten bzw. Gasen treten durch die Auftriebskräfte in erwärmten Flüssigkeiten und Gasen neben der Wärmeleitung noch Strömungsvorgänge auf, die den Wärmeaustausch wesentlich beeinflussen. Dieser komplexe Prozeß des Wärmeüberganges wird als Konvektion bezeichnet. Erfolgt die Bewegung der Moleküle der Flüssigkeit bzw. des Gases ausschließlich durch thermisch bedingte Auftriebskräfte, spricht man von freier Konvektion. Im Fall einer durch Lüfter o. ä. verursachten Strömung handelt es sich um erzwungene Konvektion. Die auf diese Weise an die Umgebung abgeführte Wärmeleistung errechnet sich zu

$$P_K = \alpha_K A \, (T_2 - T_1) = \alpha_K A \, \vartheta_ü \, . \tag{1.237}$$

Dabei ist A die wärmeabgebende Fläche und α_K die Konvektionskonstante. Die Einheit von α_K wird

$$[\alpha_K] = 1 \frac{W}{m^2 K} \, .$$

Die Ermittlung der Konvektionskonstanten ist wegen der Überlagerung von Wärmeleitungs- und Strömungsvorgängen sehr schwierig und wird ebenfalls häufig experimentell vorgenommen. Für unbewegte Luft (freie Konvektion) kann in freier Umgebung

$$\alpha_K = 10 \, \frac{W}{m^2 \, K}$$

als guter Mittelwert angenommen werden. Für Konvektion in komplizierten Strukturen und mit künstlicher Bewegung muß auf das einschlägige Schrifttum verwiesen werden.

Der Wärmewiderstand bei Konvektion ist

$$R_{thK} = \frac{\vartheta_ü}{P_K} = \frac{1}{\alpha_K \, A} \, . \tag{1.238}$$

3. Wärmetransport durch Strahlung

Wie aus der Physik bekannt, sendet jeder Körper, dessen Temperatur oberhalb des absoluten Nullpunktes liegt, elektromagnetische Wellen aus, deren Wellenlänge in den Bereich der

Temperaturstrahlung fällt.

An der Grenzfläche von Medien unterschiedlicher Temperatur entsteht ein resultierender Wärmetransport als Differenz zwischen vom wärmeren Medium und vom kälteren Medium jeweils ausgesandter Strahlungsleistung. Die vom wärmeren zum kälteren Körperübergehende Leistung ist unter Anwendung des Stefan-Boltzmannschen Strahlungsgesetzes

$$P_S = \varepsilon \, \sigma \, A \, (T_2^4 - T_1^4) \tag{1.239}$$

mit

$$\sigma = 5{,}67 \; 10^{-8} \; \frac{W}{m^2 K^4}$$

σ = Strahlungszahl des schwarzen Körpers,

ε = Emissionsvermögen des strahlenden Körpers ($0 \leq \varepsilon \leq 1$),

A = strahlende Oberfläche.

Für die praktische Handhabung erweist sich häufig eine andere Form des Stahlungsgesetzes als günstig.

Es gilt auch

$$P_S = \varepsilon \; C_S \; A[(\frac{T_2}{100})^4 - (\frac{T_1}{100})^4] \tag{1.240}$$

mit

$$C_S = 10^8 \; \sigma = 5{,}67 \; \frac{W}{m^2 K^4} \; .$$

Für kleine Übertemperaturen (d. h. T_2 als Variable ist nur wenig größer als die Bezugstemperatur T_1) läßt sich die abgegebene Strahlungsleistung über den Differentialquotienten ausdrücken gemäß

$$P_S(T_2) = P_S(T_1) + \frac{dP_S(T)}{dT} \Big|_{T=T_1} (T_2 - T_1) \; . \tag{1.241}$$

Nach Einsetzen und Ausrechnung erhält man

$$P_S(T_2) = \frac{4 \; \varepsilon \; C_S}{100} \; A(\frac{T_1}{100})^3 \; (T_2 - T_1) = \frac{\varepsilon \; C_S}{25} \; A(\frac{T_1}{100})^3 \; \vartheta_{ü} \; . \tag{1.242}$$

Geht man davon aus, daß für viele technische Aufgabenstellungen kleine Übertemperaturen auftreten, stellt diese Linearisierung eine nützliche Vereinfachung der Berechnungsverfahren dar.

Ganz allgemein läßt sich dann der linearisierte eindimensionale Wärmeübergang durch folgende Gleichung ausdrücken

$$P_{ü} = \alpha_{ü} A (T_2 - T_1) = \alpha_{ü} A \vartheta_{ü} , \tag{1.243}$$

mit $\alpha_{ü}$ - Wärmeübergangszahl, A - vom Wärmestrom senkrecht durchsetzte Fläche.

Die Wärmeübergangszahl berücksichtigt insbesondere die Tatsache, daß bei den meisten Wärmetransportvorgängen an Grenzflächen Festkörper - Luft o.ä. sowohl Wärmestrahlung als auch Konvektion beteiligt sind. Sie wird häufig für vorgegebene Anordnungen experimentell bestimmt.

1.3.2 Erwärmungs- und Abkühlungsvorgang

Geht man davon aus, daß in einem elektrischen Widerstand die dort umgewandelte Leistung direkt in Wärme umgesetzt wird, so ergibt die Leistungsbilanz allgemein

$$P_{el} = P_{erw} + P_{ü} . \tag{1.244}$$

Benutzt man zur Beschreibung der daraus folgenden Erwärmungsvorgänge den unter Gleichung (1.243) formulierten Zusammenhang für geringe Übertemperaturen, entsteht

$$P_{el} = m\, c \,\frac{d\vartheta_{ü}(t)}{dt} + \alpha_{ü} A\, \vartheta_{ü}(t) . \tag{1.245}$$

Die Lösung der so entstehenden linearen Differntialgleichung 1. Ordnung ergibt die Zeitabhängigkeit der Übertemperatur des Systems. Unter der Bedingung, daß die elektrische Leistung, die in Wärme umgeformt wird, zeitlich konstant ist, läßt sich die Differentialgleichung sehr einfach lösen. Eine Trennung der Variablen ergibt:

$$\frac{d\vartheta_{ü}(t)}{\vartheta_{ü}(t) - \dfrac{P_{el}}{\alpha_{ü} A}} = - \frac{dt}{\dfrac{mc}{\alpha_{ü} A}} . \tag{1.246}$$

Führt man die Abkürzungen

$$\vartheta_{ü\infty} = \frac{P_{el}}{\alpha_{ü} A} \tag{1.247}$$

und

$$\tau_{th} = \frac{m\,c}{\alpha_{ü}\,A} \tag{1.248}$$

ein, entsteht

$$\frac{d\,\vartheta_{ü}(t)}{\vartheta_{ü}(t) - \vartheta_{ü\infty}} = -\frac{dt}{\tau_{th}} \,. \tag{1.249}$$

Die beidseitige unbestimmte Integration dieser Gleichung liefert bei geschickter Schreibweise der dann auftretenden willkürlichen Konstanten als lnK

$$\ln(\vartheta_{ü}(t) - \vartheta_{ü\infty}) = -\frac{t}{\tau_{th}} + \ln K \,. \tag{1.250}$$

Nach Umstellung ergibt sich

$$\vartheta_{ü}(t) = \vartheta_{ü\infty} + K\,e^{-\frac{t}{\tau_{th}}} \,. \tag{1.251}$$

Die Bestimmung der willkürlichen Konstanten K erfolgt unter Nutzung der Stetigkeitsbedingung für $\vartheta_{ü}$ (Gleichung (1.234)). Unter der Bedingung, daß die Übertemperatur des Körpers zu Beginn des Aufheizvorganges $\vartheta_{ü0}$ ist, folgt für t = 0

$$\vartheta_{ü}(0) = \vartheta_{ü0} = \vartheta_{ü\infty} + K \,. \tag{1.252}$$

Für die Konstante K ergibt sich dann

$$K = -(\vartheta_{ü\infty} - \vartheta_{ü0}) \,. \tag{1.253}$$

Einsetzen in die allgemeine Lösung und Umformen liefert

$$\vartheta_{ü}(t) = \vartheta_{ü\infty}\left(1 - \frac{\vartheta_{ü\infty} - \vartheta_{ü0}}{\vartheta_{ü\infty}}\,e^{-\frac{t}{\tau_{th}}}\right) . \tag{1.254}$$

Beim Aufheizen von der Umgebungstemperatur ($\vartheta_{ü0} = 0$) an ergibt sich

$$\vartheta_{ü}(t) = \vartheta_{ü\infty}\,(1 - e^{-\frac{t}{\tau_{th}}}) \,. \tag{1.255}$$

Die so entstehende Kurve beschreibt Bild 1.55. Gleichfalls im Bild 1.55 sind die möglichen Verfahren zur Bestimmung von τ_{th} als Subtangente, aus der Halbwertzeit (0,7 τ_{th}) und über das Erreichen von 70% des Endwertes (1,2 τ_{th}) dargestellt.

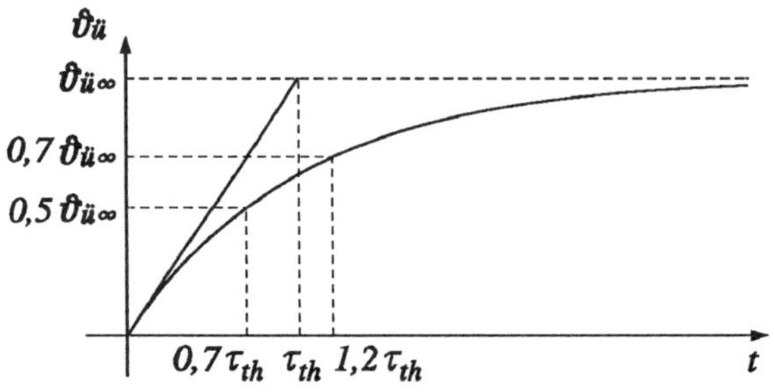

Bild 1.55 Erwärmungsvorgang bei linearisiertem Wärmeaustausch

Die Interpretation der Kurve zeigt, daß sich für t ⟶ ∞ die Übertemperatur des Körpers der Endübertemperatur $\vartheta_{ü\infty}$ annähert und daß die Geschwindigkeit, mit der dies geschieht, der Größe τ_{th} umgekehrt proportional ist. Man überzeugt sich leicht, daß nach $t \approx 5\ \tau_{th}$ die Abweichung von der Endübertemperatur kleiner als 1 % ist. Aus diesem Grunde wird τ_{th} auch als die thermische Zeitkonstante (Einheit 1s) des Systems bezeichnet. Sie ist um so größer, je größer die Wärmekapazität und je geringer der Wärmeaustausch mit der Umgebung sind. Die Endübertemperatur $\vartheta_{ü\infty}$ ist die Temperatur, bei der sich das neue Gleichgewicht zwischen Leistungseinspeisung und Wärmeaustausch mit der Umgebung eingestellt hat, so daß für eine weitere Erwärmung des Körpers keine Leistung zur Verfügung steht. Aus diesem Grunde kann bei der ausschließlichen Berechnung von Endtemperaturen die Erwärmungskomponente weggelassen werden.

Die Untersuchung des Abkühlungsvorganges unter der Annahme temperaturproportionalen Wärmeaustausches führt auf die folgende Wärmebilanzgleichung:

$$P_{el} = 0 = P_{erw} + P_{ü} . \tag{1.256}$$

Analog zu Gleichung (1.256) entsteht

$$0 = m\ c\ \frac{d\vartheta_{ü}}{dt} + \alpha_{ü}\ A\ \vartheta_{ü} \tag{1.257}$$

und mit

$$\tau_{th} = \frac{m\ c}{\alpha_{ü}\ A} \tag{1.258}$$

erhält man schließlich die homogene Differentialgleichung 1. Ordnung

$$0 = \tau_{th}\ \frac{d\vartheta_{ü}}{dt} + \vartheta_{ü} . \tag{1.259}$$

Die Lösung durch Trennung der Variablen ergibt zunächst

$$\frac{d\vartheta_{ü}}{\vartheta_{ü}} = -\frac{dt}{\tau_{th}} \tag{1.260}$$

und nach Integration als allgemeine Lösung

$$\ln\vartheta_{ü} = -\frac{t}{\tau_{th}} + \ln K \tag{1.261}$$

und damit

$$\vartheta_{ü}(t) = K\, e^{-\frac{t}{\tau_{th}}}. \tag{1.262}$$

Geht man davon aus, daß der Körper beim Abschalten der Wärmequelle, also am Beginn des Abkühlvorganges, die Übertemperatur $\vartheta_{ü0}$ gegenüber seiner Umgebung hatte, erhält man als Anfangsbedingung zur Ermittlung der Konstanten K

$$\vartheta_{ü}(0) = \vartheta_{ü0} = K \tag{1.263}$$

und damit als Lösung

$$\vartheta_{ü}(t) = \vartheta_{ü0}\, e^{-\frac{t}{\tau_{th}}}. \tag{1.264}$$

Die Grafik und Möglichkeiten zur Ermittlung der Zeitkonstanten τ_{th} zeigt Bild 1.56.

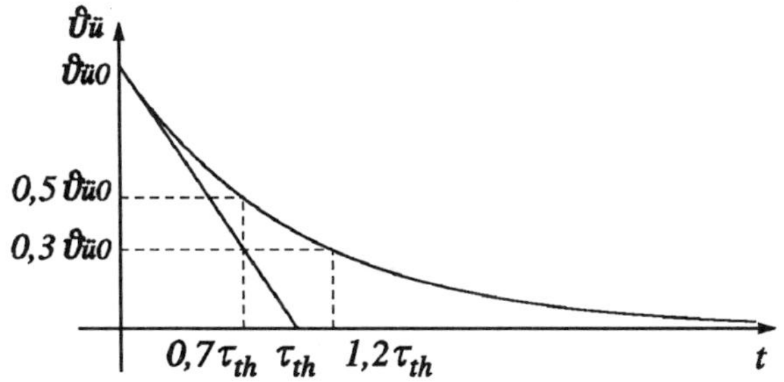

Bild 1.56 Abkühlvorgang bei temperaturproportionalem Wärmeaustausch

1.3.3 Berechnung von Endtemperaturen für Erwärmungsvorgänge

Aus den im Abschnitt 1.3.2 abgeleiteten Ergebnissen läßt sich folgern, daß die Endtemperatur eines Körpers dann erreicht ist, wenn kein zeitlicher Anstieg der Temperatur mehr erfolgt, d. h., wenn keine Leistungsanteile zur weiteren Erwärmung des Körpers mehr aufgewendet werden (s. a. Gleichung (1.255)). Das bedeutet, daß zwischen der elektrischen "Verlustleistung" P_{el} und der durch die verschiedenen Formen des Wärmeaustausches an die Umgebung abgegebenen Wärmeleistung Gleichgewicht besteht. Die Leistungsbilanz (Gleichung (1.244)) vereinfacht sich also zu

$$P_{el} = P_L + P_K + P_S \tag{1.265}$$

oder

$$P_{el} = (\alpha_K A_K + \frac{\lambda A_L}{d}) (T_K - T_0) + \varepsilon \sigma_S A_S (T_K^4 - T_0^4) \tag{1.266}$$

mit

A_k - Fläche mit Wärmeabgabe durch Konvektion,

A_L - Fläche mit Wärmeabgabe durch Leitung,

A_S - Fläche mit Wärmeabgabe durch Strahlung,

T_K - absolute Temperatur des Körpers,

T_0 - absolute Temperatur der Umgebung.

Der Wärmefluß von der Wärmequelle zur Umgebung kann bei realen technischen Systemen durchaus komplizierter sein. In solchen Fällen ist eine Erfassung durch Wärmeersatzschaltbilder, die der Analogie zum elektrischen Netzwerk entlehnt sind, für die Berechnung eine wesentliche Hilfe zur Erhöhung der Übersichtlichkeit. Man verwendet für die einzelnen Komponenten des Erwärmungsprozesses die in Bild 1.57 dargestellten Ersatzelemente.

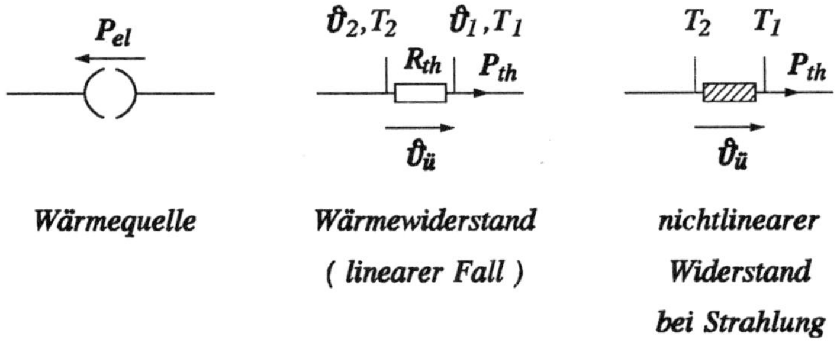

Bild 1.57 Elemente thermischer Ersatzschaltbilder

Die Berechnung von Endtemperaturen wird häufig dann notwendig, wenn die thermische Nachrechnung von Schaltungen oder Baugruppen erfolgen soll, d. h. wenn durch eine Berechnung der sich unter den praktisch ungünstigsten Bedingungen einstellenden Endtemperatur die Funktionsfähigkeit der Schaltung bzw. Baugruppe unter extremen Bedinungen nachgeprüft werden muß.

Dies ist in einer Vielzahl von elektrotechnischen und elektronischen Aufgabenstellungen der Fall. Als Beispiele seien die Berechnung der zulässigen Stromdichte bei Stromschienen und die Ermittlung der Mindestgröße von Kühlblechen bei Halbleiterelementen dargestellt.

Eine Stromschiene mit rechteckigem Querschnitt (Bild 1.58) werde mit der Stromdichte J beaufschlagt.

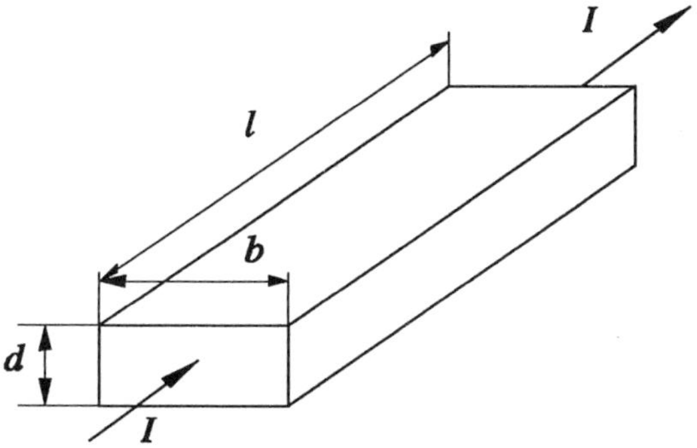

Bild 1.58 Stromschiene mit rechteckigem Querschnitt

Die Leitfähigkeit des Materials sei κ. Die Temperatur der Stromschiene soll eine maximal zulässige Temperatur T_{zul} nicht überschreiten, auch dann nicht, wenn die Umgebungstemperatur T_{omax} ihren höchstmöglichen Wert annimmt. Zu ermitteln ist die für eine solche Stromschiene maximal zulässige Stromdichte J_{zul}.

Die Leistungsbilanz ergibt dann

$$P_{el} = P_K + P_S \, . \tag{1.267}$$

Die Wärmeleitung kann deshalb vernachlässigt werden, weil i.d.R. die mit der Umgebung in Wärmeaustausch stehende Mantelfläche den Hauptanteil des Wärmeaustausches bestreitet. Man kann die elektrische Leistung über Widerstand und Strom berechnen und erhält

$$I_{zul}^2 \frac{l}{\kappa \, d \, b} = 2\alpha_K \, l \, (d+b)(T_{zul}-T_{0\max}) + 2\varepsilon C_S \, l \, (d+b) \left[\left(\frac{T_{zul}}{100}\right)^4 - \left(\frac{T_{0\max}}{100}\right)^4 \right] . \tag{1.268}$$

Mit

$$I_{zul} = J_{zul} \, d \, b \tag{1.269}$$

erhält man nach entsprechender Umformung

$$J_{zul} = \sqrt{\kappa \, \alpha_K (T_{zul} - T_{0\max}) + \kappa \, \varepsilon \, C_S \left[\left(\frac{T_{zul}}{100}\right)^4 - \left(\frac{T_{0\max}}{100}\right)^4 \right]} \sqrt{\frac{2(d+b)}{d \, b}} \, . \tag{1.270}$$

Ein weiteres Beispiel stellt die Berechnung der Kühlblechgröße eines Leistungstransistors dar. Dieser ist in der Regel auf einem Metallblech zum Zwecke der besseren Wärmeabfuhr montiert. Zur elektrischen Isolierung ist zwischen Transistor und Kühlblech ein Isolierblättchen angebracht. Die im Kristall des Transistors entstehende Wärmeleistung, die gleich der Verlustleistung des Transistors P_V ist, muß zunächst zum Gehäuse des Transistors, dann durch das Isolierblättchen und schließlich vom Blech an die Umgebung abgeführt werden. Das thermische Ersatzschaltbild wird also eine Reihenschaltung der Wärmewiderstände $R_{thTr.}$, $R_{th.Isol.}$ und $R_{thBlech}$ sein. Man erhält als Ersatzschaltbild die in Bild 1.59 gezeigte Darstellung.

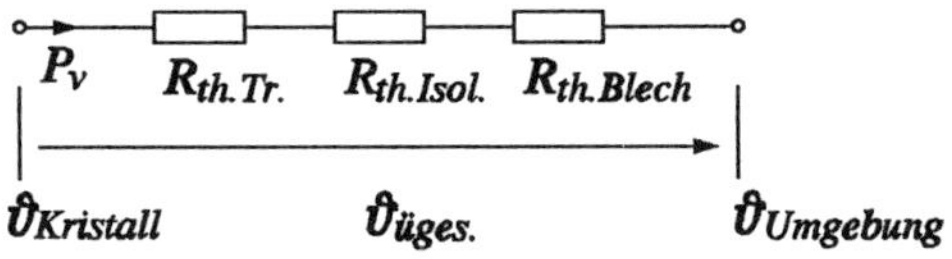

Bild 1.59 Thermisches Ersatzschaltbild zur Berechnung der Kühlblechgröße eines Leistungstransistors

Der Wärmewiderstand des Transistors ist den Halbleiterkatalogen zu entnehmen, der des Isolierblättchens ergibt sich zu

$$R_{th\ Isol} = \frac{d_{is}}{\lambda_{is}\ A_{is}} \tag{1.271}$$

und ist damit bei gegebenem Transistor bekannt. Für blankes Blech erfolgt der Wärmeübergang zur Umgebung durch Konvektion. Man erhält dann:

$$R_{th\ Blech} = \frac{1}{\alpha_K\ A_{K\ Blech}} \tag{1.272}$$

und unter Berücksichtigung, daß beide Seiten Wärme abgeben:

$$A_{K\ Blech} = 2\ A_{Blech}$$

$$R_{th\ Blech} = \frac{1}{2\ \alpha_K\ A_{Blech}}\ . \tag{1.273}$$

Die Übertemperatur des Kristalls gegen die Umgebung wird dann

$$\vartheta_{Kristall} - \vartheta_{Umg} = \vartheta_{üges} = (R_{th\ Tr.} + R_{th\ Isol.} + \frac{1}{2\ \alpha_K\ A_{Blech}})P_v\ . \tag{1.274}$$

Damit erhält man für die Mindestfläche des Kühlbleches

$$A_{Blech/\min} = \frac{P_V}{2\alpha_K(\vartheta_{Kristall/\max} - \vartheta_{Umg} - P_V(R_{th\ Tr.} + R_{th\ Isol}))}\ . \tag{1.275}$$

Bei eingefärbter Fläche (insbesondere mattiert schwarz) ist die Strahlung bei der Wärmeabgabe vom Blech an die Umgebung zu berücksichtigen. An die Stelle der Konvektionskonstanten tritt dann die Wärmeübergangszahl, solange eine linearisierte Betrachtung der Wärmestrahlung möglich ist, ansonsten ist unter Einbeziehung des Strahlungsgesetzes sinngemäß zu verfahren.

2 Elektrische Erscheinungen in räumlichen Leitern und Nichtleitern

2.1 Die Darstellung des elektrischen Feldes durch ein Skalarfeld, das Potential

Die Darstellung der elektrischen Feldverhältnisse durch das Vektorfeld der elektrischen Feldstärke hat neben einer Reihe von Vorzügen den Nachteil relativ hohen Aufwandes (Komponentendarstellung, Integration zur Spannungsermittlung u. ä.). Diese Nachteile werden vermieden, wenn man das elektrische Feld durch ein Skalarfeld (skalare Funktion des Ortes) beschreibt. Die Voraussetzung für die Existenz eines solchen Skalarfeldes ist die Wegunabhängigkeit von

$$\int_A^B \boldsymbol{E}\, d\boldsymbol{l} = U_{AB}$$

bzw. die bereits früher behandelte Tatsache

$$\oint \boldsymbol{E}\, d\boldsymbol{l} = 0 \,. \tag{2.1}$$

Dann kann man sich einen Bezugspunkt N vorgeben, über den man sämtliche Integrationswege zur Berechnung der Spannung zwischen zwei Punkten führt (Bild 2.1).

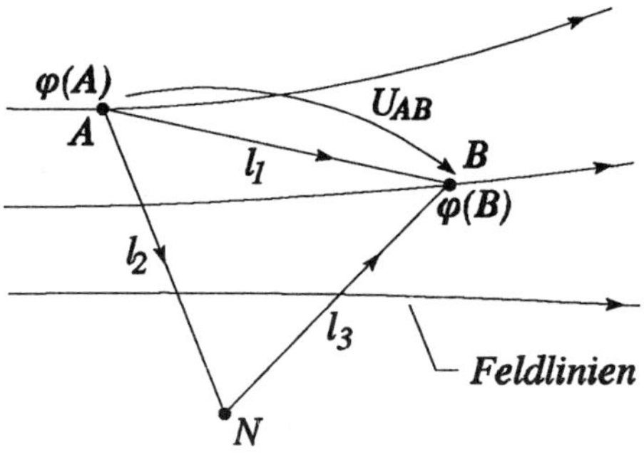

Bild 2.1 Zur Ableitung des elektrischen Potentials

Für die Spannung U_{AB} ergibt sich unter Nutzung des Weges $l_2 + l_3$ statt l_1 von A nach B:

$$U_{AB} = \int_A^B \boldsymbol{E}\, d\boldsymbol{l} = \int_A^N \boldsymbol{E}\, d\boldsymbol{l} + \int_N^B \boldsymbol{E}\, d\boldsymbol{l} = \int_A^N \boldsymbol{E}\, d\boldsymbol{l} - \int_B^N \boldsymbol{E}\, d\boldsymbol{l} \,. \tag{2.2}$$

In der Feldtheorie wählt man häufig als einheitlichen Bezugspunkt den unendlich fernen

Punkt. Man bezeichnet das Integral

$$\varphi(A) = \int_A^N \boldsymbol{E}\, d\boldsymbol{l} = -\int_N^A \boldsymbol{E}\, d\boldsymbol{l} \tag{2.3}$$

als das elektrische Potential φ. Wegen der bereits nachgewiesenen Wegunabhängigkeit ist der Wert dieses Integrals nur eine Funktion der Grenze (des Ortes) A und damit eindeutig. Für die Spannung U_{AB} erhält man unter Benutzung des Potentialbegriffes

$$U_{AB} = \int_A^B \boldsymbol{E}\, d\boldsymbol{l} = \int_A^N \boldsymbol{E}\, d\boldsymbol{l} - \int_B^N \boldsymbol{E}\, d\boldsymbol{l} = \varphi_A - \varphi_B \,. \tag{2.4}$$

Die Spannung zwischen zwei Punkten ergibt sich also im Potentialfeld als die Differenz der Potentiale an den betrachteten Punkten.

Aus der Benutzung des Potentialbegriffes für die Beschreibung elektrischer Felder läßt sich ein weiteres Darstellungshilfsmittel für das elektrische Feld finden. Stellt man die Funktionen, die sich für festgehaltenes Potential

$$\varphi(x,y,z) = konst. \tag{2.5}$$

ergeben, grafisch dar, erhält man im dreidimensionalen Fall Flächen, die sogenannten Niveau- oder Äquipotentialflächen, im zweidimensionalen Fall Äquipotentiallinien. Ist der Potentialunterschied zwischen zwei Äquipotentialflächen bzw. -linien immer gleich, ist die Dichte der Äquipotentiallinien bzw. -flächen ein Maß für die Größe der elektrischen Feldstärke, wie aus dem Zusammenhang zwischen Spannung, Länge und Feldstärke unschwer deutlich wird. Ein Beispiel für den Verlauf des Potentials und der Äquipotentiallinien sei das in Bild 2.2 dargestellte homogene Feld.

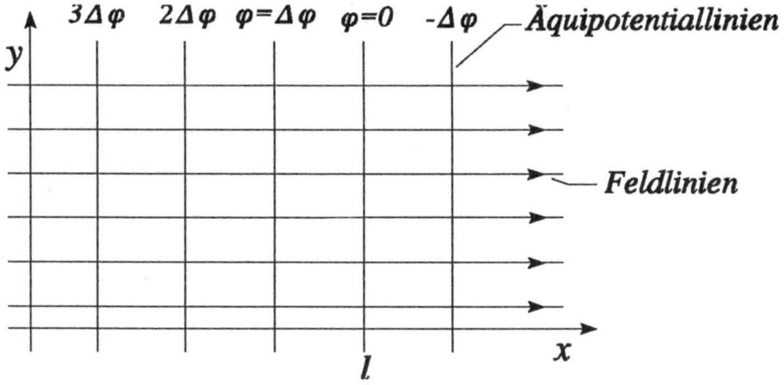

Bild 2.2 Äquipotential- und Feldlinien im homogenen Feld

Für dieses gilt bekanntermaßen

$$E = konst. \tag{2.6}$$

Für das dargestellte Beispiel soll gelten

$$\boldsymbol{E} = E_x\, \boldsymbol{i}\ . \tag{2.7}$$

Wählt man den Punkt x = l zum Bezugspunkt, ergibt sich das Potential mit

$$d\boldsymbol{l} = dx\, \boldsymbol{i} + dy\, \boldsymbol{j} + dz\, \boldsymbol{k} \tag{2.8}$$

zu

$$\varphi = \int_{A(x,y,z)}^{N(l,0,0)} \boldsymbol{E}\, d\boldsymbol{l} = \int_x^l E_x\, dx = E_x(l - x)\ . \tag{2.9}$$

Die Äquipotentialflächen sind demzufolge Ebenen mit x = konst. mit gleichbleibendem Abstand bei gleicher Potentialdifferenz zwischen benachbarten Äquipotentialflächen.

Versucht man nun umgekehrt aus dem gegebenen elektrischen Potential das Feld der elektrischen Feldstärke zu ermitteln, kann zur Ableitung der erforderlichen Zusammenhänge die in Bild 2.3 dargestellte Anordnung herangezogen werden.

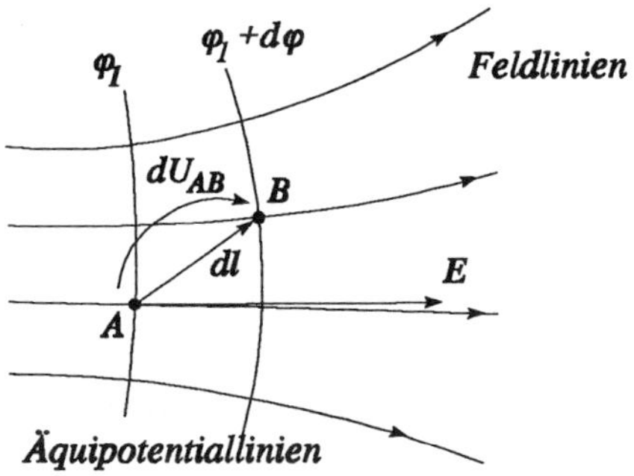

Bild 2.3 Zum Zusammenhang zwischen elektrischer Feldstärke und Potential

Die elektrische Spannung dU_{AB} zwischen den beiden sehr eng benachbarten Punkten A und B, die nur durch das differentiell kleine Wegelement d**l** getrennt sind, ist dann

$$dU_{AB} = \varphi_1 - (\varphi_1 + d\varphi) = -d\varphi\ , \tag{2.10}$$

da sich dann auch das Potential der Punkte A und B nur um dφ unterscheidet. Andererseits ist unter Benutzung der elektrischen Feldstärke die Spannung dU_{AB} bestimmbar zu

$$dU_{AB} = \boldsymbol{E}\, d\boldsymbol{l}\ . \tag{2.11}$$

Es ergibt sich also nach Gleichsetzen

$$\boldsymbol{E}\, d\boldsymbol{l} = -\, d\varphi(x,y,z)\ . \tag{2.12}$$

Drückt man dφ durch Benutzung des totalen Differentials in folgender Weise aus

$$d\varphi = \frac{\partial\varphi}{\partial x}\, dx + \frac{\partial\varphi}{\partial y}\, dy + \frac{\partial\varphi}{\partial z}\, dz \tag{2.13}$$

und führt den Vektor für das Wegelement

$$d\boldsymbol{l} = dx\, \boldsymbol{i} + dy\, \boldsymbol{j} + dz\, \boldsymbol{k} \tag{2.8}$$

in die Betrachtung ein, läßt sich Gleichung (2.13) durch formales Zerlegen in ein Skalarprodukt des Vektors **dl** und eines aus den partiellen Ableitungen des Potentials in Richtung der drei Ortskoordinaten gebildeten Vektors umwandeln.

Man erhält

$$\boldsymbol{E}\, d\boldsymbol{l} = -\left(\frac{\partial\varphi}{\partial x}\, \boldsymbol{i} + \frac{\partial\varphi}{\partial y}\, \boldsymbol{j} + \frac{\partial\varphi}{\partial z}\, \boldsymbol{k}\right)(dx\, \boldsymbol{i} + dy\, \boldsymbol{j} + dz\, \boldsymbol{k})\ . \tag{2.14}$$

Der Vergleich äquivalenter Terme liefert

$$\boldsymbol{E} = -\left(\frac{\partial\varphi}{\partial x}\, \boldsymbol{i} + \frac{\partial\varphi}{\partial y}\, \boldsymbol{j} + \frac{\partial\varphi}{\partial z}\, \boldsymbol{k}\right)\ . \tag{2.15}$$

Der Betrag der Feldstärke ergibt sich dann zu

$$E = \sqrt{\left(\frac{\partial\varphi}{\partial x}\right)^2 + \left(\frac{\partial\varphi}{\partial y}\right)^2 + \left(\frac{\partial\varphi}{\partial z}\right)^2}\ . \tag{2.16}$$

Die Richtung der elektrischen Feldstärke ist identisch mit der Richtung des größten Potentialgefälles und ist gleich der Senkrechten auf den Äquipotentialflächen. Damit ist auch die Tatsache verbunden, daß Feldlinien und Äquipotentialflächen bzw. -linien stets senkrecht aufeinander stehen. Man kann sich letzteren Zusammenhang mit Gleichung (2.12) leicht klarmachen. Legt man die Punkte A und B in Bild 2.3 auf eine Äquipotentialfläche, ergibt sich zwangsläufig die Potentialdifferenz $d\varphi = 0$. Da jedoch weder die Entfernung dl von A nach B noch die elektrische Feldstärke verschwinden müssen, ist der durch Gleichung (2.12) gegebene Zusammenhang nur zu erfüllen, wenn **dl** und **E** senkrecht aufeinander stehen, ihr Skalarprodukt also wegen des dann verschwindenden Kosinus des Winkels, den beide Vektoren miteinander einschließen, ebenfalls verschwindet. In ähnlicher Weise zeigt die Auswertung von Gleichung (2.12), daß die Richtung der elektrischen Feldstärke mit der Richtung des größten Potentialgefälles übereinstimmt.

2.2 Das stationäre elektrische Strömungsfeld

2.2.1 Die Grundgleichungen des stationären Strömungsfeldes

Das stationäre Strömungsfeld beschreibt die Vorgänge, die sich in von Ladungen unter dem Einfluß eines elektrischen Feldes gleichförmig durchströmten Leitern abspielen. Die gleichförmige Bewegung der Ladungen manifestiert sich in der Tatsache, daß

- sich die Geschwindigkeit der Ladungsbewegung zeitlich nicht ändert, daß also gilt

$$\frac{dQ}{dt} = konst. \; , \tag{2.17}$$

- und daß der Satz von der Erhaltung der Ladung gleichfalls gültig ist, was sich in der Tatsache ausdrückt, daß die Strömungsbahnen der Ladungen immer geschlossen sind.

Setzt man nun ein Medium der elektrischen Leitfähigkeit κ einem elektrischen Feld aus, so wird sich (s. Abschnitt 1.1) eine stationäre Strömung von Ladungen herausbilden, deren Stromdichte proportional der Feldstärke ist. Man erhält

$$\boldsymbol{J} = \kappa \, \boldsymbol{E} \tag{2.18}$$

und aus dem verallgemeinerten Knotensatz mit

$$I = \int_A \boldsymbol{J} \, d\boldsymbol{A} \tag{2.19}$$

entsteht schließlich

$$\oint \boldsymbol{J} \, d\boldsymbol{A} = 0 \; . \tag{2.20}$$

Damit wird der Begriff des elektrischen Widerstandes auch als sogenannter Integralparameter des stationären Strömungsfeldes eingeführt.

Es ergibt sich demzufolge

$$R = \frac{U}{I} = \frac{\int_l \boldsymbol{E} \, d\boldsymbol{l}}{\int_A \boldsymbol{J} \, d\boldsymbol{A}} \; . \tag{2.21}$$

2.2.2 Die Berechnung symmetrischer Felder in homogenen Medien

Die durch die Gleichungen (2.18), (2.19) und (2.3) gegebenen Zusammenhänge lassen sich leicht zur Berechnung einfacher Felder in homogenen leitfähigen Medien ausnutzen, wenn durch die Geometrie der Anordnung symmetrische Feldbilder vorgegeben sind. Als ein erstes Beispiel soll das Feld einer in ein unendlich ausgedehntes homogenes Medium eingebetteten Kugelelektrode untersucht werden. Die Anordnung, deren Feldbild berechnet werden soll, zeigt Bild 2.4.

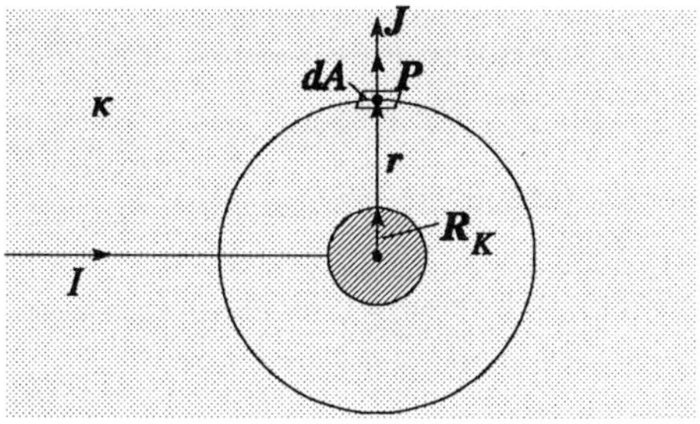

Bild 2.4 Kugelelektrode im homogenen, unendlich ausgedehnten Medium

Aus der Kugelsymmetrie der Anordnung folgt auch die Kugelsymmetrie des Feldes, d. h. Stromdichte, Feldstärke und Potential werden nur vom Abstand des jeweils betrachteten Aufpunktes vom Kugelmittelpunkt abhängen. Damit muß auf einer Kugelfläche durch den Aufpunkt P im Abstand r vom Kugelmittelpunkt die Stromdichte konstant und radial gerichtet sein. Der durch die gesamte Kugelfläche vom Radius r austretende Strom wird dann wegen Gleichung (2.19) zu

$$I = \int_{A_{Kugel}} \mathbf{J}\, d\mathbf{A} \; . \tag{2.22}$$

Wegen der Konstanz von **J** über A und der Parallelität mit dem Flächenvektor d**A** (beide radial gerichtet) ergibt sich

$$I = \int_{A_{Kugel}} J\, dA = J \int dA_{Kugel} = J\, A_{Kugel} = 4\, \pi\, r^2\, J \; . \tag{2.23}$$

Damit erhält man für die Stromdichte

$$\mathbf{J} = \frac{I}{4\, \pi\, r^2}\, \mathbf{e}_r \; . \tag{2.24}$$

Dabei ist $\mathbf{e}_r$ der Einheitsvektor in Richtung des Radius vom Kugelmittelpunkt zum jeweils betrachteten Aufpunkt P. Die Strömungslinien gehen demzufolge strahlenförmig in radialer Richtung von der Elektrode aus (Bild 2.5).

Die Feldstärke erhält man dann mit Gleichung (2.18) zu

$$E = \frac{J}{\kappa} = \frac{I}{4\,\pi\,\kappa\,r^2}\,e_r\,. \tag{2.25}$$

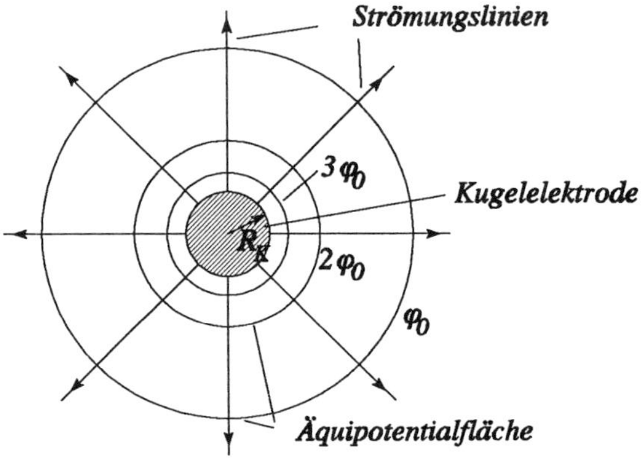

Bild 2.5 Feldbild einer Kugelelektrode im unendlich ausgedehnten homogenen Medium

Damit wird das Potential bei der Wahl des unendlich fernen Punktes als Bezugspunkt und zweckmäßiger Integration längs des Radius

$$\varphi = \int_r^\infty E\,dr = \frac{I}{4\pi\kappa}\int_r^\infty \frac{dr}{r^2} \tag{2.26}$$

und schließlich

$$\varphi = \frac{I}{4\,\pi\,\kappa\,r}\,. \tag{2.27}$$

Das Potential hängt also nur vom Abstand des betrachteten Punktes vom Mittelpunkt der Elektrode ab. Die Äquipotentialflächen sind demzufolge konzentrische Kugeln um den Elektrodenmittelpunkt (Bild 2.5). Der sich von innen nach außen bei gleicher Potentialabnahme vergrößernde Abstand der Äquipotentialflächen zeigt die Abnahme der Feldstärke mit dem Radius. Der Übergangswiderstand einer solchen Anordnung gegen ∞ wird dann mit

$$U = \varphi(R_K) - \varphi(\infty) = \frac{I}{4\,\pi\,\kappa\,R_K} = I\,R_ü \tag{2.28}$$

zu

$$R_ü = \frac{1}{4\,\pi\,\kappa\,R_K}\,. \tag{2.29}$$

Als Beispiel einer zylindersymmetrischen Feldanordnung sei der Isolationswiderstand eines Koaxialkabels berechnet. Den konstruktiven Aufbau zeigt Bild 2.6.

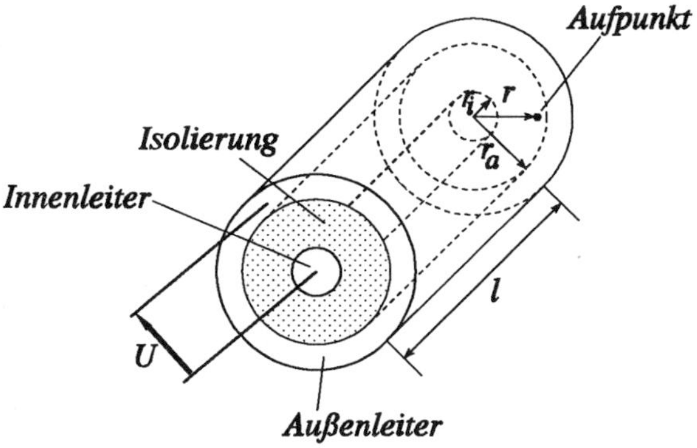

Bild 2.6 Prinzipieller Aufbau eines Koaxialkabels

Dabei ist in der Praxis keine vollkommene Isolierung möglich. Es wird also immer ein, wenn auch geringer Strom zwischen Innen- und Außenleiter fließen. Zur Berechnung des Widerstandes geht man davon aus, daß dieser Strom durch jeden konzentrischen Zylindermantel mit dem Radius r gleich ist und daß das Strömungsfeld wegen der Zylindersymmetrie der Anordnung ebenfalls zylindersymmetrisch sein muß. Für die Stromdichte im Abstand r von der Mittelachse ergibt sich dann durch analoge Überlegungen wie oben (vgl. Gleichung (2.23) und (2.25))

$$\boldsymbol{J} = \frac{I}{2\,\pi\,r\,l}\,\boldsymbol{e}_r \tag{2.30}$$

und für die Feldstärke

$$\boldsymbol{E} = \frac{\boldsymbol{J}}{\kappa} = \frac{I}{2\,\pi\,l\,\kappa\,r}\,\boldsymbol{e}_r\,. \tag{2.31}$$

Etwas anders als bei der Kugelelektrode gestaltet sich die Wahl des Bezugspunktes für die Bestimmung des Potentials. Wie aus Gleichung (2.32) ersichtlich wird, liefert der unendlich ferne Punkt als Bezugspunkt keine verwertbare Aussage. Man benutzt deshalb zweckmäßigerweise einen Punkt des Außenleiters mit $r = r_a$ als Bezugspunkt mit dem Potentialwert $\varphi(r_a) = 0$. Die Anwendung der Berechnungsgleichung für das Potential liefert demzufolge

$$\varphi = \int_r^{r_a} \frac{I\,dr}{2\,\pi\,l\,\kappa\,r} = -\frac{I}{2\,\pi\,\kappa\,l}\,lnr + \frac{I}{2\,\pi\,\kappa\,l}\ln r_a = \frac{I}{2\,\pi\,\kappa\,l}\ln\frac{r_a}{r}\,. \tag{2.32}$$

Die Spannung zwischen Innen- und Außenleiter ergibt sich als die Differenz der Potentiale

$$U = \varphi(r_i) - \varphi(r_a) = \frac{I}{2\,\pi\,\kappa\,l} \ln \frac{r_a}{r_i} , \tag{2.33}$$

so daß man als Isolationswiderstand erhält:

$$R = \frac{U}{I} = \frac{1}{2\,\pi\,\kappa\,l} \ln \frac{r_a}{r_i} . \tag{2.34}$$

2.2.3 Grenzflächen zweier verschieden leitfähiger Medien

Die Vorgänge an Grenzflächen verschieden leitfähiger Medien veranschaulicht Bild 2.7. Befindet sich ein elektrisches Feld nicht in einem homogenen Medium, sondern in einem Werkstoff, welcher Grenzflächen von Stoffen unterschiedlicher Leitfähigkeit (im Bild κ_1 und κ_2) enthält, so muß davon ausgegangen werden, daß eine Veränderung von Stromdichte- und Feldstärkevektor beim Durchtritt durch die Grenzfläche erfolgt. Dies betrifft sowohl den Betrag als auch die Richtung der genannten Vektoren. Zur quantitativen Berechnung der entsprechenden Zusammenhänge werden die Grundeigenschaften der elektrischen Feldstärke und der Stromdichte herangezogen und für eine Umgebung eines Punktes P auf der Grenzfläche ausgewertet.

Entsprechend der bereits behandelten allgemeinen Eigenschaft der elektrischen Feldstärke

$$\oint \boldsymbol{E}\; d\boldsymbol{l} = 0 \tag{2.35}$$

wird für einen differentiell kleinen Umlauf um den Aufpunkt P (s. Bild 2.7) das Integral zu

$$\boldsymbol{E}_1\; d\boldsymbol{l}_1 + \boldsymbol{E}_2\; d\boldsymbol{l}_2 = 0 , \tag{2.36}$$

wenn man die Wegelemente klein genug wählt und jeweils unmittelbar auf der einen bzw. anderen Seite der Grenzfläche aufliegen läßt.

Teilt man die Feldstärkevektoren in Tangential- und Normalkomponente auf, wie das in Bild 2.7 gleichfalls geschieht, erhält man für das Skalarprodukt

$$-E_{t1}\; dl_1 + E_{t2}\; dl_2 = 0 . \tag{2.37}$$

Wegen der betragsmäßigen Gleichheit beider Längenelemente kann man schreiben

$$dl_1 = dl_2 \tag{2.38}$$

und erhält so aus Gleichung (2.37) die erste Grenzbedingung

$$E_{t1} = E_{t2} \, , \tag{2.39}$$

d. h. die Tangentialkomponenten der Feldstärke gehen an Grenzflächen verschiedener Medien stetig über.

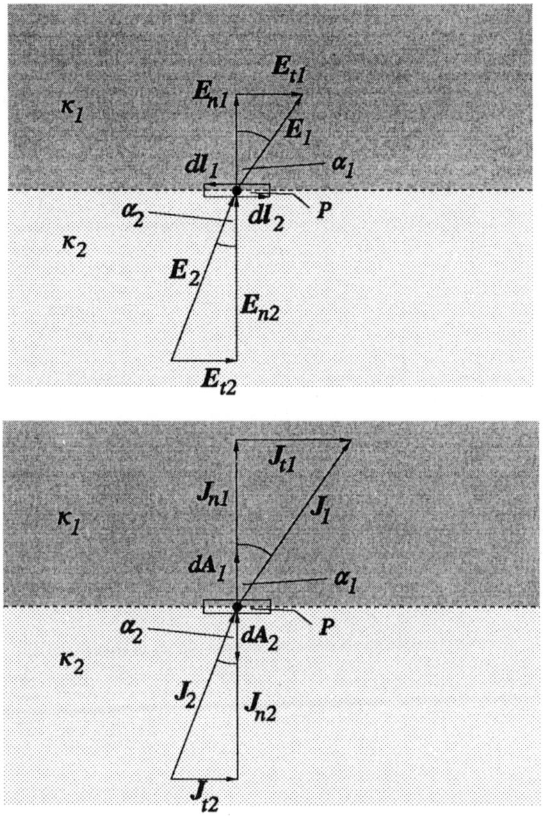

Bild 2.7 Vorgänge an Grenzflächen verschieden leitfähiger Medien

Mit

$$\boldsymbol{J} = \kappa \, \boldsymbol{E}$$

erhält man für die Tangentialkomponenten der Stromdichte die Grenzbedingung

$$\frac{1}{\kappa_1} J_{t1} = E_{t1} = E_{t2} = \frac{1}{\kappa_2} J_{t2} \tag{2.40}$$

oder umgestellt

$$\frac{J_{t1}}{J_{t2}} = \frac{\kappa_1}{\kappa_2} . \tag{2.41}$$

Wendet man nun die aus dem Satz von der Erhaltung der Ladung abgeleitete Grundeigenschaft der Stromdichte (verallgemeinerter Knotensatz) auf die Grenzfläche an, erhält man aus

$$\oint \boldsymbol{J} \, d\boldsymbol{A} = 0 \tag{2.42}$$

den Ausdruck für das ausgewertete Skalarprodukt bezüglich einer Hüllfläche, die aus den beiden differentiell kleinen und auf der Grenzfläche beiderseits aufliegenden Flächenelementen $d\mathbf{A}_1$ und $d\mathbf{A}_2$ besteht (siehe gleichfalls Bild 2.7)

$$J_{n1} \, dA_1 - J_{n2} \, dA_2 = 0 . \tag{2.43}$$

Damit entsteht wegen

$$dA_1 = dA_2 \tag{2.44}$$

die Bedingung

$$J_{n1} = J_{n2} . \tag{2.45}$$

Die Normalkomponenten der Stromdichten gehen demzufolge an Grenzflächen stetig über. Für die Normalkomponenten der Feldstärke erhält man dann unter Nutzung des Ohmschen Gesetzes in Differentialform

$$\kappa_1 \, E_{n1} = J_{n1} = J_{n2} = \kappa_2 \, E_{n2} \tag{2.46}$$

oder nach Umstellung

$$\frac{E_{n1}}{E_{n2}} = \frac{\kappa_2}{\kappa_1} . \tag{2.47}$$

Für den Winkel, den die Feldstärke- und Stromdichtevektoren mit der Flächennormalen einschließen, ergibt sich entsprechend den in Bild 2.7 dargestellten geometrischen Relationen zwischen den Feldvektoren und ihren Normal- und Tangentialkomponenten

$$\tan\alpha_1 = \frac{E_{t1}}{E_{n1}} = \frac{J_{t1}}{J_{n1}} , \tag{2.48}$$

$$\tan\alpha_2 = \frac{E_{t2}}{E_{n2}} = \frac{J_{t2}}{J_{n2}} \,. \tag{2.49}$$

Damit wird der Quotient

$$\frac{\tan\alpha_1}{\tan\alpha_2} = \frac{\dfrac{E_{t1}}{E_{t2}}}{\dfrac{E_{n1}}{E_{n2}}} = \frac{\dfrac{J_{t1}}{J_{t2}}}{\dfrac{J_{n1}}{J_{n2}}} = \frac{\kappa_1}{\kappa_2} \,. \tag{2.50}$$

Es zeigt sich also, daß die Feldlinien beim Übergang vom einem Leiter in einen anderen Leiter mit verschiedener Leitfähigkeit ihre Richtung ändern.

Man kann sich leicht klarmachen, daß metallische Oberflächen (Leitfähigkeit sehr hoch im Verhältnis zu anderen Stoffen) von den Feldlinien i. d. R. senkrecht durchsetzt werden, daß Metallelektroden im stationären Strömungsfeld also Äquipotentialflächen sind.

2.2.4 Der Leistungsumsatz im stationären Strömungsfeld

Zur Berechnung des Leistungsumsatzes im Strömungsfeld sei ein kleines Volumenelement dV aus dem Strömungsfeld herausgegriffen (Bild 2.8).

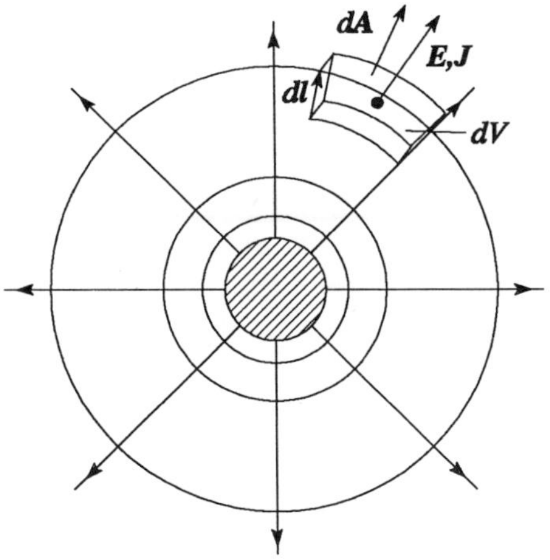

Bild 2.8 Leistungsumsatz im stationären Strömungsfeld

Die im Volumenelement umgesetzte elektrische Leistung dP wird dann aus der Spannung dU in Richtung der Strömungslinien und dem Strom dI durch das Flächenelement dA

$$dP = dU\ dI\ . \tag{2.51}$$

Mit den bekannten Relationen

$$dU = \boldsymbol{E}\ \boldsymbol{dl} \tag{2.52}$$

und

$$dI = \boldsymbol{J}\ \boldsymbol{dA} \tag{2.53}$$

erhält man für die Leistung

$$dP = dU\ dI = \boldsymbol{E}\ \boldsymbol{dl}\ \boldsymbol{J}\ \boldsymbol{dA} \tag{2.54}$$

oder

$$dP = \boldsymbol{E}\ \boldsymbol{J}\ dV\ , \tag{2.55}$$

wenn man berücksichtigt, daß man für das von den Vektoren **dl** und **dA** aufgespannte Volumenelement dV schreiben kann

$$dV = \boldsymbol{dl}\ \boldsymbol{dA}\ .$$

Damit wird die Leistungsdichte als charakteristische Größe für die Verteilung des Leistungsumsatzes im stationären Strömungsfeld definiert zu

$$p' = \frac{dP}{dV} = \boldsymbol{E}\ \boldsymbol{J}\ . \tag{2.56}$$

Die im Gesamtvolumen umgesetzte Leistung ist dann umgekehrt durch Integration der Leistungsdichte über das betrachtete Volumen ermittelbar gemäß

$$P = U\ I = \int_V \boldsymbol{E}\ \boldsymbol{J}\ dV\ . \tag{2.57}$$

2.3 Das elektrostatische Feld, elektrische Erscheinungen in Nichtleitern

2.3.1 Grundgleichungen

Das elektrostatische Feld entsteht dann, wenn keine Bewegung der elektrischen Ladungen zugelassen ist, d. h. wenn gilt

$$\frac{dQ}{dt} = 0 \; . \tag{2.58}$$

Damit wird deutlich, daß die Verteilung der Ladungen im Raum bei Vorliegen eines elektrostatischen Feldes zeitlich konstant ist.

Solche Bedingungen treten in Isolatoren bzw. im Vakuum auf. Da wegen genannter Bedingungen der Strom und die Stromdichte im Sinne strömender Ladungsträger als Beschreibungsgrößen des elektrischen Zustandes eines Mediums im elektrostatischen Feld sinnlos sind, erweist sich die Definition analoger Kenngrößen für die Ladungen als sinnvoll. Dabei wird zur sinnvollen Definition dieser Größen das Phänomen der Influenz einbezogen. Als Influenzwirkung wird dabei die Eigenschaft des elektrostatischen Feldes bezeichnet, beim Auftreffen auf Medien mit frei beweglichen Ladungsträgern eine Ladungstrennung in diesen Medien zu bewirken. Dabei werden die positiven Ladungen in Richtung des elektrischen Feldes an den Rand der Elektrode verschoben, die negativen umgekehrt (Bild 2.9).

Die Fähigkeit des elektrischen Feldes, in einem bestimmten Querschnitt elektrische Ladungen zu trennen, wird durch den Verschiebungsfluß Ψ quantitativ beschrieben. Der Verschiebungsfluß ist dabei gleich der bei Vorhandensein eines entsprechenden Mediums influenzierten Ladung auf dem betrachteten Querschnitt.

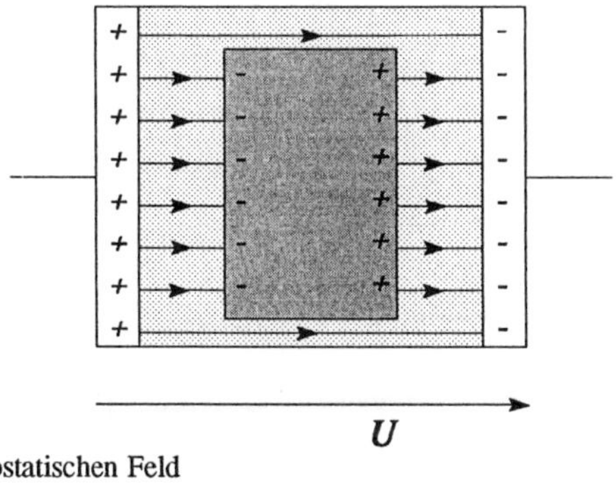

Bild 2.9 Influenz im elektrostatischen Feld

Der Verschiebungsfluß pro Flächeneinheit, die senkrecht durchsetzt wird, wird in analoger Weise wie bei der Stromdichte als die elektrische Verschiebungsdichte **D** gekennzeichnet. Ihr Betrag ist dann

$$|\boldsymbol{D}| = \frac{d\Psi}{dA_\perp} \; . \tag{2.59}$$

die Richtung stimmt i. d. R. mit der Feldstärkerichtung überein. Darüber hinaus besteht bei den meisten Nichtleitern (Ausnahme: Ferro- und Ferrielektrika) Proportionalität zwischen Verschiebungsdichte und Feldstärke.

Man erhält also

$$\boldsymbol{D} = \varepsilon \boldsymbol{E} . \tag{2.60}$$

Die Proportionalitätskonstante ε ist materialabhängig und wird als Dielektrizitätskonstante bezeichnet. Der Wert für Vakuum (absolute Dielektrizitätskonstante ε_0) ist eine Naturkonstante und beträgt

$$\varepsilon_0 = 8{,}86 \; 10^{-12} \frac{\mathrm{As}}{\mathrm{Vm}} .$$

Für beliebige Materialien wird die Dielektrizitätskonstante in Vielfachen von ε_0 ausgedrückt. Man erhält

$$\varepsilon = \varepsilon_r \, \varepsilon_0 . \tag{2.61}$$

Dabei ist ε_r, die relative Dielektrizitätskonstante, dimensionslos. Durch analoge Überlegung wie beim Strömungsfeld bezüglich des Zusammenhanges zwischen Stromdichte und Stromstärke erhält man für den Zusammenhang zwischen Ψ und **D** allgemein für eine beliebige vom elektrostatischen Feld durchsetzte Fläche A

$$\Psi = \int_A \boldsymbol{D} \, d\boldsymbol{A} . \tag{2.62}$$

Eine Tatsache, die nur durch physikalische Erfahrung gestützt ist und nicht aus anderen Grundgesetzen abgeleitet werden kann, besteht darin, daß der Wert des Verschiebungsflusses durch eine geschlossene Hüllfläche gleich der von dieser Hüllfläche umschlossenen Ladung ist. Man kann also formulieren

$$Q_{umfaßt} = \oint \boldsymbol{D} \, d\boldsymbol{A} = \int_V \rho \, dV , \tag{2.63}$$

wobei ρ die Raumladungsdichte im von der Hüllfläche umfaßten Volumen darstellt. Aus dieser Tatsache folgt, daß die Verschiebungslinien nicht wie beim Strömungsfeld in sich geschlossen sind, sondern von der positiven Ladung ausgehen und bei der negativen Ladung enden. Dies unterscheidet die Verschiebungslinien des elektrostatischen Feldes grundsätzlich von den Strömungslinien im stationären Strömungsfeld.

Entsprechend Gleichungen (2.60) und (2.63) ist die Fähigkeit zur Ladungsinfluenz im elektrostatischen Feld und damit die Stärke dieses Feldes proportional der Ladung der Elektroden. Damit besteht auch eine Proportionalität zwischen der Spannung und der influenzierten bzw. gespeicherten Ladung auf den Metallelektroden eines Kondensators, also einer Anordnung, die aus zwei durch ein isolierendes Medium getrennten Elektroden besteht (Bild 2.10).

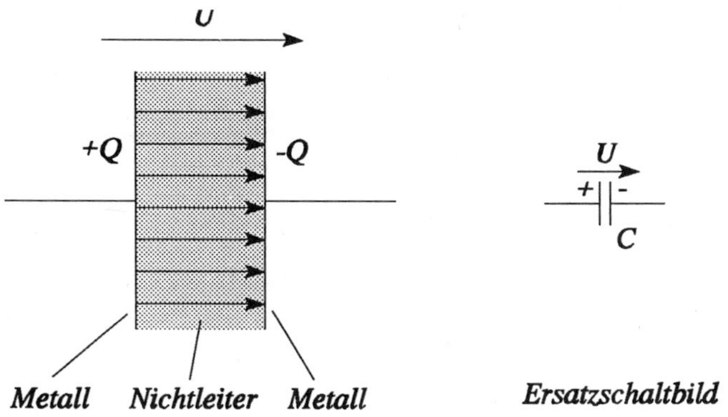

Bild 2.10 Kapazität und Kondensator

Diese Proportionalität läßt sich ausdrücken durch

$$Q = C\ U\ . \tag{2.64}$$

Die Proportionalitätskonstante C wird als Kapazität bezeichnet. Ihre Einheit ist dann

$$[C] = \frac{[Q]}{[U]} = 1\ \frac{\mathrm{As}}{\mathrm{V}} = 1\ \mathrm{F}\ . \qquad \text{(1 Farad)}$$

Das zur Darstellung von Kondensatoren in Schaltungen verwendete allgemeine Ersatzschaltbild zeigt gleichfalls Bild 2.10.

Bezüglich der Spannungs-Ladungszuordnung sei auf die ebenfalls in Bild 2.10 dargestellte Tatsache hingewiesen, daß der Spannungspfeil am Kondensator von der positiv geladenen Elektrode zur negativ geladenen zeigt.

Die Zusammenschaltung von Kondensatoren zu Kondensatornetzwerken erfordert zur Berechnung neben dem bereits bekannten Maschensatz die Ermittlung der Verhältnisse an Knoten solcher Schaltungen. Für einen Knoten in einem Kondensatornetzwerk erhält man durch Auswertung des Zusammenhanges (2.63) und unter Berücksichtigung der Tatsache, daß sich in Leitern keine elektrische Ladung ansammeln kann, daß also $Q_{\text{umfaßt}} = 0$ gilt, den Knotensatz

$$\sum_{\nu=1}^{n} \underset{(vzb)}{Q_\nu} = 0\ . \tag{2.63a}$$

Dabei entspricht das Vorzeichen im Knotensatz dem der Ladungen auf den den Knoten zugewandten Elektroden.

2.3.2. Berechnung einfacher rotations- und zylindersymmetrischer elektrostatischer Felder

Ein erstes Beispiel sei das Feldbild einer Kugelelektrode im Vakuum. Die betrachtete Anordnung zeigt Bild 2.11.

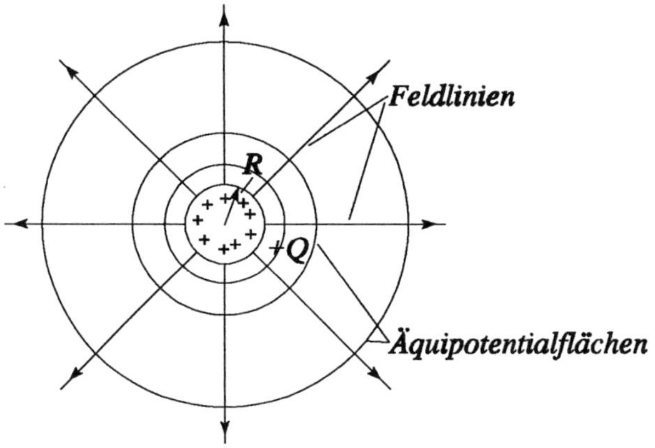

Bild 2.11 Feldbild einer Kugelelektrode im Vakuum

Für eine beliebige geschlossene Hüllfläche um die Elektrode herum gilt

$$\oint \boldsymbol{D}\, d\boldsymbol{A} = Q_{umf} = +Q \ . \tag{2.65}$$

Aus den gleichen Symmetrieüberlegungen heraus wie bei der Kugelelektrode im leitenden Medium läßt sich ableiten, daß auf einer Kugeloberfläche der Betrag der Verschiebungsflußdichte konstant sein muß und ihre Richtung mit der Richtung des Einheitsvektors des Radius am jeweiligen Aufpunkt identisch ist. Für einen Punkt im Abstand r vom Kugelmittelpunkt wird damit

$$\boldsymbol{D} = \frac{Q}{4\,\pi\,r^2}\,\boldsymbol{e}_r \ . \tag{2.66}$$

Daraus errechnet sich die elektrische Feldstärke **E** zu

$$\boldsymbol{E} = \frac{\boldsymbol{D}}{\varepsilon} = \frac{Q}{4\,\pi\,\varepsilon\,r^2}\,\boldsymbol{e}_r \ . \tag{2.67}$$

Das Potential wird dann bei Wahl des unendlich fernen Punktes als Bezugspunkt und Integration über den Radius

$$\varphi = \int_r^\infty \frac{Q}{4\,\pi\,\varepsilon\,r^2}\,dr = \frac{Q}{4\,\pi\,\varepsilon\,r}\,. \tag{2.68}$$

Damit wird klar, daß die Feldlinien strahlenförmig in Radiusrichtung vom Kugelmittelpunkt ausgehen und die Äquipotentialflächen konzentrische Kugelflächen sind.

Die Kapazität gegen eine unendlich weit entfernte Gegenelektrode ist

$$C = \frac{Q}{U_{R\infty}} = \frac{Q}{\varphi(R) - \varphi(\infty)} \tag{2.69}$$

und wegen $\varphi(\infty) = 0$ ergibt sich

$$C = \frac{Q}{\varphi(R)} = 4\,\pi\,\varepsilon\,R\,. \tag{2.70}$$

Als weiteres Beispiel eines symmetrischen Feldes werde die Kapazität eines Koaxialkabels bestimmt. Den prinzipiellen Aufbau eines Koaxialkabels zeigte Bild 2.6. Da im Betrieb zwischen Innen- und Außenleiter eine Spannung U anliegt und die Isolation einen, wenn auch unvollkommenen Isolator darstellt, muß sich bei Anlegen einer Gleichspannung zwischen Innen- und Außenleiter ebenfalls ein elektrostatisches Feld ausbilden. Dieses Feld wird aus Symmetriegründen zylindersymmetrisch sein. Demzufolge werden Verschiebungsflußdichtevektor und Feldstärke ebenfalls in Radiusrichtung zeigen und auf einer Zylindermantelfläche mit dem Radius r und der Länge l konstant sein. Damit wird für ein sehr langes Kabel ($l \gg r_a$), bei dem die Stirnflächen vernachlässigbar sind, aus

$$\oint \boldsymbol{D}\,d\boldsymbol{A} = Q_{umf}$$

die Beziehung

$$D\,2\,\pi\,r\,l = Q \quad (r_a > r > r_i) \tag{2.71}$$

Die Verschiebungsflußdichte ist dann

$$\boldsymbol{D} = \frac{Q}{2\,\pi\,r\,l}\,\boldsymbol{e}_r\,. \tag{2.72}$$

Damit ergibt sich dann die Feldstärke

$$\boldsymbol{E} = \frac{\boldsymbol{D}}{\varepsilon} = \frac{Q}{2\,\pi\,\varepsilon\,l\,r}\,\boldsymbol{e}_r\,. \tag{2.73}$$

Schließlich erhält man für die Spannung

$$U = \int_l \boldsymbol{E}\, d\boldsymbol{l} = \int_{r_i}^{r_a} \frac{Q}{2\,\pi\,\varepsilon\,l\,r}\, dr = \frac{Q}{2\,\pi\,\varepsilon\,l} \ln \frac{r_a}{r_i} \;. \tag{2.74}$$

Die Kapazität C wird dann nach Einsetzen in die Definitionsgleichung

$$C = \frac{Q}{U} = \frac{2\,\pi\,\varepsilon\,l}{\ln\frac{r_a}{r_i}} \tag{2.75}$$

Für Koaxialkabel wird die Kapazität häufig pro Längeneinheit angegeben und man findet dann

$$C' = \frac{C}{l} = \frac{2\,\pi\,\varepsilon}{\ln\frac{r_a}{r_i}} \;. \tag{2.76}$$

Diese Größe wird als Kapazitätsbelag bezeichnet.

2.3.3 Die Beziehungen an Grenzflächen verschiedener Medien

Die Ableitung der entsprechenden Gesetzmäßigkeiten erfolgt in analoger Weise wie beim stationären Strömungsfeld. Ein Beispiel einer Grenzfläche zeigt Bild 2.12.

Setzt man Grenzflächen voraus, auf denen sich keine Ladungen ansammeln, verschwindet $Q_{\text{umfaßt}}$. Man erhält dann aus

$$\oint_A \boldsymbol{D}\, d\boldsymbol{A} = 0 \tag{2.77}$$

oder für die differentiell kleine Hüllfläche im Bild 2.12, die in analoger Weise gewählt wird wie bei den Betrachtungen zu Grenzflächen im stationären Strömungsfeld,

$$+\,\boldsymbol{D}_1\, d\boldsymbol{A}_1 + \boldsymbol{D}_2\, d\boldsymbol{A}_2 = 0 \;. \tag{2.78}$$

Unter Berücksichtigung der betragsmäßigen Gleichheit der beiden Flächenelemente ergibt sich

$$D_{n1}\, dA - D_{n2}\, dA = 0 \tag{2.79}$$

oder

$$D_{n1} = D_{n2} \;. \tag{2.80}$$

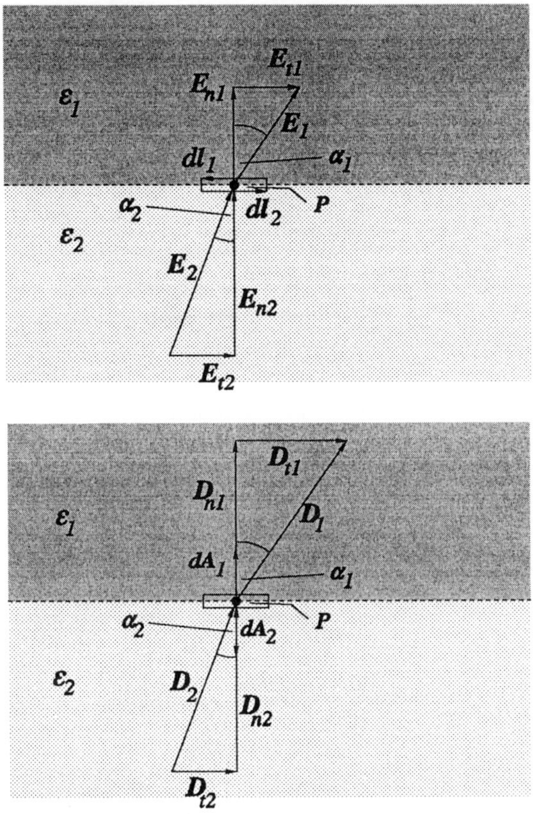

Bild 2.12 Grenzflächen im elektrostatischen Feld

Die Normalkomponenten der Verschiebungsflußdichte gehen also unter der Voraussetzung einer ladungsfreien Grenzfläche stetig von einem Medium in das andere über. Kann nicht ausgeschlossen werden, daß sich auf der Grenzfläche eine Flächenladungsdichte ansammelt, gilt $dQ_{umfaßt} = \sigma\ dA$. Die Grenzbedingung wird dann $D_{n1} - D_{n2} = \sigma$. Analog zum Strömungsfeld gilt für die Tangentialkomponenten der Feldstärke

$$E_{t1} = E_{t2}\ . \tag{2.81}$$

Die Ableitung dieser Grenzbedingung erfolgt analog zu der bereits mit Gleichung (2.35) bis (2.39) durchgeführten Betrachtung für das stationäre Strömungsfeld.

Für die Tangentialkomponente der Verschiebungsflußdichte und die Normalkomponente der Feldstärke wird dann:

$$\frac{D_{t1}}{\varepsilon_1} = E_{t1} = E_{t2} = \frac{D_{t2}}{\varepsilon_2} \tag{2.82}$$

und für ladungsfreie Grenzflächen

$$\varepsilon_1 E_{n1} = D_{n1} = D_{n2} = \varepsilon_2 E_{n2} \tag{2.83}$$

oder nach Umformung

$$\frac{D_{t1}}{D_{t2}} = \frac{\varepsilon_1}{\varepsilon_2} \tag{2.84}$$

bzw.

$$\frac{E_{n1}}{E_{n2}} = \frac{\varepsilon_2}{\varepsilon_1} \; . \tag{2.85}$$

Für die Tangens der Winkel α_1 und α_2 gilt der Quotient

$$\frac{\tan\alpha_1}{\tan\alpha_2} = \frac{\frac{E_{t1}}{E_{n1}}}{\frac{E_{t2}}{E_{n2}}} = \frac{\frac{D_{t1}}{D_{n1}}}{\frac{D_{t2}}{D_{n2}}} = \frac{\varepsilon_1}{\varepsilon_2} \; . \tag{2.86}$$

Bei Grenzflächen mit vorhandener Flächenladungsdichte ist sinngemäß zu verfahren. Damit entsteht auch für das elektrostatische Feld beim Übergang an Medien unterschiedlicher Dielektrizitätskonstante eine Richtungsänderung des Feldlinienverlaufs. Die Feldlinien werden dabei beim Übergang in ein Medium größerer Dielektrizitätskonstante vom Einfallslot weg gebrochen.

2.3.4 Energien und Kräfte im elektrostatischen Feld

Energie des elektrostatischen Feldes

Man errechnet die im elektrischen Feld gespeicherte Energie zweckmäßigerweise aus dem Integral der Energieanteile, die beim Aufbau des elektrischen Feldes aufgebracht werden müssen. Zur Trennung der Ladung dQ ist bei der Spannung U unabhängig von der Natur des Feldes (s. a. Abschnitt 1.1) die Energie

$$dW = U \, dQ$$

erforderlich. Im Gegensatz zu den Verhältnissen beim stationären Strömungsfeld ist beim elektrostatischen Feld die Spannung jedoch von der Größe der bereits getrennten Ladung und der Kapazität des betrachteten Kondensators abhängig, so daß gilt

$$U = \frac{Q}{C} . \tag{2.87}$$

Damit folgt für konstantes C

$$dW = \frac{Q}{C}\, dQ . \tag{2.88}$$

Schließlich wird die in einem Feld während des Feldaufbaus insgesamt bei Trennung der Ladung Q gespeicherte Energie

$$W = \int_0^Q \frac{Q}{C}\, dQ = \int_0^Q U(Q)\, dQ . \tag{2.89}$$

Für konstante Kapazität erhält man

$$W = \frac{1}{C} \int_0^Q Q\, dQ = \frac{1}{2C} Q^2 = C\, \frac{U^2}{2} = \frac{QU}{2} \tag{2.90}$$

als im elektrischen Feld gespeicherte Energie.

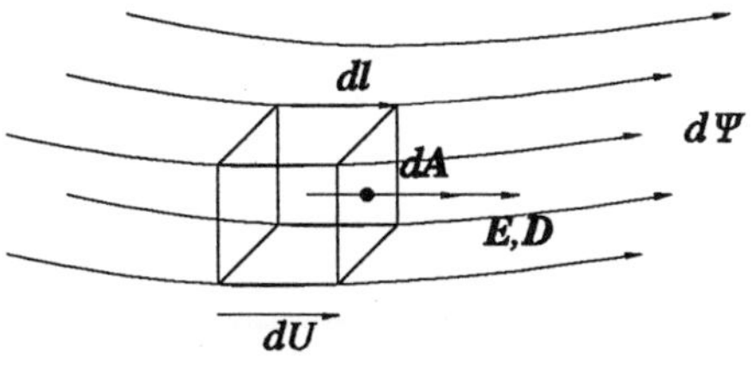

Bild 2.13 Zur Energiedichte im elektrostatischen Feld

Betrachtet man nun die in einem Volumenelement dV gespeicherte Energie dW mit dem Ziel der Ermittlung der räumlichen Energieverteilung im elektrostatischen Feld, kann man für das in Bild 2.13 dargestellte Volumenelement dV unter Anwendung von Gleichung (2.90) schreiben

$$dW = \frac{dQ\, dU}{2} = \frac{d\Psi\, dU}{2} . \tag{2.91}$$

Mit den bereits mehrfach benutzten Zusammenhängen $d\Psi = \mathbf{D}\, d\mathbf{A}$ und $dU = \mathbf{E}\, d\mathbf{l}$ ergibt sich für die gespeicherte Energie dW

$$dW = \frac{1}{2} \boldsymbol{D}\, d\boldsymbol{A}\, \boldsymbol{E}\, d\boldsymbol{l} \tag{2.92}$$

und schließlich

$$dW = \frac{1}{2} \boldsymbol{D}\, \boldsymbol{E}\, dV \tag{2.93}$$

mit dem bereits an anderer Stelle benutzten Zusammenhang

$$dV = d\boldsymbol{A}\, d\boldsymbol{l}\ . \tag{2.94}$$

Für die pro Volumeneinheit gespeicherte Energie w', also die Energiedichte im elektrostatischen Feld, ergibt sich dann

$$w' = \frac{dW}{dV} = \frac{1}{2} \boldsymbol{D}\, \boldsymbol{E} = \frac{1}{2} D\, E\ . \tag{2.95}$$

Umgekehrt erhält man für die insgesamt gespeicherte Energie im linearen Medium (konstantes ε) durch Integration über das vom Feld ausgefüllte Volumen

$$W = \int_V \frac{\boldsymbol{E}\, \boldsymbol{D}}{2}\, dV\ . \tag{2.96}$$

Kräfte im elektrostatischen Feld

Wendet man sich nun den Kraftwirkungen im elektrostatischen Feld zu, so ist von drei Erscheinungsformen auszugehen. Man unterscheidet:

* Kräfte auf Ladungen,
* Kräfte und Momente auf Elektroden,
* Kräfte auf Grenzflächen

im elektrostatischen Feld. Im folgenden sollen diese drei Fälle näher betrachtet werden.

Kräfte auf Ladungen

Die Berechnung von Kräften auf geladene Körper erfolgt sehr einfach über die Definition der elektrischen Feldstärke. Befindet sich ein punktförmiger Körper der Ladung Q in einem elektrischen Feld der Feldstärke **E**, so folgt entsprechend der Definition der elektrischen Feldstärke

$$\boldsymbol{F} = Q\, \boldsymbol{E}\ . \tag{2.97}$$

Das einfachste Beispiel ist die Kraftwirkung auf eine Punktladung Q_2 im elektrischen Feld einer anderen Punktladung Q_1 (Bild 2.14).

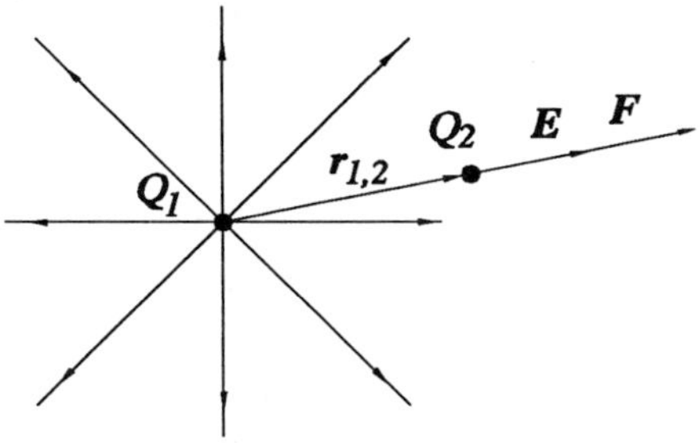

Bild 2.14 Kraftwirkung auf Punktladungen im elektrostatischen Feld

Die Feldstärke in der Umgebung von Q_2, herrührend von Q_1, berechnet sich aus Symmetriegründen (Abschn. 2.3.2) zu

$$\boldsymbol{E} = \frac{Q_1}{4\,\pi\,\varepsilon\,r^2}\,\boldsymbol{e}_r\,.$$

Damit wird die Kraft auf Q_2

$$\boldsymbol{F} = \frac{Q_1\,Q_2}{4\,\pi\,\varepsilon\,r_{12}^2}\,\boldsymbol{e}_r\,. \tag{2.98}$$

Dieser Zusammenhang wird auch als Coulombsches Gesetz bezeichnet und spielte insbesondere im ersten Stadium der Entwicklung der Elektrizitätslehre eine große Rolle bei der meßtechnischen Erfassung elektrotechnischer Erscheinungen.

Sind die einem elektrischen Feld ausgesetzten Ladungen nicht punktförmig, sondern räumlich, flächen- oder linienförmig verteilt, läßt sich die im Gleichgewichtszustand durch das Feld ausgeübte Kraft unter Nutzung der Begriffe der Raum-, Flächen- bzw. Linienladungsdichte berechnen (s. Bild 2.15).

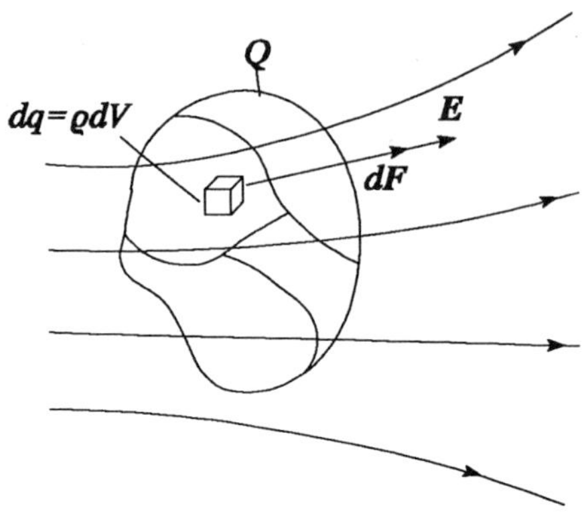

Bild 2.15a Kraft auf räumlich verteilte Ladungen im elektrostatischen Feld

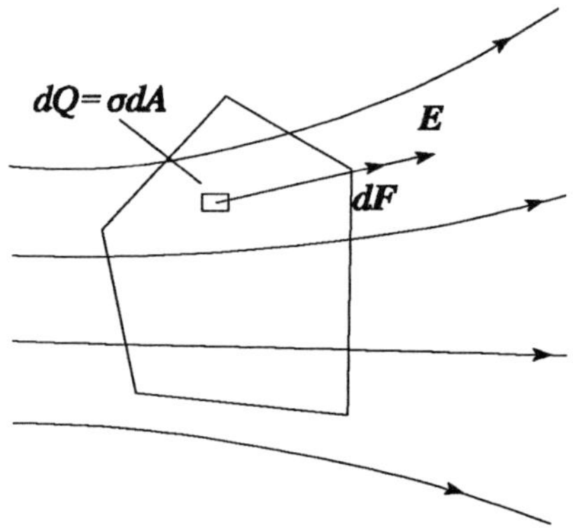

Bild 2.15b Kraft auf Flächenladungen im elektrostatischen Feld

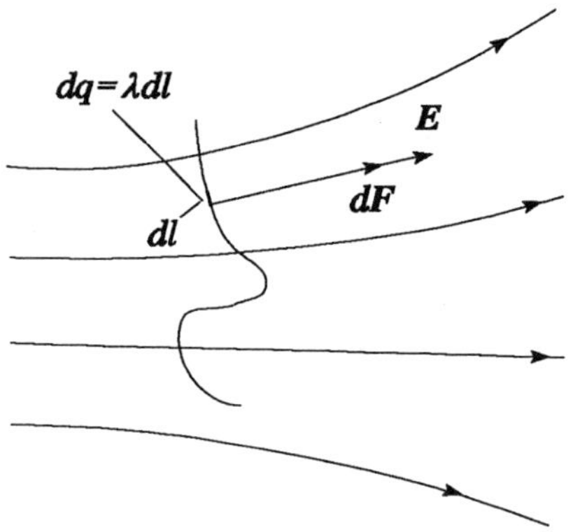

Bild 2.15c Kraft auf Linienladungen im elektrostatischen Feld

Die jeweilige Ladung läßt sich dann unter Nutzung der Ladungsdichten in punktförmige Ladungen dq zerlegen zu

$$dq = \rho \; dV \tag{2.99}$$

für räumlich verteilte Ladungen,

$$dq = \sigma \; dA \tag{2.100}$$

für flächenhafte Ladungen und

$$dq = \lambda \; dl \tag{2.101}$$

für linienförmige Ladungen.

Die Anwendung von Gleichung (2.97) und die nachfolgende Integration der Teilkräfte

$$\boldsymbol{dF} = \boldsymbol{E} \; dq \tag{2.102}$$

ergibt

$$\boldsymbol{F} = \int_V \rho \; \boldsymbol{E} \; dV \tag{2.103}$$

für räumlich verteilte Ladungen,

$$\boldsymbol{F} = \int_A \sigma \; \boldsymbol{E} \; dA \tag{2.104}$$

für flächenhaft verteilte Ladungen und

$$\boldsymbol{F} = \int_l \lambda \; \boldsymbol{E} \; dl \tag{2.105}$$

für linienförmige Ladungen.

Anzumerken bleibt lediglich, daß diese so hergeleiteten Ausdrücke für die Kraftwirkung auf Ladungen gelten, die nicht durch Influenzwirkungen entstanden sind, sondern in ihrer Verteilung fest fixiert sind.

Kräfte und Momente auf Elektroden

Bei Anordnungen, deren Kapazität entweder durch translatorische oder rotatorische Bewegung verändert werden kann, werden unter dem Einfluß elektrischer Felder Kräfte bzw. Momente frei, die auf die Umwandlung elektrischer Feldenergie in mechanische Energie zurückzuführen sind. Als Methode der Erfassung solcher Vorgänge ist die aus der Physik bekannte Technik der virtuellen Verschiebung geeignet. Geht man davon aus, daß eine Elektrode eines Kondensators unter dem Einfluß eines elektrischen Feldes entweder um ein Wegelement $\mathbf{dl}$ verschoben oder um ein Winkelelement $d\alpha$ verdreht wird, so kann mittels der Energiebilanzgleichung leicht die entstehende Kraft bzw. das Drehmoment berechnet werden.

Eine Beispielanordnung zeigt Bild 2.16.

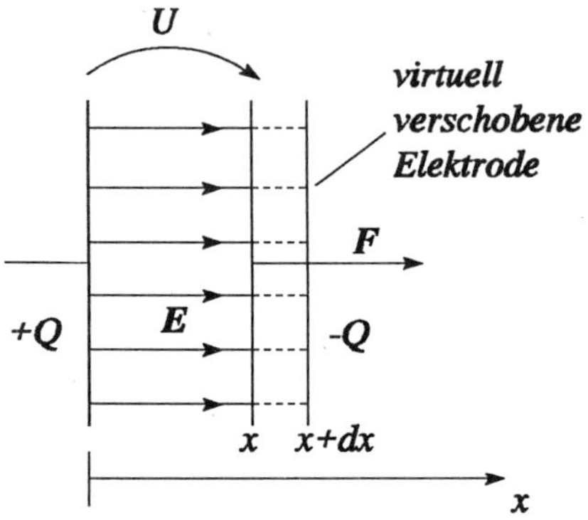

Bild 2.16 Kraftwirkungen auf Kondensatorelektroden

Geht man zunächst davon aus, daß die Betrachtung der Energiebilanz bei einem Kondensator erfolgt, der nach seiner Aufladung von der Quelle abgetrennt wurde, dessen Ladung auf den Elektroden also unverändert bleibt, so ergibt die Anwendung des Energieerhaltungsprinzipes auf die Energiezuwächse

$$\sum dW_\nu = 0 \; . \tag{2.106}$$

Da bei Verschiebung der rechten Elektrode von Bild 2.16 unter dem Einfluß der Kraft **F** eine mechanische Arbeit

$$dW_{mech} = \mathbf{F}\; d\mathbf{l} = F_x \; dx \tag{2.107}$$

geleistet wird und gleichzeitig eine Veränderung der im elektrischen Feld gespeicherten Energie erfolgt, erhält man aus Gleichung (2.106)

$$F_x \; dx + dW_{el} = 0 \; . \tag{2.108}$$

Unter Berücksichtigung der Konstanz der Ladung und der Wegabhängigkeit der Kapazität entsteht für die Änderung der Feldenergie

$$dW_{el} = \frac{1}{2}\, Q \; dU = \frac{1}{2}\, Q \; d\left(\frac{Q}{C(x)}\right) \tag{2.109}$$

umd damit

$$F_x \; dx + \frac{1}{2}\, Q \; d\left(\frac{Q}{C(x)}\right) = 0 \; . \tag{2.110}$$

Für die Kraft F_x erhält man schließlich

$$F_x = -\frac{dW_{el}}{dx} = \frac{1}{2}\frac{Q^2}{C^2}\frac{dC(x)}{dx} = \frac{1}{2}U^2\frac{dC(x)}{dx} . \tag{2.111}$$

Durch eine analoge Betrachtung erhält man das bei drehbar gelagerten Platten entstehende Drehmoment zu

$$M = \frac{Q^2}{2C^2}\frac{dC(\alpha)}{d\alpha} = \frac{U^2}{2}\frac{dC(\alpha)}{d\alpha} . \tag{2.112}$$

Eine andere mögliche Vorgehensweise ist die Untersuchung der Anordnung von Bild 2.16 unter der Bedingung, daß nunmehr die Spannung (z. B. durch eine ideale Spannungsquelle) zwischen den Kondensatorplatten konstant bleibt. Da sich unter dieser Bedingung bei Verschiebung der Kondensatorplatte um dx neben der Feldenergie die auf den Platten gespeicherte Ladung ändert, muß die zum Ladungstransport erforderliche Energie von der Quelle gedeckt werden. Bei Verschiebung der Elektrode um +dx wird die Ladung auf den Platten um dq geringer, so daß man für die Energiebilanz erhält

$$F_x\, dx + dW_{elFeld} + dW_{elQuelle} = 0 \tag{2.113}$$

und mit

$$dW_{elFeld} = \frac{1}{2}U\, dq \tag{2.114}$$

sowie

$$dW_{elQuelle} = -U\, dq \tag{2.115}$$

entsteht

$$F_x\, dx + \frac{1}{2}U\, dq - U\, dq = 0 \tag{2.116}$$

bzw.

$$F_x\, dx = \frac{1}{2}U\, dq \tag{2.117}$$

oder wegen

$$dq = U\, dC(x) \tag{2.118}$$

ergibt sich schließlich ebenfalls

$$F_x = \frac{1}{2}U^2\frac{dC(x)}{dx} .$$

Man erhält also das gleiche Ergebnis, wie im Falle konstanter Ladungen. Gleiches gilt für die Ermittlung des Drehmomentes bei winkelabhängiger Kapazität. Insgesamt kann verallgemeinernd angemerkt werden, daß die Kraftwirkungen (und Drehmomente) in Kondensatoranordnungen stets so gerichtet sind, daß die Kapazität vergrößert wird.

Kräfte auf Trennflächen im elektrostatischen Feld

Untersucht man zunächst eine Anordnung, die aus zwei verschiedenen Dielektrika im Inneren eines Kondensators gebildet ist, wobei die Trennfläche parallel zu den Elektroden verläuft, erhält man die in Bild 2.17 dargestellte Anordnung.

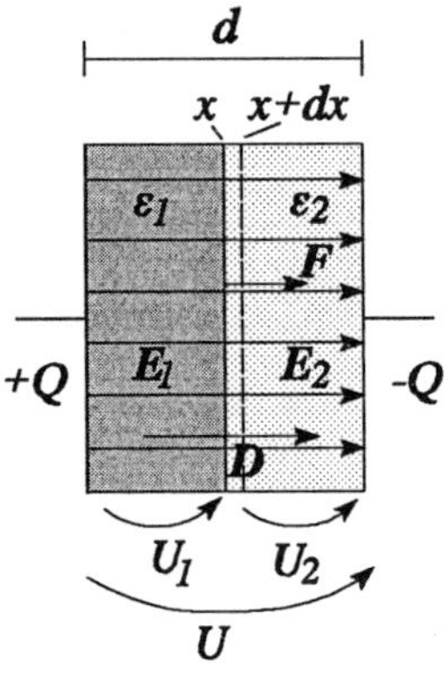

Bild 2.17 Kräfte auf Trennflächen parallel zur Elektrodenrichtung

Gemäß Gleichung (2.111) ergibt sich die auf die Trennfläche ausgeübte Kraft zu

$$F_x = \frac{1}{2}\, U^2\, \frac{dC(x)}{dx}\ . \tag{2.119}$$

Die Ermittlung der Gesamtkapazität erfolgt auf der Basis der Annahme, daß der Plattenabstand d wesentlich kleiner als die Abmessungen der Elektrode quer zur Feldlinienrichtung sind. Unter diesen Bedingungen erhält man den in Bild 2.17 gleichfalls dargestellten Feldlinienverlauf. Man überzeugt sich leicht, daß die Grenzfläche von der Verschiebungsflußdichte senkrecht durchsetzt wird und daß demzufolge im Inneren des Kondensators gemäß den Grenzbedingungen von Gleichung (2.80) überall gleiche Verschiebungsflußdichte herrscht. Man kann demzufolge schreiben

$$Q = D\ A \tag{2.120}$$

bzw.

$$D = \frac{Q}{A} . \tag{2.121}$$

Die Feldstärke im Medium mit der Dielektrizitätskonstante ε_1 wird dann

$$E_1 = \frac{D}{\varepsilon_1} = \frac{Q}{\varepsilon_1 A} , \tag{2.122}$$

und für das Medium mit ε_2 als Dielektrizitätskonstante erhält man entsprechend

$$E_2 = \frac{D}{\varepsilon_2} = \frac{Q}{\varepsilon_2 A} . \tag{2.123}$$

Die Beziehung zwischen Feldstärke und Spannung vereinfacht sich ebenfalls wegen der Konstanz von E in den beiden Medien und man erhält

$$U_1 = E_1 x = \frac{Q x}{\varepsilon_1 A} \tag{2.124}$$

bzw.

$$U_2 = E_2(d - x) = \frac{Q}{\varepsilon_2 A} (d - x) . \tag{2.125}$$

Die Gesamtspannung zwischen den Elektroden wird dann

$$U = U_1 + U_2 = \frac{Q}{A}(\frac{x}{\varepsilon_1} + \frac{d - x}{\varepsilon_2}) . \tag{2.126}$$

Damit entsteht für die Kapazität

$$C(x) = \frac{Q}{U} = \frac{A}{\frac{x}{\varepsilon_1} + \frac{d - x}{\varepsilon_2}} . \tag{2.127}$$

Nach Einsetzen in (2.119) ergibt sich für die Kraft

$$F_x = - \frac{1}{2} U^2 A \frac{1}{(\frac{x}{\varepsilon_1} + \frac{d - x}{\varepsilon_2})^2} (\frac{1}{\varepsilon_1} - \frac{1}{\varepsilon_2}) \tag{2.128}$$

oder nach Umformung und unter Nutzung der Gleichung (2.121), (2.122), (2.123) und (2.126)

$$F_x = - \frac{1}{2}(D_1 E_1 - D_2 E_2) A = -\frac{D^2 A}{2} (\frac{1}{\varepsilon_1} - \frac{1}{\varepsilon_2}) . \tag{2.129}$$

Damit erhält man eine Flächenpressung von

$$p_x = \frac{F_x}{A} = -(\frac{D_1 E_1}{2} - \frac{D_2 E_2}{2}) = -\frac{D^2}{2}(\frac{1}{\varepsilon_1} - \frac{1}{\varepsilon_2}) . \tag{2.129a}$$

Die Kraft ist also von dem Medium mit der größeren Dielektrizitätskonstante zum Medium mit kleinerer Dielektrizitätskonstante gerichtet. Die Differenz der Energiedichten ist demzufolge der negative Druck auf die Grenzfläche.

Analog lassen sich Kräfte auf Trennflächen parallel zur Feldrichtung ermitteln. Eine solche Anordnung mit parallelen Elektroden zeigt Bild 2.18.

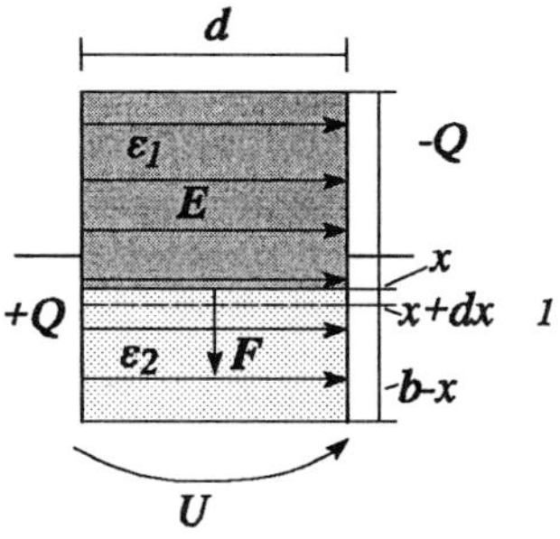

Bild 2.18 Kräfte auf Trennflächen parallel zur Feldrichtung

Die Kraft errechnet sich ebenfalls aus der Änderung der Kapazität bei virtueller Verschiebung der nunmehr feldlinienparallelen Trennfläche. Wegen der Homogenität der elektrostatischen Felder in den von beiden Medien erfüllten Teilbereichen erhält man für die elektrische Feldstärke

$$E = \frac{U}{d} = E_1 = E_2 \tag{2.130}$$

und für die beiden Verschiebungsflußdichten

$$D_1 = \varepsilon_1 \frac{U}{d} \tag{2.131}$$

sowie

$$D_2 = \varepsilon_2 \frac{U}{d} . \tag{2.132}$$

Die Gesamtladung auf der Elektrode wird

$$Q = Q_1 + Q_2 = D_1 A_1 + D_2 A_2 \tag{2.133}$$

und mit a als Tiefe der Elektrodenfläche

$$Q = \frac{U}{d}(\varepsilon_1\, a\, x + \varepsilon_2(b - x)a) \ . \tag{2.134}$$

Die Kapazität der Anordnung ist dann

$$C = \frac{Q}{U} = \frac{a}{d}\,(\varepsilon_1\, x + \varepsilon_2(b - x)) \ . \tag{2.135}$$

Die Kraft auf die Trennfläche wird dann

$$F_x = \frac{1}{2}\, U^2\, \frac{a}{d}(\varepsilon_1 - \varepsilon_2) \ . \tag{2.136}$$

Die gesamte Trennfläche hat den Querschnitt

$$A_T = a\, d. \tag{2.137}$$

Der Druck auf die Trennfläche ergibt sich demzufolge zu

$$p_x = \frac{F_X}{A_T} = \frac{1}{2}\,(\frac{U}{d})^2\,(\varepsilon_1 - \varepsilon_2) \tag{2.138}$$

oder

$$p_x = \frac{1}{2}\, E^2(\varepsilon_1 - \varepsilon_2) = \frac{1}{2}\,(D_1 E_1 - D_2 E_2) \ . \tag{2.139}$$

Damit ergibt sich ebenfalls ein Druck in Richtung auf das Medium mit der kleineren Dielektrizitätskonstanten, der ebenfalls der Differenz der Energiedichten auf beiden Seiten der Grenzfläche gleich ist.

2.3.5 Die Berechnung der Kapazität technisch üblicher Kondensatoren

Wie bereits bemerkt, wird unter einem Kondensator eine Anordnung verstanden, die aus zwei durch einen Nichtleiter getrennten leitfähigen Elektroden besteht. Wesentliche Kenngröße des Speichervermögens eines Kondensators an elektrischer Energie ist seine Kapazität. Sie werde deshalb für einige technisch interessante Elektrodenkonfigurationen berechnet.

Plattenkondensator mit konstanter Kapazität

Der Plattenkondensator ist schematisch in Bild 2.19 dargestellt.

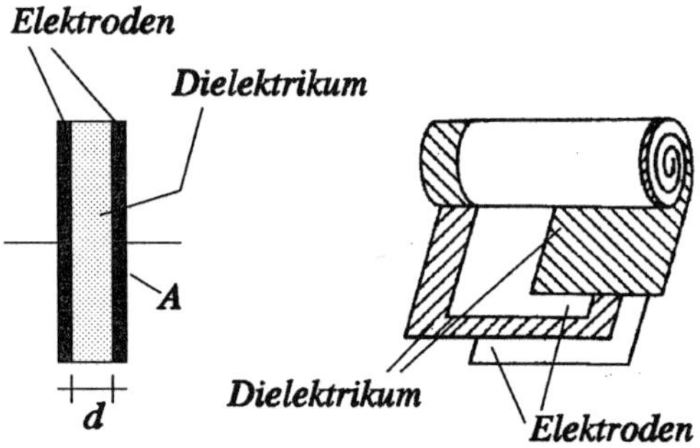

Bild 2.19 Plattenkondensator

Vernachlässigt man den Einfluß der Randfelder, d. h. sind die Flächenmaße der Elektroden wesentlich größer als ihr Abstand, so erhält man in guter Näherung ein homogenes Feld.

Man erhält also

$$D = \frac{Q}{A} \tag{2.140}$$

und

$$E = \frac{U}{l} \; . \tag{2.141}$$

Mit

$$D = \varepsilon \; E \tag{2.142}$$

und

$$Q = C \; U \tag{2.143}$$

wird dann nach Einsetzen von (2.140) und (2.141)

$$\frac{Q}{A} = \varepsilon \; \frac{U}{l} \tag{2.144}$$

oder

$$Q = \varepsilon \; \frac{A}{l} \; U = C \; U \; , \tag{2.145}$$

so daß sich für die Kapazität C ergibt

$$C = \varepsilon \frac{A}{l} . \qquad (2.146)$$

Diese Gleichung wird auch als die Bemessungsgleichung für die Kapazität bezeichnet.

Plattenkondensator mit variabler Kapazität

Die technische Anwendung erfordert häufig neben Kondensatoren mit konstanter Kapazität solche, deren Kapazität drehwinkelabhängig ist. Eine häufig eingesetzte Anordnung dieser Art zeigt Bild 2.20 im Schema.

Aus der perspektivischen Ansicht wird ersichtlich, daß man den skizzierten Drehkondensator als eine Parallelschaltung von 2n Elementarkondensatoren C_e auffassen kann, wobei n die Anzahl der Rotorplatten ist. Für die Kapazität C_e gilt die Bemessungsgleichung

$$C_e = \varepsilon \frac{A(\alpha)}{d} . \qquad (2.147)$$

Dabei ist die Fläche für kreisförmige Rotorplatten

$$A(\alpha) = \frac{(R^2 - r^2)}{2} \alpha . \qquad (2.148)$$

Man erhält dann für die Gesamtkapazität

$$C = 2\, n\, C_e = \frac{\varepsilon (R^2 - r^2) n}{d} \alpha . \qquad (2.149)$$

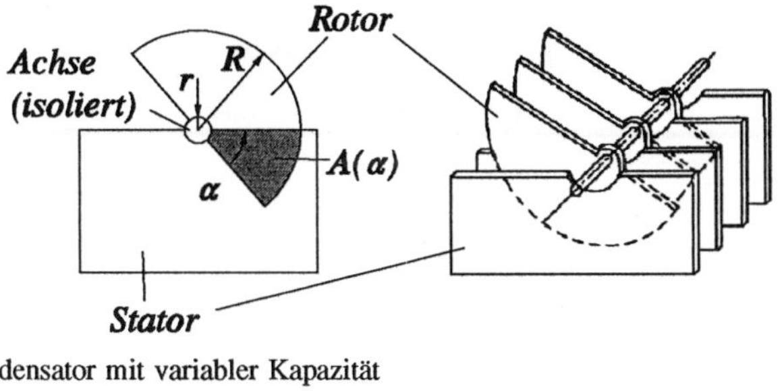

Bild 2.20 Plattenkondensator mit variabler Kapazität

Röhrchenkondensator

Die Röhrchenform ist für technische Kondensatoren eine weit verbreitete Bauform. Sie ist prinzipiell in Bild 2.21 angegeben.

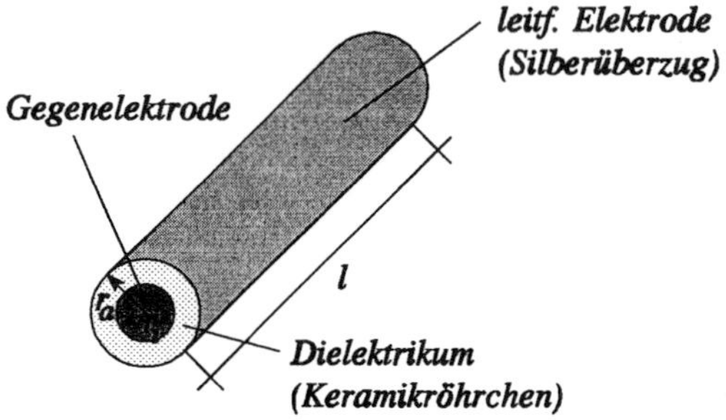

Bild 2.21 Röhrchenkondensator

Die Berechnung ist identisch mit der Kapazitätsberechnung für das Koaxialkabel und man erhält entsprechend

$$C = \frac{2 \pi \varepsilon l}{\ln \frac{r_a}{r_i}} . \tag{2.150}$$

2.3.6 Reihen- und Parallelschaltung von Kondensatoren

Reihenschaltung von Kondensatoren

Die Reihenschaltung von Kondensatoren ist in Bild 2.22 dargestellt.

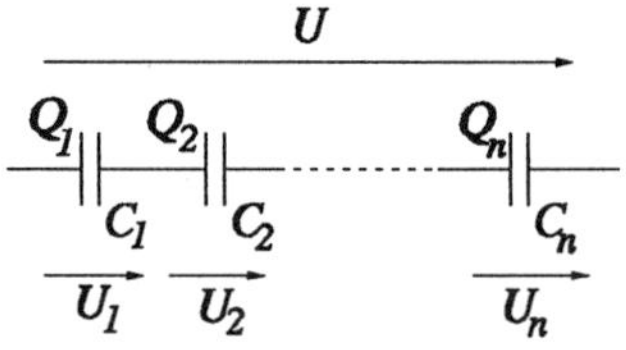

Bild 2.22 Reihenschaltung von Kondensatoren

Dabei gilt für die Spannungen

$$U = U_1 + U_2 + \ldots + U_n = \sum_{\nu=1}^{n} U_\nu . \tag{2.151}$$

Durch Anwendung der Definitionsgleichung der Kapazität für jeden Kondensator erhält man

$$U_\nu = \frac{Q_\nu}{C_\nu} \tag{2.152}$$

und da wegen Gleichung (2.63a) die Ladung aller positiven Elektroden gleich ist, also gilt

$$Q_1 = Q_2 = \dots = Q_n = Q \; , \tag{2.153}$$

erhält man aus Gleichung (2.151)

$$U = \sum_{\nu=1}^{n} \frac{Q_\nu}{C_\nu} = Q \sum_{\nu=1}^{n} \frac{1}{C_\nu} \; . \tag{2.154}$$

Für ein äquivalentes Ersatzelement erhält man

$$U = \frac{Q}{C_{ersR}} \tag{2.155}$$

und damit durch Koeffizientenvergleich mit Gleichung (2.154)

$$\frac{1}{C_{ersR}} = \sum_{\nu=1}^{n} \frac{1}{C_\nu} \; . \tag{2.156}$$

Für die Reihenschaltung zweier Kondensatoren erhält man dann nach Umformung

$$C_{ers} = \frac{C_1 \, C_2}{C_1 + C_2} \tag{2.157}$$

Kapazitiver Spannungsteiler

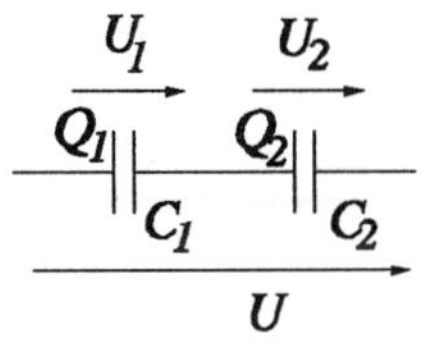

Bild 2.23 Kapazitiver Spannungsteiler

Für die Reihenschaltung zweier Elemente (Bild 2.23) erhält man aus der Gleichheit der gespeicherten Ladungen

$$Q = Q_1 = Q_2 \tag{2.158}$$

und mit

$$Q = \frac{C_1 \, C_2}{C_1 + C_2} \, U \; , \tag{2.159}$$

$$Q_1 = C_1\, U_1 \,, \tag{2.160}$$

$$Q_2 = C_2\, U_2 \tag{2.161}$$

entsteht die Gleichung

$$\frac{C_1\, C_2}{C_1 + C_2}\, U = C_1\, U_1 = C_2\, U_2 \,. \tag{2.162}$$

Durch Bildung der Spannungsverhältnisse folgt dann

$$\frac{U_1}{U_2} = \frac{C_2}{C_1} \tag{2.163}$$

bzw.

$$\frac{U_1}{U} = \frac{C_2}{C_1 + C_2} \,, \tag{2.164}$$

$$\frac{U_2}{U} = \frac{C_1}{C_1 + C_2} \,. \tag{2.165}$$

Die Ausdrücke werden als kapazitive Spannungsteilerregel bezeichnet und können in ähnlicher Weise wie die Spannungsteilerregel in Gleichstromnetzen zur Stromkreisberechnung herangezogen werden.

Parallelschaltung von Kondensatoren

Die Parallelschaltung von Kondensatoren zeigt Bild 2.24.

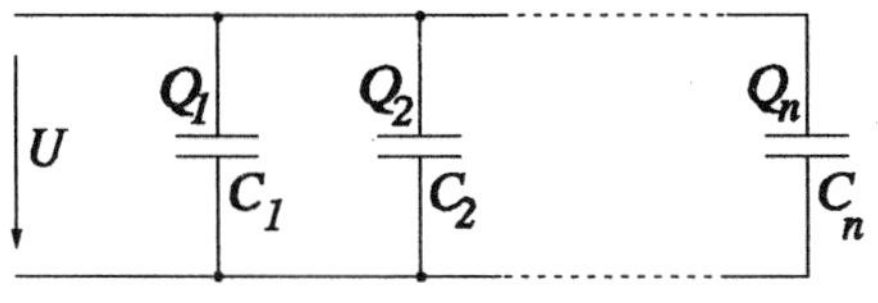

Bild 2.24 Parallelschaltung von Kondensatoren

Die Gesamtladung auf allen Kondensatorplatten beträgt dann

$$Q = Q_1 + Q_2 + \dots + Q_n = \sum_{\nu=1}^{n} Q_\nu \,. \tag{2.166}$$

Mit der Definitionsgleichung der Kapazität und unter Berücksichtigung der Tatsache, daß bei Parallelschaltung die Spannung über allen Elementen gleich ist, entsteht

$$Q_\nu = C_\nu\, U_\nu = C_\nu\, U \tag{2.167}$$

und damit aus Gleichung (2.166)

$$Q = U \sum_{\nu=1}^{n} C_\nu = U\, C_{ersP} \;. \tag{2.168}$$

Damit erhält man für die Ersatzkapazität durch Koeffizientenvergleich

$$C_{ersP} = \sum_{\nu=1}^{n} C_\nu \;. \tag{2.169}$$

2.4 Vorgänge bei zeitlichen Änderungen der Feldgrößen im Nichtleiter, Verschiebungsstrom

2.4.1 Der Begriff des Verschiebungsstromes

Wird an einen Kondensator eine zeitlich veränderliche Spannung angelegt, so ist auch die Feldstärke einer zeitlichen Änderung unterworfen. Man erhält also für die Verschiebungsflußdichte ebenfalls eine Zeitfunktion gemäß

$$\boldsymbol{D}(t) = \varepsilon\, \boldsymbol{E}(t) \;. \tag{2.170}$$

Damit wird der Verschiebungsfluß Ψ zu

$$\Psi(t) = \int_A \boldsymbol{D}(t)\, d\boldsymbol{A} \;. \tag{2.171}$$

Die auf den Elektroden vorhandene Ladung Q wird dann ebenso wie die im Inneren des Nichtleiters ggf. influenzierten Ladungen ebenfalls eine Zeitfunktion

$$Q_{inf}(t) = \Psi(t) \;. \tag{2.172}$$

Wendet man zunächst formal die Definition des elektrischen Stromes an, so kann man formulieren

$$I_v = \frac{dQ_{inf.}}{dt} = \frac{d\Psi}{dt} \;. \tag{2.173}$$

Dieser zunächst auf formale Weise gewonnene Begriff des Verschiebungsstromes I_v besitzt auch eine physikalische Realität.

Die Beobachtungen zeigen, daß sich bei zeitlicher Änderung des elektrischen Feldes in einem Nichtleiter um dieses ebenso ein Magnetfeld aufbaut wie um einen Leiter bei einem Leitungsstrom I_L gleicher Größe.

Die Dichte $\mathbf{J}_v$ des Verschiebungsstromes wird dann auf analoge Weise wie beim Leitungsstrom definiert. Man erhält zunächst

$$J_v = \frac{dI_v}{dA_\perp} = \frac{d}{dA_\perp} \int_A \frac{dD}{dt} \, dA_\perp \tag{2.174}$$

und damit

$$J_v = \frac{dD}{dt} , \tag{2.175}$$

wobei die Richtung des Stromdichtevektors mit der Richtung der Änderung des Verschiebungsflußdichtevektors übereinstimmt, so daß gilt

$$\mathbf{J}_v = \frac{d\mathbf{D}}{dt} . \tag{2.176}$$

Mit dem Begriff des Verschiebungsstromes wird der aus der Gleichstromtechnik bekannte Leitungsstrom als Strom bewegter Ladungsträger um die Beschreibung der Tatsache erweitert, daß auch die zeitliche Änderung der Verschiebungsflußdichte alle Kennzeichen einer Stromdichte aufweist. Damit wird auch die Kontinuität des elektrischen Stromes an Grenzflächen von Leiter und Nichtleiter erfaßbar. Die Tatsache, daß sich der elektrische Strom stets auf geschlossenen Bahnen bewegt, kann durch die Einführung des Begriffes des Verschiebungsstromes auch auf Anordnungen verallgemeinert werden, die ganz oder zu Teilen aus Nichtleitern bestehen.

Die Anwendung dieser Erkenntnis auf Kondensatoren führt zur Ableitung der Relation zwischen Kondensatorspannung und Kondensatorstrom, der in gleicher Stärke sowohl als Auf- oder Entladestrom an den Elektroden als auch als Verschiebungsstrom im Dielektrikum fließt.

Hat der Kondensator eine zeitabhängige Kapazität C(t) und legt man an seine Elektroden eine zeitlich veränderliche Spannung u(t) an, so ergibt sich eine zeitlich ebenfalls veränderliche Ladung auf den Elektroden. Dies bedeutet, daß durch die Zuleitungen ständig Ladungen zu- oder abgeführt werden, daß also ein elektrischer Strom fließt. Die Anwendung der Definitionsgleichung der elektrischen Stromstärke ergibt

$$i = \frac{dQ(t)}{dt} = \frac{d(C(t)\ u(t))}{dt} = \frac{dC(t)}{dt}\, u(t) + C(t)\, \frac{du}{dt} . \tag{2.177}$$

Ist die Kapazität, wie in den meisten technisch interessanten Fällen keine Funktion der Zeit, vereinfacht sich diese Beziehung zu

$$i = C \frac{du}{dt} . \qquad (2.178)$$

Dieser Leitungsstrom in den Zuleitungen zu den Platten eines Kondensators findet seine Fortsetzung als Verschiebungsstrom im Inneren des Dielektrikums. Auf die Stromdichte bezogen, kann man die Grundeigenschaft

$$\oint_A \mathbf{J}\, d\mathbf{A} = 0 \qquad (2.179)$$

verallgemeinern zu

$$\oint_A (\mathbf{J}_L + \frac{d\mathbf{D}}{dt})\, d\mathbf{A} = 0 , \qquad (2.180)$$

wenn man als $\mathbf{J}_L$ die Stromdichte bezeichnet, die durch Ladungsträgerbewegung entsteht. Die Gleichung (2.180) stellt die Kontinuitätsgleichung der Elektrodynamik in Integralform dar.

2.4.2 Die Aufladung eines Kondensators

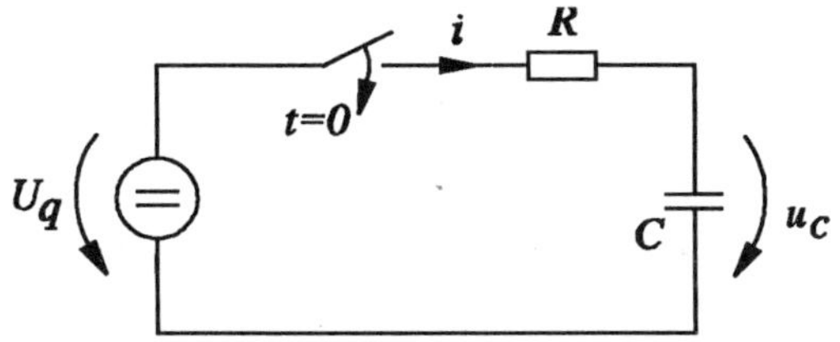

Bild 2.25 Aufladung eines Kondensators

Die typische Grundschaltung zum Aufladen eines Kondensators ist in Bild 2.25 dargestellt. Stellt man sich die Aufgabe, den Zeitverlauf der Kondensatorspannung $u_c(t)$ vom Zeitpunkt des Anschaltens ($t = 0$) bis zum Erreichen des aufgeladenen Zustandes ($t \rightarrow \infty$) zu ermitteln, so stellt sich ein wesentlicher Unterschied zu den bisher in der Netzwerkanalyse behandelten Aufgabenstellungen heraus. Waren bisher die gesuchten Größen ausschließlich durch Zahlenwerte ausdrückbar, ist in diesem Falle die gesuchte Größe eine Zeitfunktion. Geht man von den Kirchhoffschen Sätzen als allgemeingültigen Regeln der Netzwerkberechnung aus und verwendet außerdem die Strom-Spannungsbeziehungen an den vorhandenen passiven Bauelementen R und C, erhält man

$$U_q = u_R + u_C \tag{2.181}$$

sowie

$$u_R = i\,R \tag{2.182}$$

und

$$i = C\,\frac{du_C}{dt}\,. \tag{2.183}$$

Durch Einsetzen folgt als Bestimmungsgleichung für die Spannung u_c

$$U_q = R\,C\,\frac{du_C}{dt} + u_C\,. \tag{2.184}$$

Diese Gleichung ist eine lineare inhomogene Differentialgleichung erster Ordnung mit konstanten Koeffizienten, die durch Trennung der Variablen integriert werden kann. Man erhält durch entsprechendes Umstellen

$$\frac{du_C}{u_C - U_q} = -\,\frac{dt}{RC} \tag{2.185}$$

als integrierbare Form. Die Integration

$$\int \frac{du_C}{u_C - U_q} = -\int \frac{dt}{RC} \tag{2.186}$$

ergibt bei zweckmäßiger Schreibweise der willkürlichen Integrationskonstanten als lnK auf der linken Seite der Gleichung

$$\ln\,(K(u_C - U_q)) = -\,\frac{t}{R\,C}\,. \tag{2.187}$$

Nach u_C aufgelöst folgt dann

$$u_C = U_q + \frac{1}{K}\,e^{-\frac{t}{RC}} \tag{2.188}$$

als allgemeine Lösung der Differentialgleichung für die Aufladung eines Kondensators. Die Bestimmung der Konstanten K erfolgt dadurch, daß die Funktion $u_C(t)$ einer zusätzlichen Bedingung unterworfen wird. Aus physikalischen Gründen ist, wie gezeigt wird, der Anfangszeitpunkt, in unserem Fall also t = 0, besonders günstig. Geht man davon aus, daß Energiesprünge in einem System wegen des damit verbundenen unendlichen Leistungsbedarfes nicht möglich sind, heißt dies bei Berücksichtigung der Tatsache, daß die im Kondensator gespeicherte Energie mit der Spannung an den Elektroden gemäß

$$W_{el} = C \frac{U^2}{2} \tag{2.189}$$

verknüpft ist:

Am Kondensator kann sich die Spannung nicht sprunghaft ändern oder mathematisch für einen Zeitpunkt $t = t_0$ formuliert

$$u_C(t_0 - 0) = u_C(t_0 + 0) \; . \tag{2.190}$$

Dieses Stetigkeitsprinzip wird auch als 1. Schaltgesetz bezeichnet. Für den betrachteten Fall der Aufladung eines Kondensators aus dem ungeladenen Zustand ($u_c(0 - 0) = 0$) folgt dann als Anfangsbedingung für $t = 0$

$$u_C(0 - 0) = 0 = u_C(0 + 0) \; . \tag{2.191}$$

Setzt man diese Bedingung in die Lösung (2.188) ein, erhält man

$$0 = U_q - \frac{1}{K} \tag{2.192}$$

oder

$$\frac{1}{K} = U_q \; . \tag{2.193}$$

Damit wird die endgültige Lösung

$$u_C = U_q \left(1 - e^{-\frac{t}{RC}}\right) . \tag{2.194}$$

Der Ausdruck

$$R\,C = \tau \tag{2.195}$$

wird dabei als Zeitkonstante des Vorganges bezeichnet. Die Einheit ist 1 s.

Die Zeitkonstante bezeichnet den Anstieg der Lösungsfunktion im Schaltmoment, wie das in Bild 2.26 ersichtlich ist. Für praktische Fälle kann angenommen werden, daß der Aufladevorgang nach (3 ... 5) τ abgeschlossen ist.

Der Strom, welcher durch den Kondensator während des Aufladevorganges fließt, ergibt sich zu

$$i = C \frac{du_C}{dt} \tag{2.196}$$

bzw. nach Einsetzen von Gleichung (2.194) entsteht

$$i = \frac{U_q}{R} e^{-\frac{t}{\tau}} . \tag{2.197}$$

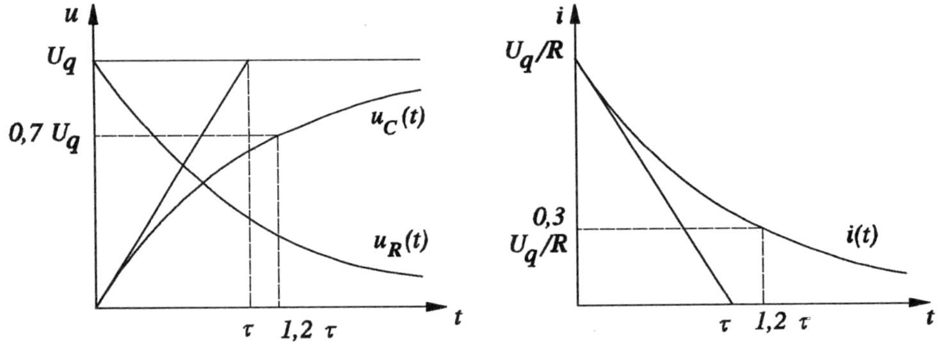

Bild 2.26 Strom und Spannung am Kondensator beim Aufladen

Damit wird die Leistung, die im Kondensator zum Aufbau des elektrischen Feldes genutzt wird

$$p_c = u_C\, i = \frac{U_q^{\,2}}{R} \left(e^{-\frac{t}{\tau}} - e^{-\frac{2t}{\tau}}\right) . \tag{2.198}$$

Die am Widerstand in Wärme umgewandelte Leistung ist

$$p_R = R\, i^2 = \frac{U_q^2}{R} e^{-\frac{2t}{\tau}} , \tag{2.199}$$

und die von der Quelle gelieferte Leistung beträgt schließlich

$$p_E = U_q\, i = U_q^2 \; e^{-\frac{t}{\tau}} . \tag{2.200}$$

Die im Feld gespeicherte Energie für den gesamten Aufladevorgang ergibt sich dann zu

$$W_C = \int_0^{\infty} p_c\, dt = -\frac{U_q^2}{R} RC \int_0^{-\infty} e^z\, dz + \frac{U_q^2}{R} \frac{RC}{2} \int_0^{-\infty} e^z\, dz = \frac{C}{2} U_q^2 , \tag{2.201}$$

mit

$$z = -\frac{t}{\tau} .$$

Analog erhält man für den Energieumsatz im Widerstand

$$W_R = \frac{C}{2} U_q^2 = \frac{Q\, U_q}{2} \; . \tag{2.202}$$

Die Quelle liefert insgesamt

$$W_E = C\, U_q^2 = Q\, U_q \; . \tag{2.203}$$

Man sieht also, daß unabhängig von der Größe der Zeitkonstanten immer die Hälfte der von der Quelle gelieferten Energie im Außenwiderstand in Wärme umgewandelt wird. Die Darstellung des zeitlichen Verlaufes des Stromes und der Spannungen u_R und u_C ist in Bild 2.26 gegeben.

2.4.3 Die Entladung eines Kondensators

Die zur Entladung eines Kondensators übliche Schaltung ist in Bild 2.27 dargestellt.

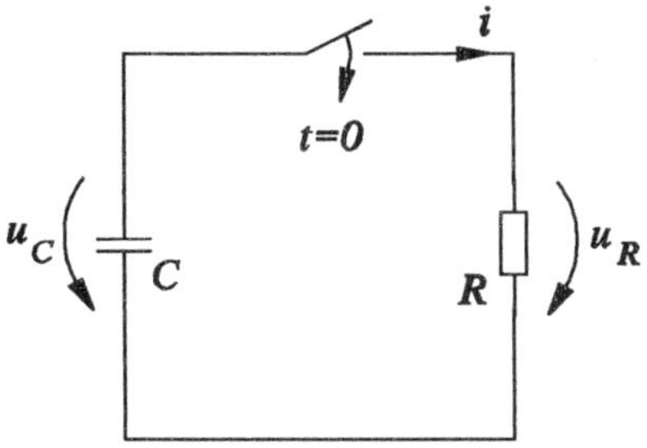

Bild 2.27 Entladung eines Kondensators über einen Widerstand

Das Vorgehen zur Berechnung der Kondensatorspannung ist analog dem beim Aufladevorgang.

Man erhält

$$u_C = u_R = i\, R \tag{2.204}$$

und wegen entgegengesetzter Richtung von Spannung und Strom am Kondensator

$$i = -\, C \frac{du_C}{dt} \; . \tag{2.205}$$

Durch Einsetzen von (2.205) in (2.204) wird

$$u_C = -\, RC \frac{du_C}{dt} \; . \tag{2.206}$$

Mit $\tau = R\,C$ wird

$$\tau \frac{du_C}{dt} + u_C = 0 \,. \tag{2.207}$$

Nach Trennung der Variablen erhält man als integrierbaren Ausdruck in bekannter Weise

$$\int \frac{du_C}{u_C} = - \int \frac{dt}{\tau} \,. \tag{2.208}$$

Damit entsteht als allgemeine Lösung

$$\ln (K\, u_C) = - \frac{t}{\tau} \tag{2.209}$$

oder

$$u_C = \frac{1}{K}\, e^{-\frac{t}{\tau}} \,. \tag{2.210}$$

Die Anfangsbedingung lautet:

$$u_C\,(0-0) = U_0 = u_C\,(0+0) \,. \tag{2.211}$$

Damit wird für $t = 0$

$$U_0 = \frac{1}{K} \tag{2.212}$$

und man erhält als endgültigen Ausdruck für $u_C(t)$ beim Entladevorgang

$$u_C\,(t) = U_0\, e^{-\frac{t}{\tau}} = u_R\,(t) \,. \tag{2.213}$$

Der Strom ergibt sich zu

$$i = \frac{u_R}{R} = \frac{U_0}{R}\, e^{-\frac{t}{\tau}} . \tag{2.214}$$

Die vom Kondensator abgegebene und im Ohmschen Widerstand in Wärme umgewandelte Energie wird dann analog zu oben ermittelt und man erhält den erwarteten Wert

$$W = \frac{C\, U_0^2}{2} \,, \tag{2.215}$$

d. h. die gesamte zum Zeitpunkt $t = 0$ gespeicherte Feldenergie wird während des Entladevorganges abgebaut. Spannung und Strom in Abhängigkeit von t sind in Bild 2.28 dargestellt.

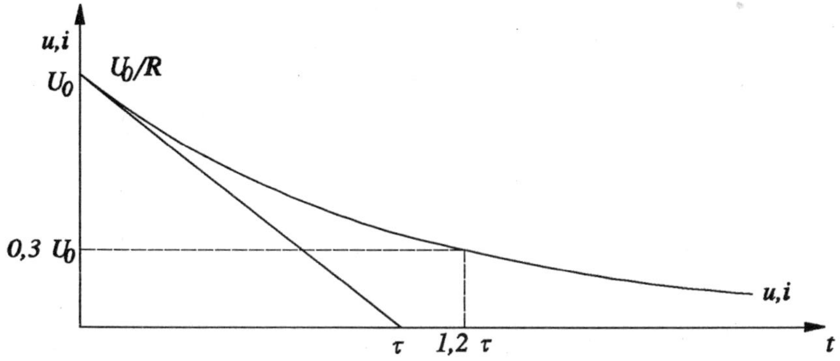

Bild 2.28 Kondensatorspannung und -strom beim Entladevorgang

2.4.4 Die Berechnung von Ausgleichsvorgängen in beliebigen linearen Schaltungen mit einer Kapazität und konstanter Erregung

Die Arbeitsmethode werde an folgendem Beispiel aus der elektronischen Schaltungstechnik demonstriert (Bild 2.29).

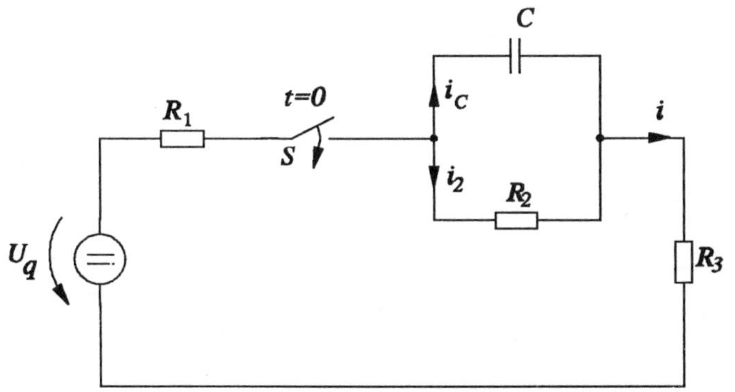

Bild 2.29 Beispiel zur Berechnung von Ausgleichsvorgängen

Die R_2C-Kombination wird dabei z. B. angewandt, um bei Ansteuerung einer Transistorschaltung (Eingangswiderstand R_3) durch eine Impulsquelle (U_q, R_1, S) eine Beschleunigung des Schaltverhaltens zu erreichen. Für dieses gegenüber der Praxis linearisierte und vereinfachte Beispiel soll der Strom i(t) in seinem Zeitverlauf berechnet werden. Man geht, wenn man nicht die Methoden der Operatorenrechnung benutzt, in folgender Weise vor:

1. Aufstellen der Netzwerkgleichungen für die Zeit $t > t_0$:

Knoten

$$i = i_c + i_2 , \tag{2.216}$$

Masche I

$$u_C = u_2 = i_2 R_2 , \tag{2.217}$$

Masche II

$$U_q = i R_1 + i_2 R_2 + i R_3 = i (R_1 + R_3) + i_2 R_2 , \tag{2.218}$$

u-i-Zusammenhang für Kondensator

$$i_C = C \frac{du_C}{dt} . \tag{2.219}$$

2. Auflösen einer Gleichung nach einer nicht gesuchten Unbekannten, Einsetzen in alle übrigen Gleichungen z. B. Auflösen von Gleichung (2.216) nach i_2 ergibt

$$i_2 = i - i_C , \tag{2.220}$$

nach Einsetzen in (2.217) und (2.218) entsteht

$$u_C = (i - i_C) R_2 = i R_2 - i_C R_2 \tag{2.221}$$

sowie

$$U_q = i(R_1 + R_3) + (i - i_C)R_2 = i(R_1 + R_3 + R_2) - i_C R_2 \tag{2.222}$$

und

$$i_C = C \frac{du_C}{dt} . \tag{2.223}$$

3. Streichen von Gleichung (2.220)

4. Wiederholen von Schritt 2 und 3, bis nur noch eine Gleichung mit der gesuchten Unbekannten übrig bleibt. Nach Eliminitation von u_c und i_c entsteht

$$i \frac{R_1 + R_2 + R_3}{R_2} - \frac{U_q}{R_2} = C R_2 \frac{di}{dt} - C(R_1 + R_2 + R_3) \frac{di}{dt} . \tag{2.224}$$

5. Umstellen der Gleichung auf die Form

$$\tau \frac{dx}{dt} + x = X_\infty \, . \tag{2.225}$$

Dies ergibt für das genannte Beispiel:

$$C \, \frac{R_2(R_1 + R_3)}{R_1 + R_2 + R_3} \, \frac{di}{dt} + i = \frac{U_q}{R_1 + R_2 + R_3} \, , \tag{2.226}$$

mit

$$\tau = \frac{C \, R_2(R_1 + R_3)}{R_1 + R_2 + R_3} \tag{2.227}$$

und

$$I_\infty = \frac{U_q}{R_1 + R_2 + R_3} \tag{2.228}$$

folgt dann

$$\tau \, \frac{di}{dt} + i = I_\infty \, . \tag{2.229}$$

6. Integrieren der Gleichung (2.229) auf die bereits bekannte Weise. Man erhält als allgemeine Lösung

$$i = I_\infty - \frac{1}{K} \, e^{-\frac{t}{\tau}} \, . \tag{2.230}$$

7. Aufstellen der Anfangsbedingungen durch Berechnen des Wertes $x(t_0 + 0)$:

Man geht immer vom Stetigkeitssatz beim Energiespeicherelement aus, d. h. im vorliegenden Fall ergibt sich

$$u_C \, (0 - 0) = 0 = u_C \, (0 + 0) \, . \tag{2.231}$$

Danach ermittelt man den Anfangswert für die gesuchte Größe.

Für das gegebene Beispiel wird dann

$$U_q = i(0 + 0)(R_1 + R_3) + u_C \, (0 + 0) \tag{2.232}$$

und damit

$$i(0+0) = \frac{U_q}{R_1 + R_3} . \qquad (2.233)$$

8. Ermitteln von 1/K aus der Anfangsbedingung

$$\frac{1}{K} = I_\infty - \frac{U_q}{R_1 + R_3} . \qquad (2.234)$$

9. Ermitteln der Lösung durch Einsetzen von K und Umformen. Man erhält für das vorliegende Beispiel

$$i = \frac{U_q}{R_1 + R_2 + R_3} \left(1 + \frac{R_2}{R_1 + R_3} e^{-\frac{t}{\tau}}\right) \qquad (2.235)$$

Den Zeitverlauf des Stromes zeigt Bild 2.30.

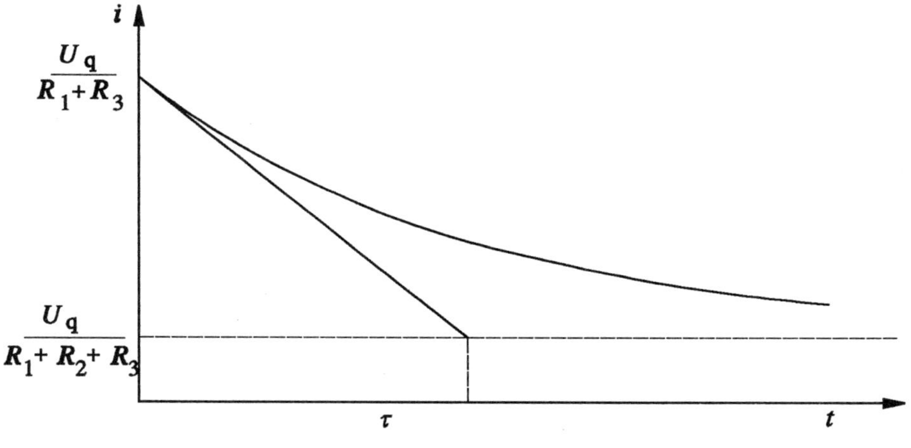

Bild 2.30 Zeitverlauf des Stromes i(t) in der Schaltung nach Bild 2.29

Mit diesem Algorithmus lassen sich einfache Ausgleichsvorgänge in linearen Netzen mit einem Kondensator problemlos berechnen.

3 Magnetische Feldanordnungen, technischer Magnetkreis

Die Betrachtung der elektrischen Erscheinungen in räumlichen Anordnungen (Kapitel 2.) führte zum Begriff elektrisches Feld als Raumzustand. Dieser Raumzustand ist gekennzeichnet durch Kraftwirkungen auf elektrische Ladungen. Über die Kraft auf die Ladung im elektrischen Feld wurde die Stärke des elektrischen Feldes **E** (als Punkteigenschaft) definiert. Das Wegintegral der elektrischen Feldstärke zwischen zwei Raumpunkten ist gleich dem elektrischen Spannungsabfall U. Von den Ladungen als Träger der Elektrizität geht der Verschiebungsfluß Ψ aus. Verschiebungsflußdichte **D** und elektrische Feldstärke **E** sind über die Materialgleichung verknüpft. Die Kapazität C von Elektrodenanordnungen ist definiert als Quotient von gespeicherten Ladungen auf den Elektroden und Spannungsabfall U zwischen den Elektroden. Mit dem Aufladen wird Energie im Feld der Elektrodenanordnung gespeichert.

Im elektrischen Strömungsfeld komplettieren die Feldgrößen und Kenngrößen Stromdichte **J**, Strom I, Materialeigenschaft κ, Widerstand R die Größen Feldstärke **E** und Spannungsabfall U. Energie wird nicht gespeichert. Elektrische Energie wird irreversibel in Wärme gewandelt.

Es liegt nahe, für die Beschreibung des magnetischen Feldes analoge Feldgrößen und Kenngrößen wie zur Beschreibung des elektrischen Feldes einzuführen.

3.1 Kraftwirkungen, Magnetflußdichte B, Magnetfluß Φ

3.1.1 Magnetisches Feld als Raumzustand mit Kraftwirkungen

Beobachtungen, experimentelle Befunde

1. Bereits im Altertum wurden an Eisenoxid (Fe_3O_4), Fundort Magnesia in Kleinasien, magnetische Erscheinungen beobachtet. Den Magnetkompaß als Orientierungshilfe haben chinesische Seefahrer vermutlich bereits um 1100 v. u. Z. genutzt.

Peregrinus hat 1269 den Begriff der Magnetpole als Ursprung der magnetischen Kräfte eingeführt. Gilbert von Colchester (1540-1603) gilt als Begründer der Lehre vom Magnetismus. 1750 hat John Michell das Kraftgesetz für Magnetpole mittels Torsionswaage bestimmt. Auch Coulomb hat vor seinen Experimenten zur Kraftbestimmung zwischen elektrostatischen Ladungen mit der Torsionswaage (Coulombsches Kraftgesetz 1785) Kräfte zwischen Magnetpolen gemessen und fand dabei wie Michell das Gesetz des reziproken Abstandsquadrates. Elektrostatik und Magnetostatik waren also gleich weit entwickelt, und es schien eine enge Analogie zwischen Magnetismus und Elektrostatik vorhanden zu sein.

Die Kraftwirkungen im Raum von Magnetpolen von Dauermagneten können durch Eisenfeilspäne (Mikromagnetnadeln) sehr anschaulich demonstriert werden.

2. In der Umgebung eines elektrischen Stromes gibt es einen Raumzustand, der sich durch Kraftwirkungen auf eine Magnetnadel (Magnetpole) und durch Kraftwirkungen auf stromdurchflossene Leiter äußert.

Hans Christian Oersted (1777-1851) hat 1820 die Kraftwirkung eines elektrischen Stromes auf eine Magnetnadel entdeckt. Andrè-Marie Ampère (1775-1836) experimentiert mit den Kräften, die von einem Strom auf einen anderen ausgeübt werden. Er weist experimentell die Analogie im Verhalten von Stabmagneten und stromdurchflossenen Zylinderspulen nach. Jean-Baptiste Biot (1774-1862) und Felix Savart (1791-1841) untersuchen die Kräfte, die von Strömen auf Magnetpole ausgeübt werden.

3. Eine bewegte Ladung in der Umgebung eines elektrischen Stromes, in der Umgebung eines Dauermagneten, erfährt eine Kraftwirkung, die zur Bahnänderung der bewegten Ladung führt (Lorentzkraft, Lorentz (1853-1928)).

3.1.2 Charakterisierung des Raumzustandes durch den Magnetfluß Φ

In Analogie zum Verschiebungsfluß Ψ als Repräsentant der elektrischen Erscheinungen in elektrostatischen Feldanordnungen ist der Magnetfluß Φ Repräsentant aller magnetischen Erscheinungen, des magnetischen Feldes. Das magnetische Feld kann durch Permanentmagnete und durch stromdurchflossene Leiteranordnungen erzeugt werden.

Es gibt grundsätzliche Unterschiede im Verhalten von dielektrischem Verschiebungsfluß Ψ und Magnetfluß Φ:

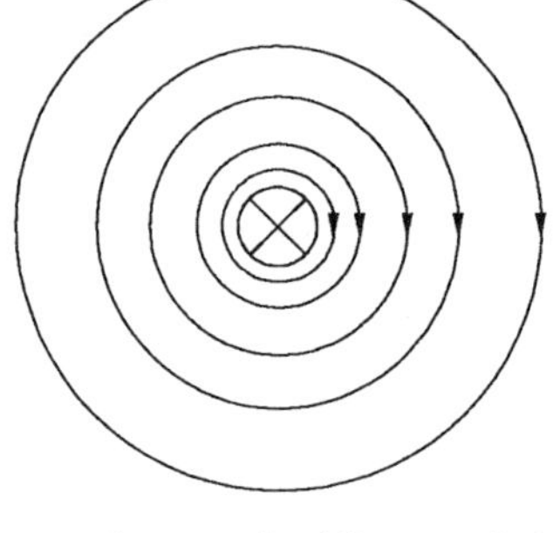

Bild 3.1 Magnetfluß um einen langen geraden stromdurchflossenen Leiter

Der Magnetfluß Φ ist eine in sich geschlossene Erscheinung. Diese Erscheinung umwirbelt den elektrischen Strom.

Der Magnetfluß Φ kann durch Feldlinien dargestellt werden. Er ist die Gesamtheit aller Feldlinien.

Magnetische Feldlinien werden im allgemeinen in senkrecht zum stromdurchflossenen Gebilde stehenden Abbildungsebenen gezeichnet. Die Feldlinien sind in sich geschlossen, sind ohne Anfang und Ende. Daraus folgt auch, daß magnetische Pole nur als magnetische Dipole auftreten. Das Zerteilen eines Stabmagneten führt jeweils zu neuen Stabmagneten.

Die Richtungszuordnung geht auf Ampère (1822) zurück:

> Ein positiver elektrischer Strom wird im Sinne einer Rechtsschraube vom Magnetfluß umwirbelt.
>
> Die positive Richtung des Magnetflusses ist jene, die außerhalb eines Dauermagneten vom Nord- zum Südpol verläuft.

3.1.3 Lorentzkraft, Definitionsgleichung für die magnetische Flußdichte B

Es ist üblich, die magnetische Flußdichte **B** als eine der beiden feldbeschreibenden Größen (vergleiche **D**, **E** im elektrostatischen Feld, **J**, **E** im elektrischen Strömungsfeld) aus der experimentell bestimmbaren Kraftwirkung auf eine bewegte Ladung im Magnetfeld abzuleiten.

In einen Feldraum, der gleichmäßig vom Magnetfluß Φ durchsetzt wird und dessen Richtung aus der Zeichenebene herausweist, wird senkrecht zur Feldrichtung eine positive Ladung Q (Masse m_Q) mit der Geschwindigkeit **v** hineingeschossen. Das Experiment zeigt: Die Flugbahn der Ladung im Feldraum ist ein Halbkreis, der Betrag der Geschwindigkeit bleibt unverändert.

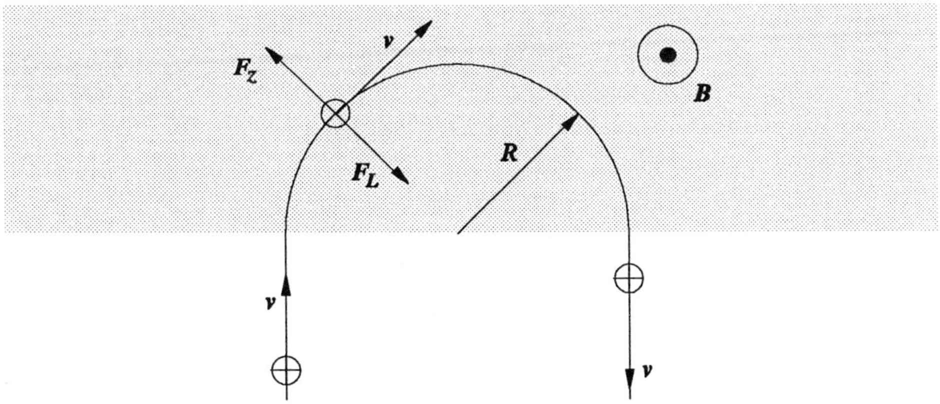

Bild 3.2 Flugbahn einer positiven Ladung beim Eintritt in ein Magnetfeld

Eine solche Flugbahn ist nur möglich, wenn sich in jedem Punkt der Flugbahn Zentrifugalkraft $\mathbf{F}_z$ und Lorentzkraft $\mathbf{F}_L$ das Gleichgewicht halten. Aus der Ermittlung des Radius r der Flugbahn zum Beispiel kann die Zentrifugalkraft und damit die Lorentzkraft für gegebene Parameter der Anordnung angegeben werden: Für die Zentrifugalkraft gilt

$$F_z = \frac{m_Q\, v^2}{r} \; .$$

Ordnet man im Magnetfeld jedem Feldpunkt die magnetische Flußdichte **B** zu, so gilt für die Lorentzkraft auf die positive Ladung

$$\boldsymbol{F} = Q(\boldsymbol{v} \times \boldsymbol{B}) \; . \tag{3.1}$$

Die Lorentzkraft steht senkrecht auf der von **v** und **B** aufgespannten Fläche. Die Richtung der magnetischen Flußdichte **B** entspricht der Richtung des Magnetflusses Φ im Feldpunkt.

Die Flugbahn nach Bild 3.2 setzt ein homogenes Magnetfeld voraus (in jedem Feldpunkt der Zeichenebene ist die magnetische Flußdichte **B** nach Betrag und Richtung gleich).

Für den Betrag der magnetischen Flußdichte folgt aus Gleichung (3.1) für obiges Beispiel

$$B = \frac{F}{Q\, v} \; . \tag{3.2}$$

Die Einheit der magnetischen Flußdichte **B** kann daraus allgemein angegeben werden zu:

$$[B] = \frac{[F]}{[Q][v]} = 1\, \frac{Ws}{m}\, \frac{1}{As}\, \frac{s}{m} = 1\, \frac{Vs}{m^2} = 1\, T \; . \tag{3.3}$$

1 T steht für 1 Tesla nach dem Physiker Tesla. Für technische Feldanordnungen ist auch der Vorsatz milli (1 mT) von Bedeutung.

Die Beziehung für die Lorentzkraft (3.1) ist experimentell bestätigtes Naturgesetz und zugleich Definitionsgleichung für die magnetische Flußdichte **B**. Schließen **v** und **B** den Winkel α ein, so führt die Lorentzkraft vom Betrag $F = Q\, v\, B \sin\alpha$ zur kreisförmigen Flugbahn und die Geschwindigkeitskomponente in Feldrichtung damit zur Schraubenbahn.

3.1.4 Zusammenhang Magnetflußdichte B, Magnetfluß Φ

Durchsetzt ein Magnetfluß Φ den Feldraum und ist die Flußverteilung bekannt, dann findet man Betrag und Richtung der magnetischen Flußdichte **B** in einem Punkt des Feldraumes wie folgt: Man bestimmt den Flußanteil dΦ durch ein infinitesimales Flächenelement dA, das den Punkt einschließt und das senkrecht zum Flußanteil dΦ steht und erhält

$$B = \frac{d\Phi}{dA_\perp} \ . \tag{3.4}$$

Die Richtung von **B** stimmt mit der Flußorientierung dΦ überein. Andererseits folgt bei bekannter Flußdichteverteilung der Fluß Φ durch eine orientierte Fläche A

$$\Phi = \int_A \boldsymbol{B} \, d\boldsymbol{A} \ . \tag{3.5}$$

Ist A eine geschlossene orientierte Fläche, die ein Volumen V des Feldraumes einschließt (Hüllfläche), dann folgt aus der Eigenschaft des Magnetflusses als in sich geschlossene Erscheinung (die Feldlinien sind in sich geschlossen, ohne Anfang und Ende)

$$\Phi = \oint_A \boldsymbol{B} \, d\boldsymbol{A} = 0 \ . \tag{3.6}$$

Das Magnetfeld ist ein quellenfreies Feld.

Im homogenen Magnetfeld gilt für jeden Feldpunkt

$$B = \frac{d\Phi}{dA_\perp} = \frac{\Phi}{A} = konst. \ . \tag{3.7}$$

Die Einheit des Magnetflusses Φ folgt nun zu

$$[\Phi] = [B] \ [A] = 1 \ T \ m^2 = 1 \ V \ s = 1 \ Wb \ . \tag{3.8}$$

1 Wb steht für 1 Weber nach dem Physiker Weber.

3.1.5 Messung der Magnetflußdichte B

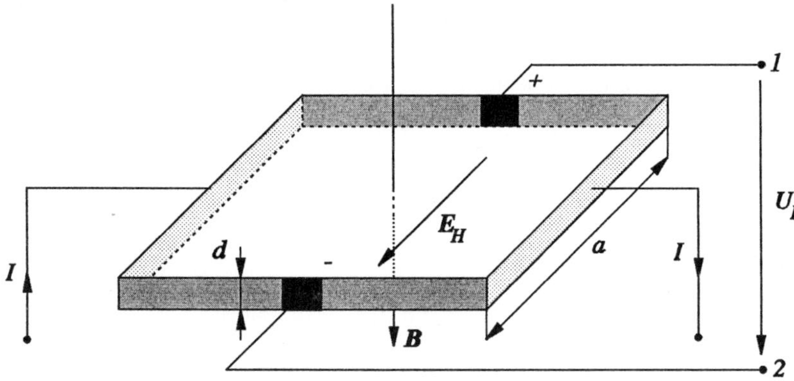

Bild 3.3 Hallelement und Hallspannung U_H

In der Anordnung nach Bild 3.3 wird ein leitendes Plättchen der Dicke d (Kantenlänge a ca. 1 mm) von einem konstanten Steuerstrom I durchflossen. Nehmen wir an, der Stromtransport erfolge durch positive Ladungsträger. Ein Magnetfeld mit der Flußdichte **B** senkrecht zum Plättchen führt zur Lorentzkraft auf die Ladungsträger, da sich diese mit der Driftgeschwindigkeit **v** in Richtung des Steuerstromes bewegen. Die Lorentzkraft lenkt die Ladungsträger zum Rand des Plättchens mit der Elektrode 1, wodurch diese positiv geladen wird. Im Ergebnis der Ladungsverschiebung wirkt eine elektrostatische Feldstärke $\mathbf{E}_H$ von Elektrode 1 zu Elektrode 2. Der Gleichgewichtszustand ist durch

$$E_H = v\,B$$

gekennzeichnet, Lorentzkraft und elektrostatische Feldkraft sind gleich groß.

Bei negativen Ladungsträgern (Elektronenleitung) sind **v** und Richtung des Steuerstromes entgegengesetzt. Die Lorentzkraft lenkt die negativen Ladungsträger ebenfalls zum Rand des Plättchens mit der Elektrode 1.

Über die Proportionalität zwischen Driftgeschwindigkeit **v** und Stromdichte **J** (vergleiche Gleichung (1.43))

$$\boldsymbol{v} = \frac{b}{\kappa}\boldsymbol{J} ,$$

wobei b die Ladungsträgerbeweglichkeit, wird

$$E_H = \frac{b}{\kappa}\,J\,B ,$$

$$U_H = \frac{b}{\kappa}\,\frac{I}{A}\,B\,a = \frac{R_H}{d}\,I\,B . \qquad (3.9)$$

Die Spannung U_H heißt Hallspannung nach dem Physiker Hall. Die Polarität der Hallspannung zeigt an, mit welchem Ladungsvorzeichen man es zu tun hat. Die Hallkonstante R_H ist eine Materialkonstante. Die Hallsonde befindet sich auf einem Sondenträger. Die Anzeige ist in Tesla geeicht. Handelsübliche Teslameter erlauben, die magnetische Flußdichte B in technischen Magnetkreisen im Intervall µT bis T auszumessen.

3.1.6 Ampèresches Kraftgesetz

Ampère experimentierte nach Bekanntwerden der Oerstedschen Entdeckung mit zwei stromdurchflossenen Drähten und ermittelte die Kräfte der Drähte aufeinander nach Betrag und Richtung (Bild 3.4).

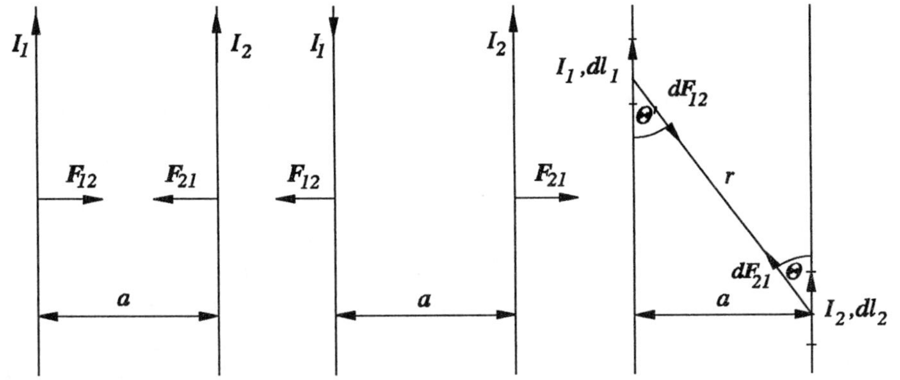

Bild 3.4 Zum Ampèreschen Kraftgesetz

In Analogie zu den Ladungen und ihrer Wechselwirkung aufeinander in den elektrostatischen Feldanordnungen führte Ampère den Begriff Stromelement $I\mathbf{dl}$ ein. Das Stromelement ist infinitesimaler Teil des Stromkreises, seine Richtung stimmt mit der Richtung des Stromes im Element überein (vgl. Bild 3.4, rechte Anordnung).

Die Kraftwirkung zweier Stromelemente aufeinander kann experimentell nicht bestimmt werden, nur die Kraftwirkung z. B. zwischen Stromkreisen. Trotzdem gelang es Ampère, die Kraftanteile zwischen zwei Stromelementen zu separieren.

Für zwei parallele Stromelemente $I_1\mathbf{dl}_1$ und $I_2\mathbf{dl}_2$, die senkrecht auf der Verbindungslinie r ihrer Mittelpunkte stehen, gibt Ampère als Kraftwirkung zwischen den Stromelementen an:

$$dF_{21} = dF_{12} = K_A \frac{(I_1\ dl_1)(I_2\ dl_2)}{r^2} \ . \tag{3.10}$$

Die Kräfte wirken entlang der Verbindungslinie. Es gilt die Gleichheit von Wirkung und Gegenwirkung. Fließen die Ströme in die gleiche Richtung, ziehen sich die Stromelemente an. Die Konstante K_A folgt aus dem zugrunde liegenden Einheitensystem.

Die Lage zweier beliebig zueinander angeordneter Stromelemente $I_1\mathbf{dl}_1$ und $I_2\mathbf{dl}_2$ kann durch folgende Größen beschrieben werden: Verbindungslinie r der Mittelpunkte der Stromelemente, Winkel θ und θ′ zwischen der Verbindungslinie bzw. der Verlängerung und den Richtungen der Stromelemente, Winkel ω zwischen den Ebenen durch diese Richtungen und die Verbindungslinie der Mittelpunkte der Stromelemente (vgl. Bild 3.4).

Ampère entwickelte aus obiger Beziehung (Gleichung (3.10)), die durch ihre Analogie zum Coulombschen Kraftgesetz (Gleichung (2.98)) beeindruckt, nunmehr das von ihm 1823 angegebene Kraftgesetz für die Kraftwirkung zwischen zwei beliebig zueinander angeordneten Stromelementen

$$dF_{21} = dF_{12} = K_A \frac{(I_1\, dl_1)(I_2\, dl_2)}{r^2} (\sin\theta \sin\theta' \cos\omega - \frac{1}{2} \cos\theta \cos\theta') \,. \qquad (3.11)$$

Der Korrekturfaktor in Gleichung (3.11) gegenüber Gleichung (3.10) enthält Funktionen der Winkel, die die Lage der Stromelemente zueinander beschreiben. Für $\theta = \theta' = 90°$ und $\omega = 0$ geht Gleichung (3.11) in Gleichung (3.10) über.

Gleichung (3.11) wird heute nicht mehr verwendet. Aus ihr soll aber die bekannte Beziehung zur Kraftwirkung zwischen zwei stromdurchflossenen Leitern nach Bild 3.4 ermittelt werden:

Zuerst soll die Kraft auf das Stromelement $I_2\mathbf{dl}_2$, herrührend von allen Stromelementen $I_1\mathbf{dl}_1$ berechnet werden. $\mathbf{dl}_1$ ist dabei Element eines sehr langen geraden stromdurchflossenen Leiters im Abstand a zur Richtung des Elementes $\mathbf{dl}_2$. Aus Symmetriegründen hat diese Kraft nur eine Komponente senkrecht zu $\mathbf{dl}_2$. Wegen $\theta = \theta'$ und $\omega = 0$ ist der Teilbeitrag dF'_{21} zu dieser Kraftkomponente, herrührend vom Stromelement $I_1\mathbf{dl}_1$

$$dF'_{21} = K_A\, I_1\, dl_1\, I_2\, dl_2(\sin^2\theta' - \frac{1}{2} \cos^2\theta') \frac{\sin\theta'}{r^2} \,. \qquad (3.12)$$

Aus Bild 3.4 folgen die Beziehungen

$$\tan\theta' = \frac{a}{l_1} \,,$$

$$\frac{dl_1}{d\theta'} = - \frac{a}{\sin^2\theta'} \,,$$

$$\sin\theta' = \frac{a}{r} \,.$$

Damit wird aus Gleichung (3.12)

$$dF'_{21} = -K_A\, I_1\, dl_2\, I_2\, (\sin^2\theta' + \cos^2\theta' - \frac{3}{2} \cos^2\theta') \frac{\sin\theta'}{a} d\theta' \,. \qquad (3.13)$$

Daraus folgt für die Kraft auf das Stromelement $I_2\mathbf{dl}_2$

$$F_{dl_2} = -I_2\, dl_2 \frac{K_A\, I_1}{a} \int_{\pi}^{0} (1 - \frac{3}{2} \cos^2\theta') \sin\theta'\, d\theta' \,, \qquad (3.14)$$

$$F_{dl_2} = -\, I_2\, dl_2 \frac{K_A I_1}{a} ([-\cos\theta']_{\pi}^{0} + \frac{1}{2} [\cos^3\theta']_{\pi}^{0}) = I_2\, dl_2 \frac{K_A\, I_1}{a} \,. \qquad (3.15)$$

Befindet sich also ein Leiter 2 mit der Länge l_2 und dem Strom I_2 im Feld des Leiters 1 mit dem Strom I_1 gemäß Anordnung Bild 3.4, so wird auf das Leiterstück l_2 die Kraft

$$F_{21} = I_2\, l_2\, \frac{K_A\, I_1}{a} \tag{3.16}$$

ausgeübt.

Nun wird aber im MKSA-(m,kg,s,A)-Einheitensystem die Anordnung nach Bild 3.4 herangezogen, um über die Kraftwirkungen der Leiter aufeinander die Stromstärke 1 Ampere festzulegen. Es heißt: Das Ampere ist die Stromstärke durch zwei geradlinige, parallele unendlich lange Leiter mit dem Abstand 1 m, bei der die elektrodynamisch hervorgerufene Kraft im leeren Raum je 1 m Länge 2 10^{-7} N beträgt.

Aus Gleichung (3.16) folgt für l_2 = 1 m, a = 1 m

$$\frac{F}{l_2} = \frac{2\ 10^{-7}\ N}{1\ m} = K_A\, \frac{(1\ A)^2}{1\ m} \tag{3.17}$$

und damit

$$K_A = 2\ 10^{-7}\,\frac{Ws}{m\ A^2} = 2\ 10^{-7}\,\frac{Vs}{A\ m} = 2\ 10^{-7}\,\frac{Wb}{A\ m} = 2\ 10^{-7}\,\frac{H}{m}\ .$$

Dabei wird gesetzt 1 H = 1 Wb/A. 1 H steht für 1 Henry nach dem Physiker Henry.

Heute wird das Ampèresche Kraftgesetz in der Formulierung

$$\boldsymbol{F}_{dl} = I(\boldsymbol{dl} \times \boldsymbol{B}) \tag{3.18}$$

angegeben. Es bestimmt Betrag und Richtung der Kraft **F** auf ein stromdurchflossenes Leiterelement **dl** im Feld **B**. Das Leiterelement **dl** hat die Richtung des Stromes I. Die Beziehung kann aus der Lorentzkraft Gleichung (3.1) abgeleitet werden:

In einem stromdurchflossenen Leiter bewegen sich Ladungen mit der Driftgeschwindigkeit **v** und es gilt die Beziehung (Gleichung (1.19))

$$\boldsymbol{J} = \rho\ \boldsymbol{v}\ . \tag{3.19}$$

Dabei ist ρ die Raumladungsdichte im Leiter. In einem Volumen dV = A dl des Leiters bewegen sich dann Q Ladungen mit der Driftgeschwindigkeit **v** und es gilt

$$\boldsymbol{J}\ dV = I\ \boldsymbol{dl} = Q\ \boldsymbol{v}\ . \tag{3.20}$$

Befinden sich die Ladungen Q des Volumenelementes dV im Feld **B**, so läßt sich die resultierende Lorentzkraft auf alle Ladungen wegen der Gleichheit (3.20) auch aus der Kraft auf das Stromelement I **dl** nach Gleichung (3.18) bestimmen:

$$\boldsymbol{F}_L = Q(\boldsymbol{v} \times \boldsymbol{B}) = \boldsymbol{F}_{dl} = I(\boldsymbol{dl} \times \boldsymbol{B})\ .$$

Für die Stromleiteranordnung nach Bild 3.4 befinden sich z. B. alle Stromelemente des Leiters mit I_2 im Magnetfeld $\mathbf{B}_1$ des Leiters mit I_1. Aus der Beziehung (3.18) folgt dann die Kraft auf ein Leiterstück l_2 zu

$$F_{21} = I_2\, l_2\, B_1 \; . \tag{3.21}$$

Der Vergleich mit dem Ergebnis Gleichung (3.16) und Gleichung (3.17) liefert für einen sehr langen geraden Leiter mit dem Strom I_1 die magnetische Flußdichte B_1 im Abstand a vom Leiter:

$$B_1 = K_A \frac{I_1}{a} = 2\; 10^{-7}\, \frac{H}{m}\, \frac{I}{a} \; . \tag{3.22}$$

Das Ampèresche Kraftgesetz in der Formulierung nach Gleichung (3.18) beschränkt sich nicht mehr auf die Experimentieranordnung nach Bild 3.4. Häufig wird die Magnetflußdichte **B** auch über die Kraftwirkung auf ein stromdurchflossenes Leiterelement Id**l** definiert. Das Kraftgesetz ist durch Experiment gefundenes und bestätigtes Gesetz. Ampère hat bei seinen Experimenten das Prinzip der Stromwaage eingeführt (Bild 3.5). Durch Kompensation der Feldkraft wird die Gleichgewichtslage wieder hergestellt.

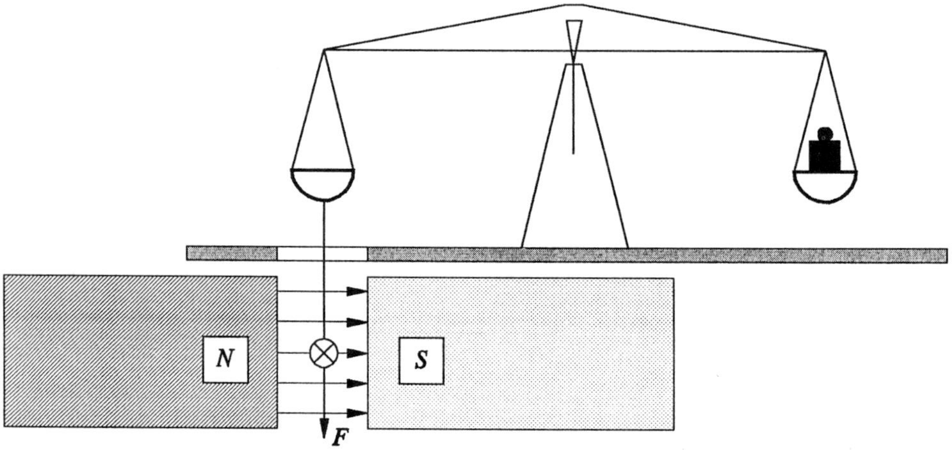

Bild 3.5 Prinzip einer Stromwaage

3.1.7 Gesetz von Biot und Savart

Nach Bekanntwerden der Oerstedschen Entdeckung von der Wirkung eines Stromes auf eine Magnetnadel haben Biot und Savart die von Strömen auf Magnetpole ausgeübten Kräfte untersucht. Sie experimentierten dabei mit einem langen geraden Draht und einem geneigten Draht (Bild 3.6).

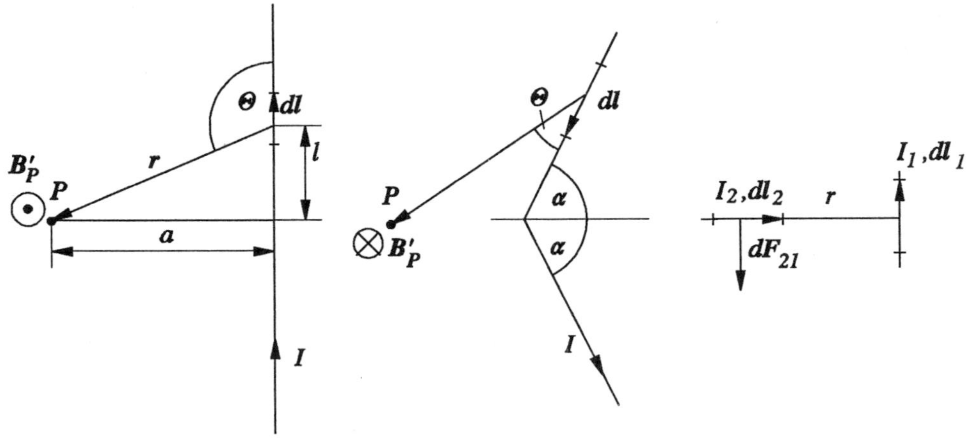

Bild 3.6 Experimentieranordnung von Biot und Savart

Aus ihren Experimenten folgerten sie für den Beitrag des Stromelementes I **dl** zur magnetischen Flußdichte B'_p im Punkt P (Gesetz von Biot und Savart in heutiger Formulierung):

$$B'_p = K_B \frac{I\ dl\ \sin\theta}{r^2} \tag{3.23}$$

und allgemein

$$\boldsymbol{B}_{dl} = K_B\, I\, \frac{\boldsymbol{dl} \times \boldsymbol{r}}{r^3}\ . \tag{3.24}$$

Die Größe der Konstanten K_B ist abhängig vom gewählten Einheitensystem. Jedes Element **dl** der Stromfäden nach Bild 3.6 liefert einen Beitrag zur magnetischen Flußdichte **B** im Punkt P. Der Einzelbeitrag ist meßtechnisch nicht erfaßbar. Die magnetische Flußdichte **B** im Punkt P folgt aus den Beiträgen aller Elemente der Stromschleife und nur dieses Ergebnis kann mit anderen Beziehungen zur Ermittlung der magnetischen Flußdichte bzw. mit Meßergebnissen verglichen werden.

Diese Aussage soll Bild 3.6 untersetzen:

Stromelement $\mathbf{dl}_1$ mit Strom I_1 führt an der Stelle des Stromelementes $\mathbf{dl}_2$ mit I_2 zum magnetischen Flußdichtebeitrag nach Gleichung (3.24) und damit zu einer Kraftwirkung $\mathbf{dF}_{21}$ auf $\mathbf{dl}_2$, herrührend vom Feld des Stromelementes $\mathbf{dl}_1$. Eine Kraftwirkung auf $\mathbf{dl}_1$ kann nicht angegeben werden, da der Flußdichtebeitrag des Stromelementes $\mathbf{dl}_2$ mit Strom I_2 an der Stelle $\mathbf{dl}_1$ gemäß Gleichung (3.24) Null ist.

Das Newtonsche Prinzip der Gleichheit von Wirkung und Gegenwirkung, das für die Kräfte der beiden Stromschleifen aufeinander gilt, gilt nicht für die Betrachtung der Einzelbeiträge der Stromelemente aufeinander, wenn das Gesetz von Biot und Savart verwendet wird.

Die magnetische Flußdichte **B** im Abstand a von einem sehr langen geraden stromdurchflossenen Leiter (die Stromschleife schließt sich in sehr weiter Entfernung vom Punkt P) weist im Punkt P aus der Zeichenebene heraus (vergleiche Bild 3.6 und Gleichung (3.24)). Das ist auch in Übereinstimmung mit der Rechtszuordnung vom Strom und ihn umwirbelnden Magnetfluß Φ (Bild 3.1).

Es soll die magnetische Flußdichte mit dem Gesetz von Biot und Savart berechnet werden:

Für den Betrag B findet man aus Gleichung (3.23) mit den Beziehungen aus Bild 3.6

$$\tan(180° - \theta) = \frac{a}{l} \; ; \; l = -\frac{a}{\tan\theta} = -\frac{a\cos\theta}{\sin\theta} \, ,$$

$$\frac{dl}{d\theta} = \frac{a}{\sin^2\theta} \, ,$$

$$\sin(180° - \theta) = \sin\theta = \frac{a}{r} \, ,$$

$$B_{dl} = K_B \, I \, \frac{dl \sin\theta}{r^2} = K_B \, I \, \frac{\sin\theta \, d\theta}{a} \, , \tag{3.25}$$

$$B = \frac{K_B \, I}{a} \int_0^{\pi} \sin\theta \, d\theta = \frac{2 \, K_B \, I}{a} \, . \tag{3.26}$$

Im MKSA-System folgt die Konstante K_B aus dem Vergleich des Ergebnisses Gleichung (3.26) mit dem Ergebnis Gleichung (3.22) zu

$$K_B = 1 \; 10^{-7} \, \frac{H}{m} \, .$$

Damit lautet das Biot-Savartsche Gesetz:

$$\boldsymbol{B}_{dl} = 1 \; 10^{-7} \, \frac{H}{m} \, \frac{I d\boldsymbol{l} \times \boldsymbol{r}}{r^3} \, . \tag{3.27}$$

3.2 Durchflutungsgesetz, magnetische Feldstärke H und magnetische Spannung V

3.2.1 Umlaufintegral der magnetischen Flußdichte im Feld von Leiteranordnungen

Mit dem Biot-Savartschen Gesetz kann das von einem Stromkreis hervorgerufene Feld, repräsentiert durch die magnetische Flußdichte, in den Feldpunkten berechnet werden. Untersucht man nun das Integral über die magnetische Flußdichte **B** längs eines geschlossenen Weges, der den Strom einschließt, dann lautet das Ergebnis:

$$\oint \boldsymbol{B}\, d\boldsymbol{l} = 4\,\pi\, K_B\, I\,. \tag{3.28}$$

Wenn der Integrationsweg keinen Strom einschließt, lautet das Ergebnis:

$$\oint \boldsymbol{B}\, d\boldsymbol{l} = 0\,. \tag{3.29}$$

Diese Ergebnisse, die unabhängig von der Wahl des Umlaufweges und von der Gestalt des Stromkreises sind, können aus geometrischen Betrachtungen aus dem Gesetz von Biot und Savart abgeleitet werden.

Die Interpretation erweist sich jedoch als schwierig. Von einem Ausgangspunkt des Umlaufes aus sieht man den Stromkreis unter einem bestimmten Raumwinkel. Dieser Raumwinkel ändert sich kontinuierlich beim Fortschreiten auf dem Umlauf. Ist der Ausgangspunkt wieder erreicht und schließt der Weg den Strom I ein, ist die Gesamtänderung des Raumwinkels 4 π (Gleichung (3.28)). Umschließt der Integrationsweg den Strom nicht, ist die Gesamtänderung des Raumwinkels Null (Gleichung (3.29)).

Die Ergebnisse Gleichung (3.28) und (3.29) sollen für zwei typische Stromkreisanordnungen, den sehr langen geraden stromdurchflossenen Leiter und den Kreisstrom, exemplarisch nachgewiesen werden und dann zur Aussage des Durchflutungsgesetzes verallgemeinert werden.

Feld eines sehr langen geraden stromdurchflossenen Leiters

Mit dem Gesetz von Biot und Savart folgt für den Betrag B der magnetischen Flußdichte im Abstand r von einem sehr langen geraden stromdurchflossenen Leiter (vergleiche Gleichung (3.26))

$$B = 2\,K_B\,\frac{I}{r} = 2\;10^{-7}\,\frac{H}{m}\,\frac{I}{r}\,. \tag{3.30}$$

Die vollständige Zylindersymmetrie der Feldanordnung ist nur gegeben, wenn sich der Stromkreis in sehr weiter Ferne schließt. Das magnetische Feld umwirbelt den stromdurchflossenen Leiter nach Rechtszuordnung. Betrag und Richtung der magnetischen Flußdichte **B** in verschiedenen Punkten einer Ebene senkrecht zum Strom I zeigt Bild 3.7.

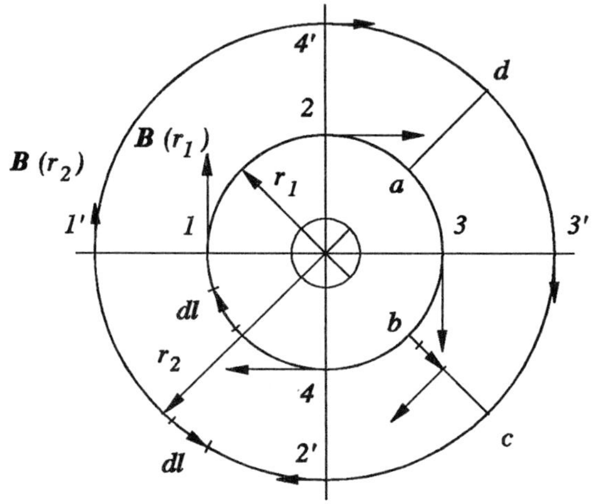

Bild 3.7 Zum Umlaufintegral der magnetischen Flußdichte

Für alle Punkte auf der Kreisbahn mit r_1 um den Leiter gilt

$$B(r_1) = 2\ 10^{-7}\ \frac{H}{m}\ \frac{I}{r_1}\ ,$$

für die Kreisbahn mit r_2 gilt

$$B(r_2) = 2\ 10^{-7}\ \frac{H}{m}\ \frac{I}{r_2}\ .$$

Es soll nun das Wegintegral der magnetischen Flußdichte **B** auf einem geschlossenen Umlauf (Umlaufintegral) betrachtet werden.

Der Wert des Umlaufintegrals wird wie folgt bestimmt:

Der orientierte Umlauf wird in infinitesimale Wegelemente **dl** zerlegt. Die Richtung des Wegelementes **dl** zeigt in Umlaufrichtung. Die Terme **B dl** (**B** = magnetische Flußdichte an der Stelle **dl**) werden aufsummiert. Für die meßtechnische Auswertung ist der Umlauf zweckmäßig in n Wegelemente $\Delta\mathbf{l}_v$ zu zerlegen und sind die n Terme $\mathbf{B}_v\ \Delta\mathbf{l}_v$ aufzusummieren.

Für den Umlauf 1-2-3-4 auf der Kreisbahn mit r_1 schließen **B** und **dl** jeweils den Winkel Null ein und B ist konstant für alle dl.

$$\oint_{1-2-3-4} \mathbf{B}\, d\mathbf{l} = \oint_{1-2-3-4} B\, dl \cos(\sphericalangle \mathbf{B}, d\mathbf{l}) = \oint_{1-2-3-4} B\, dl = B(r_1) \oint_{1-2-3-4} dl = B(r_1)\, 2\, \pi\, r_1 \, .$$

Mit Gleichung (3.30) folgt

$$\oint_{1-2-3-4} \mathbf{B}\, d\mathbf{l} = 4\, \pi\, K_B\, I \, . \tag{3.31}$$

Für den Umlauf 1'-2'-3'-4' (Linkszuordnung von Stromrichtung und Umlauforientierung) schließen **B** und d**l** jeweils den Winkel 180° ein.

$$\oint_{1'-2'-3'-4'} \mathbf{B}\, d\mathbf{l} = - \oint_{1'-2'-3'-4'} B\, dl = -4\, \pi\, K_B\, I \, .$$

Für den Umlauf a-b-c-d gilt

$$\oint_{a-b-c-d} \mathbf{B}\, d\mathbf{l} = \int_a^b \mathbf{B}\, d\mathbf{l} + \int_b^c \mathbf{B}\, d\mathbf{l} + \int_c^d \mathbf{B}\, d\mathbf{l} + \int_d^a \mathbf{B}\, d\mathbf{l} \, .$$

Die Auswertung führt zu

$$\oint_{a-b-c-d} \mathbf{B}\, d\mathbf{l} = l_{ab}\, B(r_1) + 0 + -l_{cd}\, B(r_2) + 0 = 0 \, . \tag{3.32}$$

Dabei ist zu berücksichtigen, daß auf dem Weg b-c der Winkel zwischen den d**l** und **B** 90° und auf dem Weg d-a der Winkel zwischen den d**l** und **B** -90° ist.

Da sich nun alle Wege in der Ebene nach Bild 3.7 durch Stücke von Kreisbögen mit dem Mittelpunkt der Kreise in der Mitte des Stromleiters und Stücke in radialer Richtung zusammensetzen lassen, gilt offensichtlich für einen beliebigen Umlauf

$$\oint_L \mathbf{B}\, d\mathbf{l} = 4\, \pi\, K_B\, I \, , \tag{3.33}$$

wenn der Umlauf den Strom der Stärke I einschließt (bei Rechtszuordnung von Stromrichtung und Orientierung des Umlaufs) und

$$\oint_L \mathbf{B}\, d\mathbf{l} = 0, \tag{3.34}$$

wenn der Umlauf keinen Strom einschließt.

Magnetisches Feld des Kreisstromes

Das magnetische Feld eines Kreisstromes zeigt Bild 3.8.

Bild 3.8 Magnetfeld des Kreisstromes

Die magnetische Flußdichte **B** in Punkten auf der Achse des Kreisstromes kann über das Gesetz von Biot und Savart leicht berechnet werden (Bild 3.9):

Wegen ∢(d**l**, **r**) = 90° folgt

$$B_{dl} = K_B \, I \, \frac{dl}{r^2} \, . \tag{3.35}$$

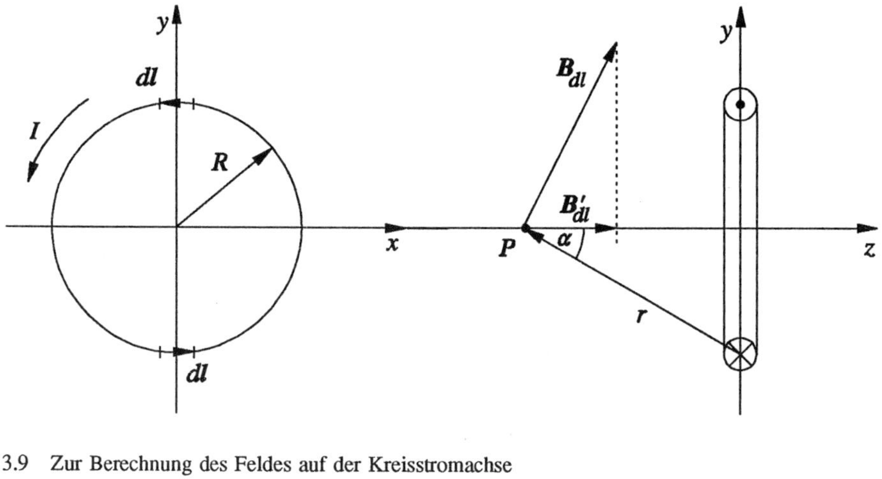

Bild 3.9 Zur Berechnung des Feldes auf der Kreisstromachse

Aus Symmetriegründen hat die magnetische Flußdichte **B** auf der Achse nur eine Komponente in z-Richtung. Der Beitrag des Stromelementes **dl** zu dieser Komponente ist

$$B_{dl}' = B_{dl} \cos(90°-\alpha) = B_{dl} \sin\alpha \; . \tag{3.36}$$

Jedes Element des Kreisstromes liefert den Beitrag nach Gleichung (3.35), (3.36), also ist

$$B(z) = 2\,\pi\, K_B\, I\, \frac{R \sin\alpha}{r^2} = 2\,\pi\, K_B\, I\, \frac{R^2}{(\sqrt{R^2 + z^2})^3} \; . \tag{3.37}$$

Es kann nun ein allgemeingültiger Zusammenhang zwischen der magnetischen Flußdichte B_P und dem Raumwinkel Ω, unter dem der Kreisstrom vom Punkt P aus gesehen wird, angegeben werden:

Der Raumwinkel Ω, unter dem der Kreisstrom von einem Punkt P auf der Kreisstromachse aus gesehen wird, ist

$$\Omega = 2\,\pi\,(1 - \cos\alpha) = 2\,\pi\,(1 + \frac{z}{\sqrt{R^2 + z^2}}) \; . \tag{3.38}$$

Für $z \to -\infty$ ist $\Omega = 0$, für $z = 0$ ist $\Omega = 2\pi$, für $z \to +\infty$ ist $\Omega = 4\pi$.

In Gleichung (3.38) ist zu beachten, daß für den Punkt P in Bild 3.9 $z < 0$. Die Ableitung führt zu

$$\frac{d\Omega}{dz} = \frac{2\,\pi\, R^2}{(\sqrt{R^2 + z^2})^3} \; . \tag{3.39}$$

Der Vergleich Gleichung (3.37) und (3.39) liefert

$$B(z) = K_B\, I\, \frac{d\Omega}{dz} \; ,$$

$$B(z)\, dz = K_B\, I\, d\Omega \; . \tag{3.40}$$

Für das Wegintegral der magnetischen Flußdichte **B** auf der Achse des Kreisstromes vom Punkt $P_1(z = -a)$ bis $P_2(z = +a)$, erhält man

$$\int_{P_1}^{P_2} \mathbf{B}\, d\mathbf{l} = \int_{-a}^{+a} B(z)\, dz = 4\,\pi\, K_B\, I\, \frac{a}{\sqrt{R^2 + a^2}} = K_B\, I\, (\Omega(P_2) - \Omega(P_1)) \; . \tag{3.41}$$

Dabei gilt

$$\int \frac{dz}{(\sqrt{R^2 + z^2})^3} = \frac{z}{R^2\sqrt{R^2 + z^2}} .$$

Für die Punkte P_1, P_2 mit a >> R wird der Betrag B der magnetischen Flußdichte zu Null. Ein geschlossener Integrationsweg von P_1 nach P_2 und zurück jeweils auf der Achse liefert

$$\oint \boldsymbol{B}\, d\boldsymbol{l} = 0 , \tag{3.42}$$

ein Integrationsweg von P_1 nach P_2 auf der Kreisstromachse und zurück im Raum mit B gleich Null umschließt den Strom I in Rechtszuordnung und liefert

$$\oint \boldsymbol{B}\, d\boldsymbol{l} = 4\,\pi\, K_B\, I \tag{3.43}$$

(vergleiche Gleichung (3.41)).

3.2.2 Durchflutungsgesetz

Die Ergebnisse der Beispiele im Abschnitt 3.2.1 sollen nun verallgemeinert werden:

Für eine gegebene Stromkreisanordnung kann über das Biot-Savartsche Gesetz Gleichung (3.27) in jedem Feldpunkt P die resultierende magnetische Flußdichte **B** berechnet werden

$$\boldsymbol{B} = K_B\, I \oint_s \frac{d\boldsymbol{s} \times \boldsymbol{r}}{r^3} .$$

Dazu ist der Stromkreis in Elemente ds zu zerlegen, r ist jeweils der Abstand vom Mittelpunkt des Elementes ds zum Punkt P, gerichtet vom Ort des Elementes ds nach P.

Betrachtet man nun eine Verschiebung d**l** von P aus und untersucht das Produkt **B dl**, so folgt

$$\boldsymbol{B}\, d\boldsymbol{l} = \Big(\oint_s \frac{d\boldsymbol{s} \times \boldsymbol{r}}{r^3}\Big)\, d\boldsymbol{l}\, K_B\, I = d\Omega\, K_B\, I .$$

Integriert man über die magnetische Flußdichte **B** längs eines geschlossenen Weges, der einen Strom I einschließt, so ist die Gesamtänderung des Raumwinkels, unter dem der Stromkreis des Stromes I gesehen wird, gleich 4 π. Also gilt

$$\oint \boldsymbol{B}\, d\boldsymbol{l} = 4\,\pi\, K_B\, I . \tag{3.44}$$

Umschließt der Integrationsweg keinen Strom, so ist die Gesamtänderung des Raumwinkels gleich Null und es gilt

$$\oint \boldsymbol{B}\, d\boldsymbol{l} = 0 \; . \tag{3.45}$$

Die Gleichungen (3.44) und (3.45) sind die Aussage des Durchflutungsgesetzes; eine Schlußfolgerung aus den Untersuchungen von Ampère, Biot und Savart zur Wirkung von Stromelementen. Das Umlaufintegral der magnetischen Flußdichte **B** ist positiv bei Rechtszuordnung von Umlauforientierung und Stromrichtung.

3.2.3 Magnetische Feldstärke H, magnetische Spannung V

Der Term $4\,\pi\,K_B$ in Gleichung (3.44) wird zur Feldkonstante des leeren Raumes zusammengefaßt:

$$\mu_0 = 4\,\pi\,K_B = 4\,\pi\,10^{-7}\,\frac{H}{m} \; . \tag{3.46}$$

μ_0 ist die Permeabilitätskonstante des leeren Raumes.

Damit kann die zweite Feldgröße zur Beschreibung des magnetischen Feldes im leeren Raum eingeführt werden

$$\boldsymbol{H} = \frac{1}{\mu_0}\,\boldsymbol{B} \; . \tag{3.47}$$

H ist die magnetische Feldstärke. Die Richtung der magnetischen Feldstärke **H** stimmt mit der Richtung der magnetischen Flußdichte **B** im Feldpunkt überein.

Das Gesetz von Biot und Savart zur Berechnung der magnetischen Feldstärke $\mathbf{H}_{dl}$, herrührend vom Stromelement d**l** lautet damit

$$\boldsymbol{H}_{dl} = I\,\frac{d\boldsymbol{l} \times \boldsymbol{r}}{4\,\pi\,r^3} \; , \tag{3.48}$$

das Durchflutungsgesetz

$$\oint \boldsymbol{H}\, d\boldsymbol{l} = I \; . \tag{3.49}$$

Die Einheit der magnetischen Feldstärke folgt aus [H] [l] = [I] zu

$$[H] = 1\,\frac{A}{m},\; 1\frac{A}{cm},\; 1\frac{A}{mm} \; . \tag{3.50}$$

Das Wegintegral der magnetischen Feldstärke **H** zwischen zwei Feldpunkten P_1, P_2 führt zum Begriff der magnetischen Spannung V zwischen diesen Punkten:

$$\int_{P_1}^{P_2} \boldsymbol{H}\, d\boldsymbol{l} = V_{12} \ . \tag{3.51}$$

Die Einheit der magnetischen Spannung V folgt aus [H] [l] = [V] zu

$$[V] = 1\ A \ . \tag{3.52}$$

Wegen der Proportionalität von magnetischer Flußdichte **B** und magnetischer Feldstärke **H** nach Gleichung (3.47) kann die Messung mit der Hallsonde zur Bestimmung der Feldstärke in Feldpunkten herangezogen werden. Für die Ermittlung der magnetischen Spannung V zwischen zwei Feldpunkten folgt aus Gleichung (3.51):

$$V_{12} = \sum_{\nu=1}^{n} \boldsymbol{H}_\nu\, \Delta \boldsymbol{l}_\nu = \sum_{\nu=1}^{n} H_\nu\, \Delta l_\nu \cos\sphericalangle\,(\boldsymbol{H}_\nu, \Delta \boldsymbol{l}_\nu) \ . \tag{3.53}$$

3.2.4 Durchflutungsgesetz in vollständiger Form

Elektrische Durchflutung Θ

Zur Beschreibung des Zusammenhangs von magnetischer Feldstärke **H** in Feldpunkten und den Strömen von Mehrleiteranordnungen wurde der Begriff elektrische Durchflutung Θ von Maxwell eingeführt

$$\Theta_{(L)} = \sum_{\nu=1}^{n} \underset{(vzb)}{I_\nu} \ . \tag{3.54}$$

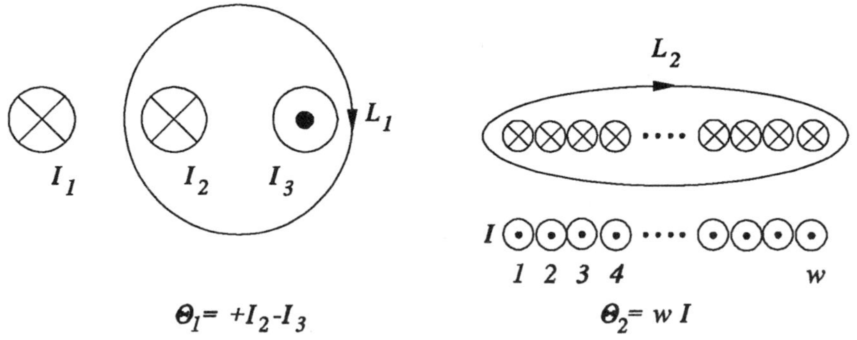

Bild 3.10 Zur Definition und Berechnung der elektrischen Durchflutung

Die elektrische Durchflutung Θ zu einer Berandung L ist gleich der vorzeichenbehafteten Summe der Stromstärken der Ströme, die die berandete Fläche A durchfluten.

Positive Zählung in der Summe folgt für Rechtszuordnung von Durchlaufpfeil der Berandung und Stromrichtung (Bild 3.10).

Es kann nun gezeigt werden, daß

$$\oint_L \boldsymbol{H}\, d\boldsymbol{l} = \Theta = \sum_{\nu=1}^{n} \underset{(vzb)}{I_\nu} \,. \tag{3.55}$$

Die magnetische Feldstärke **H** in jedem Feldpunkt P (also auch für jeden Punkt des Umlaufs) kann man sich aus den Feldstärkeanteilen, herrührend von den einzelnen Strömen, zusammengesetzt denken.

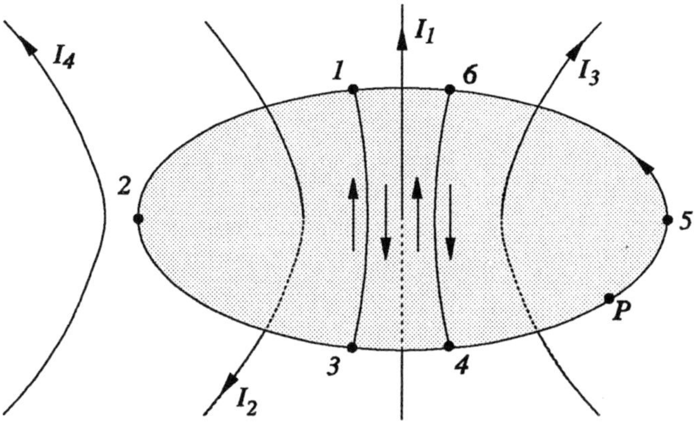

Bild 3.11 Zum Durchflutungsgesetz

Für den Umlauf nach Bild 3.11 gilt für jeden Punkt auf dem Umlauf (Superpositionsprinzip)

$$\boldsymbol{H}_P = \boldsymbol{H}_{(1)P} + \boldsymbol{H}_{(2)P} + \boldsymbol{H}_{(3)P} + \boldsymbol{H}_{(4)P} \,, \tag{3.56}$$

$$\oint \boldsymbol{H}\, d\boldsymbol{l} = \oint \boldsymbol{H}_{(1)} d\boldsymbol{l} + \oint \boldsymbol{H}_{(2)} d\boldsymbol{l} + \oint \boldsymbol{H}_{(3)} d\boldsymbol{l} + \oint \boldsymbol{H}_{(4)} d\boldsymbol{l} = +I_1 - I_2 + I_3 + 0 \,. \tag{3.57}$$

Eine andere Überlegung besteht darin, die Situation nach Bild 3.11 auf die Aussage der Gleichung (3.49) zurückzuführen:

$$\oint_{1-2-3-1} \boldsymbol{H}\, d\boldsymbol{l} = \int_{1-2-3} \boldsymbol{H}\, d\boldsymbol{l} + \int_{3-1} \boldsymbol{H}\, d\boldsymbol{l} = -I_2 \,, \tag{3.58}$$

$$\oint_{1-3-4-6-1} \boldsymbol{H}\, d\boldsymbol{l} = \int_{1-3} \boldsymbol{H}\, d\boldsymbol{l} + \int_{3-4} \boldsymbol{H}\, d\boldsymbol{l} + \int_{4-6} \boldsymbol{H}\, d\boldsymbol{l} + \int_{6-1} \boldsymbol{H}\, d\boldsymbol{l} = +I_1 \,, \tag{3.59}$$

$$\oint\limits_{6-4-5-6} H\,dl = \int\limits_{6-4} H\,dl + \int\limits_{4-5-6} H\,dl = +I_3\,. \tag{3.60}$$

Wegen

$$\int\limits_{3-1} H\,dl = -\int\limits_{1-3} H\,dl\,,$$

$$\int\limits_{4-6} H\,dl = -\int\limits_{6-4} H\,dl$$

wird

$$\oint H\,dl = \int\limits_{1-2-3} H\,dl + \int\limits_{3-4} H\,dl + \int\limits_{4-5-6} H\,dl + \int\limits_{6-1} H\,dl = I_1 - I_2 + I_3\,. \tag{3.61}$$

Die Gleichung (3.55) wird damit bestätigt:

$$\Theta = \sum_{\nu=1}^{n} \underset{(vzb)}{I_\nu} = \oint H\,dl = V_{Umlauf}\,. \tag{3.62}$$

Die magnetische Spannung auf einer Berandung (Umlaufspannung) ist gleich der elektrischen Durchflutung zu dieser Berandung. Gleichung (3.62) ist das Durchflutungsgesetz in vollständiger Form.

3.2.5 Beispiele zur Berechnung der magnetischen Feldstärke

Die magnetische Feldstärke H außerhalb und innerhalb eines langen geraden stromdurchflossenen Leiters

Das magnetische Feld außerhalb des Leiters ($r \geq R$) wurde bereits über das Gesetz von Biot und Savart berechnet:

$$H(r) = \frac{1}{\mu_0} B(r) = \frac{I}{2\,\pi\,r}\,.$$

Dieses Ergebnis folgt auch unmittelbar unter Beachtung der Zylindersymmetrie der Feldausbreitung aus dem Durchflutungsgesetz. Für jeden Umlauf $r \geq R$ gilt (Bild 3.12):

$$\oint H_a\,dl = \oint H_a\,dl = H_a(r) \oint dl = H_a(r)\,2\,\pi\,r = I\,;$$

$$H_a(r) = \frac{I}{2\,\pi\,r}\ . \tag{3.63}$$

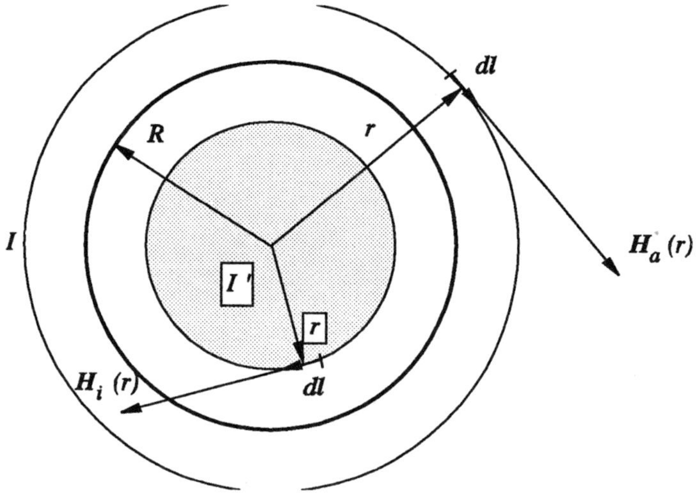

Bild 3.12 Zur Berechnung der magnetischen Feldstärke eines Leiters

Für das Innere des Leiters (r ≤ R) ist die Symmetrie der Feldanordnung ebenfalls gegeben. Jeder Umlauf umfaßt aber nur einen Stromanteil I′ vom Gesamtstrom I

$$\oint \boldsymbol{H}_i\, d\boldsymbol{l} = I'\ . \tag{3.64}$$

Bei konstanter Stromdichte J über dem Leiterquerschnitt folgt dieser Stromanteil I′ aus

$$J = \frac{I}{A} = \frac{I'}{A'}\ ;$$

$$I' = \frac{A'}{A}\,I = \frac{\pi\, r^2}{\pi\, R^2}\,I$$

und nun

$$H_i(r) = \frac{I'}{2\,\pi\,r} = \frac{I\,r}{2\,\pi\,R^2}\ . \tag{3.65}$$

Bei der Berechnung der magnetischen Feldstärke innerhalb und außerhalb der Leiteranordnung nach Bild 3.12 führte die (begründete) Annahme über die Zylindersymmetrie der Feldanordnung über das Durchflutungsgesetz schnell zum Ergebnis. Allerdings bleibt die Anwendung des Durchflutungsgesetzes zur Feldberechnung auf die Symmetriefälle beschränkt (vergleiche die Berechnung eindimensionaler, zylindersymmetrischer und kugelsymmetrischer

Feldanordnungen im elektrischen Feld).

Magnetische Feldstärke in einem Koaxialkabel

Das Koaxialkabel, die Koaxialleitung, ist in der Informationstechnik ein wichtiger Leitungstyp. Die Berechnung von Leitungsparametern zur Erfassung der Übertragungseigenschaften setzt die Kenntnis des magnetischen Feldes im Innenleiter, im Leiterzwischenraum und im Außenleiter voraus (Bild 3.13).

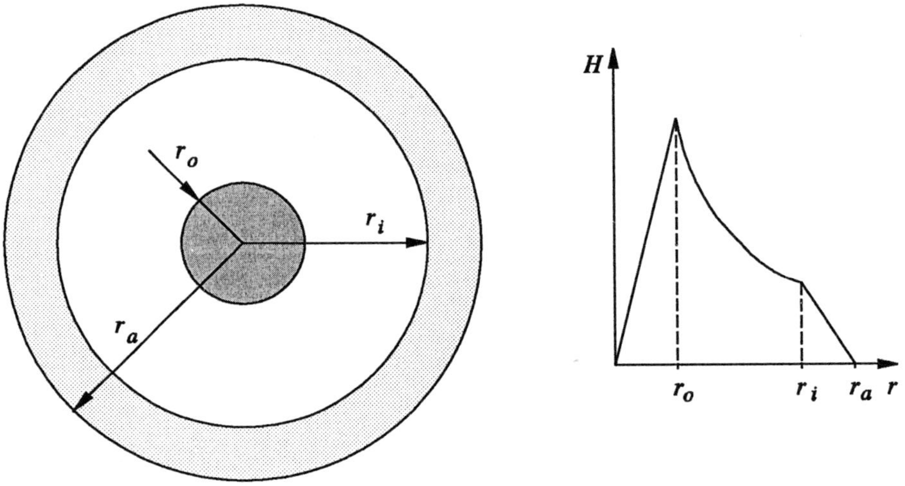

Bild 3.13 Magnetische Feldstärke im Koaxialkabel

Der Verlauf der magnetischen Feldstärke im Innenleiter und im Leiterzwischenraum ist bereits bekannt.

$$H_i(r) = \frac{I\,r}{2\,\pi\,r_0^2}\,, \qquad 0 \le r \le r_0 \tag{3.66}$$

$$H_z(r) = \frac{I}{2\,\pi\,r}\,, \qquad r_0 \le r \le r_i\,. \tag{3.67}$$

Für den Raum des Außenleiters ($r_i \le r \le r_a$) ist folgendes zu überlegen. Für jeden Umlauf ist die umfaßte Stromsumme gleich Innenleiterstrom minus Teil des Außenleiterstromes, wenn Rechtszuordnung zwischen Durchlaufpfeil des Umlaufs und Richtung des Innenleiterstromes besteht

$$\Theta = I - I'\,.$$

Der Anteil I′ des Außenleiterstromes errechnet sich bei konstanter Stromdichte aus

$$I' = I \frac{\pi(r^2 - r_i^2)}{\pi(r_a^2 - r_i^2)} = I \frac{r^2 - r_i^2}{r_a^2 - r_i^2} . \tag{3.68}$$

Damit wird

$$\Theta = I - I \frac{r^2 - r_i^2}{r_a^2 - r_i^2} = I \frac{r_a^2 - r^2}{r_a^2 - r_i^2} , \tag{3.69}$$

und die magnetische Feldstärke H_a im Außenleiter folgt zu:

$$H_a(r) = \frac{I}{2\pi r} \frac{r_a^2 - r^2}{r_a^2 - r_i^2} , \qquad r_i \leq r \leq r_a . \tag{3.70}$$

Für $r = r_a$ ist $H_a = 0$. Das magnetische Feld der Anordnung bleibt auf Innenleiter, Leiterzwischenraum und Außenleiter beschränkt.

Magnetfeld einer Paralleldrahtleitung

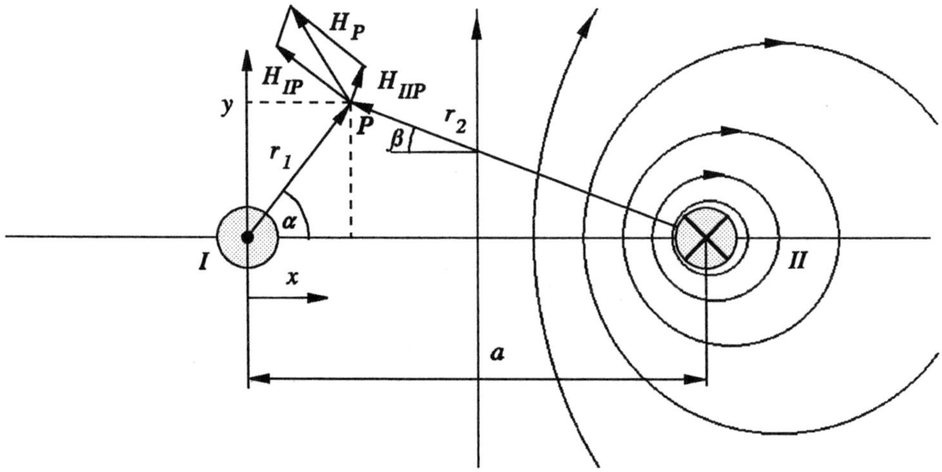

Bild 3.14 Magnetfeld der Paralleldrahtleitung

Es soll eine Anordnung mit Hin- und Rückleiter betrachtet werden, die den Strom I führen. Hin- und Rückleiter sind gerade, sehr lange Leiter im Abstand a (Bild 3.14).

Für die Berechnung der magnetischen Feldstärke **H** im Punkt P(x,y) wird das Superpositionsprinzip angewandt, die resultierende Feldstärke folgt aus der Addition der Teilfeldstärken, herrührend vom Hin- und Rückleiter

$$\boldsymbol{H} = \boldsymbol{H}_I + \boldsymbol{H}_{II} \,. \tag{3.71}$$

Bei der Addition sind also die Komponenten für sich zu addieren. Die Beziehungen lauten:

$$H_I = \frac{I}{2\,\pi\,r_1} = \frac{I}{2\,\pi\,\sqrt{x^2 + y^2}} \,, \tag{3.72}$$

$$H_{Ix} = -\,H_I \cos(90° - \alpha) = -\,H_I \sin\alpha = -\,\frac{I}{2\,\pi}\,\frac{y}{x^2 + y^2} \,,$$

$$H_{Iy} = H_I \sin(90° - \alpha) = H_I \cos\alpha = \frac{I}{2\,\pi}\,\frac{x}{x^2 + y^2} \,,$$

$$H_{II} = \frac{I}{2\,\pi\,r_2} = \frac{I}{2\,\pi\sqrt{(a - x)^2 + y^2}} \,, \tag{3.73}$$

$$H_{IIx} = H_{II} \cos(90° - \beta) = H_{II} \sin\beta = \frac{I}{2\,\pi}\,\frac{y}{(a - x)^2 + y^2} \,,$$

$$H_{IIy} = H_{II} \sin(90° - \beta) = H_{II} \cos\beta = \frac{I}{2\,\pi}\,\frac{a - x}{(a - x)^2 + y^2} \,,$$

$$H_x = H_{Ix} + H_{IIx} \,,$$

$$H_y = H_{Iy} + H_{IIy} \,,$$

$$H = \sqrt{H_x^2 + H_y^2} \,. \tag{3.74}$$

Die Beziehungen Gleichung (3.72) bis (3.74) gelten nur für Feldpunkte außerhalb der Leiterquerschnitte, da für die Teilfeldstärken die Gleichungen für die Feldstärke außerhalb des Leiters zugrunde gelegt wurden.

Magnetfeld eines sehr langen geraden Leiters mit rechteckförmigem Querschnitt

Für einen stromdurchflossenen Leiter mit z. B. rechteckförmigem Querschnitt (Bild 3.15) gilt für jeden Umlauf, der den Leiter einschließt,

$$\oint \boldsymbol{H}\, d\boldsymbol{l} = I \,.$$

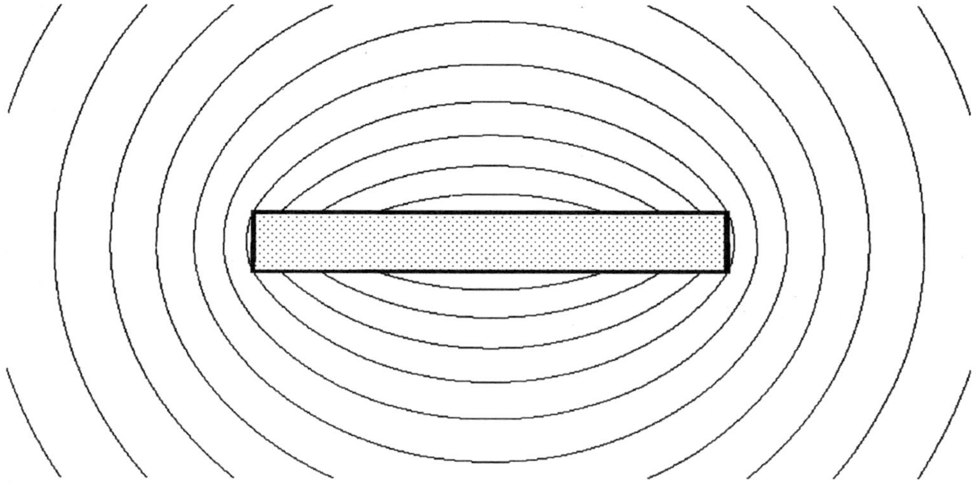

Bild 3.15 Magnetfeld des Leiters mit rechteckförmigem Querschnitt

Es läßt sich aber aus der Anschauung kein Umlauf finden, der die Auflösung dieser Beziehung nach der magnetischen Feldstärke ermöglicht. Erst in größerer Entfernung vom Leiter sind die Feldlinien angenähert konzentrisch und es können dann die Vorteile der Zylindersymmetrie zur Berechnung der magnetischen Feldstärke genutzt werden.

Das Feldbild wird berechnet, indem der Strom I durch Teilströme (Stromfäden) repräsentiert wird, deren Einzelfeldstärken in Punkten P zur resultierenden Feldstärke nach obigem Beispiel (Gleichungen (3.72) bis (3.74)) zusammengefaßt werden.

Magnetfeld eines Leiterstückes

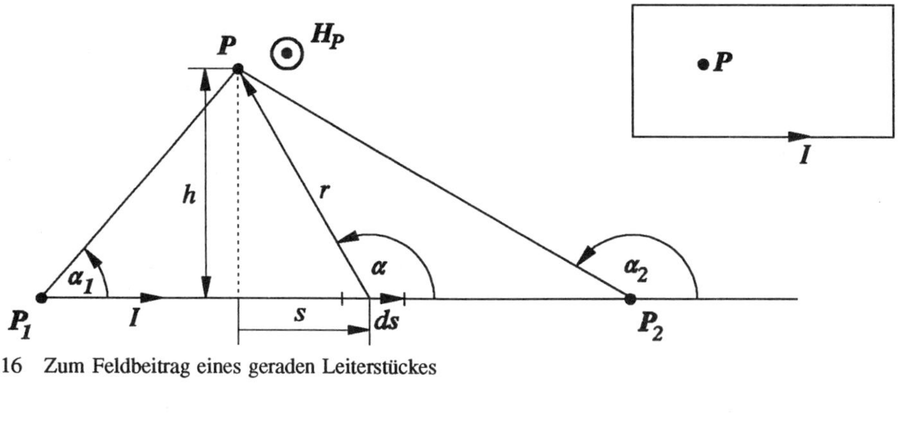

Bild 3.16 Zum Feldbeitrag eines geraden Leiterstückes

Das Magnetfeld einer Stromschleife, die sich aus geraden Leiterstücken zusammensetzt, kann berechnet werden, indem über das Gesetz von Biot und Savart die Teilbeiträge der Leiterstücke ermittelt werden (Bild 3.16).

Der Beitrag eines stromdurchflossenen Leiterelementes ds zur magnetischen Feldstärke **H′** im Punkt P lautet:

$$\boldsymbol{H}'_{ds} = \frac{I(\boldsymbol{ds} \times \boldsymbol{r})}{4\,\pi\,r^3}\;;$$

$$H'_{ds} = \frac{I\,ds\,r\,\sin\alpha}{4\,\pi\,r^3}\;.$$

Alle Beiträge $\mathbf{H}'_{ds}$ weisen aus der Zeichenebene heraus. Also folgt für den Beitrag des Leiterstückes zur magnetischen Feldstärke im Punkt P:

$$H' = \frac{I}{4\,\pi}\int_{P_1}^{P_2}\frac{ds\,r\,\sin\alpha}{r^3} = \frac{I}{4\,\pi}\int_{P_1}^{P_2}\frac{\sin\alpha\,ds}{r^2}\;. \tag{3.75}$$

Aus Bild 3.16 können die trigonometrischen Beziehungen abgelesen werden:

$$\sin(180^\circ - \alpha) = \sin\alpha = \frac{h}{r}\;,$$

$$\tan(180^\circ - \alpha) = -\tan\alpha = \frac{h}{s}\;,$$

$$\frac{ds}{d\alpha} = \frac{h}{\sin^2\alpha}\;.$$

Also wird

$$H' = \frac{I}{4\,\pi\,h}\int_{\alpha_1}^{\alpha_2}\sin\alpha\,d\alpha = \frac{I}{4\,\pi\,h}\,(\cos\alpha_1 - \cos\alpha_2)\;. \tag{3.76}$$

Für $\alpha_1 = 0$, $\alpha_2 = \pi$ (sehr langer Leiter) folgt aus Gleichung (3.76) die bekannte Beziehung

$$H = \frac{I}{2\,\pi\,h}\;.$$

Das Magnetfeld der Zylinderspule

Die magnetische Feldstärke in der Achse einer Zylinderspule läßt sich sehr genau in Abhängigkeit von der Geometrie der Spule bestimmen. Zylinderspulen dienen als Normal für magnetische Größen (z. B. zum Eichen von Hallsonden). Mit Stromwaagen werden über Kraftmessungen auf Zylinderspulen Stromnormale realisiert.

Die Berechnung der magnetischen Feldstärke H geht vom Beitrag eines Kreisstromes zu dieser Feldstärke aus (Bild 3.17).

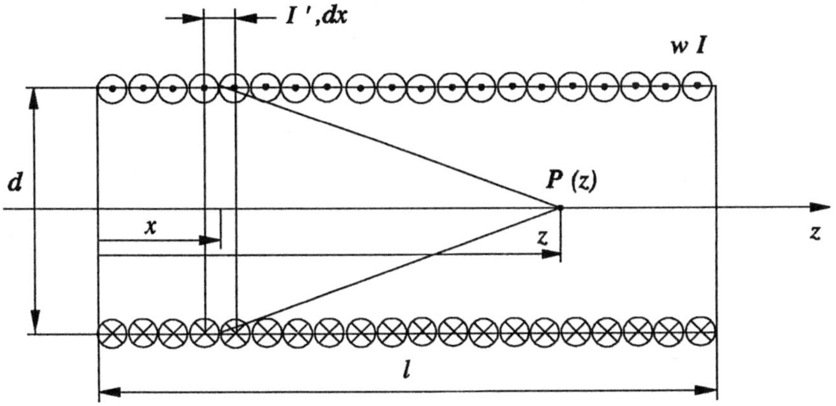

Bild 3.17 Zur Berechnung des Feldes der Zylinderspule

Der Kreisstrom I′ mit

$$I' = w\,I\,\frac{dx}{l} \tag{3.77}$$

liefert einen Beitrag zur magnetischen Feldstärke im Punkt P nach Gleichung (3.37).

$$H_p' = \frac{1}{2}\,w\,I\,\frac{dx}{l}\,\frac{\left(\frac{d}{2}\right)^2}{\left(\sqrt{(z-x)^2+\left(\frac{d}{2}\right)^2}\right)^3}\;. \tag{3.78}$$

Die magnetische Feldstärke $\mathbf{H}'_{\mathrm{p}}$ hat nur eine Komponente in z-Richtung. Die Beiträge aller Kreisströme von x = 0 bis x = l führen zur magnetischen Feldstärke im Punkt P = P(z) auf der Achse der Zylinderspule

$$H_P = \int_0^l \frac{w\,I}{2\,l}\left(\frac{d}{2}\right)^2 \frac{dx}{\left(\sqrt{(z-x)^2+\left(\frac{d}{2}\right)^2}\right)^3}\;. \tag{3.79}$$

Die Integration liefert

$$H_P = H(z) = \frac{w\,I}{2\,l} \left(\frac{z}{\sqrt{z^2 + (\frac{d}{2})^2}} + \frac{l - z}{\sqrt{(l - z)^2 + (\frac{d}{2})^2}} \right) . \tag{3.80}$$

Der magnetische Spannungsabfall V_{12} auf der Spulenachse zwischen den Punkten $P_1(z = z_1)$ und $P_2(z = z_2)$ berechnet sich aus

$$V_{12} = \int_{P_1}^{P_2} \boldsymbol{H}\, d\boldsymbol{l} = \int_{z_1}^{z_2} H(z)\, dz . \tag{3.81}$$

Für den Spannungsabfall von Spulenanfang (z = 0) bis Spulenende (z = l) erhält man aus Gleichung (3.80), (3.81)

$$V_{0,l} = w\,I \left(\sqrt{1 + (\frac{d}{2\,l})^2} - \frac{d}{2\,l} \right) . \tag{3.82}$$

Das Feldbild einer kurzen Zylinderspule (l = d) zeigt Bild 3.18.

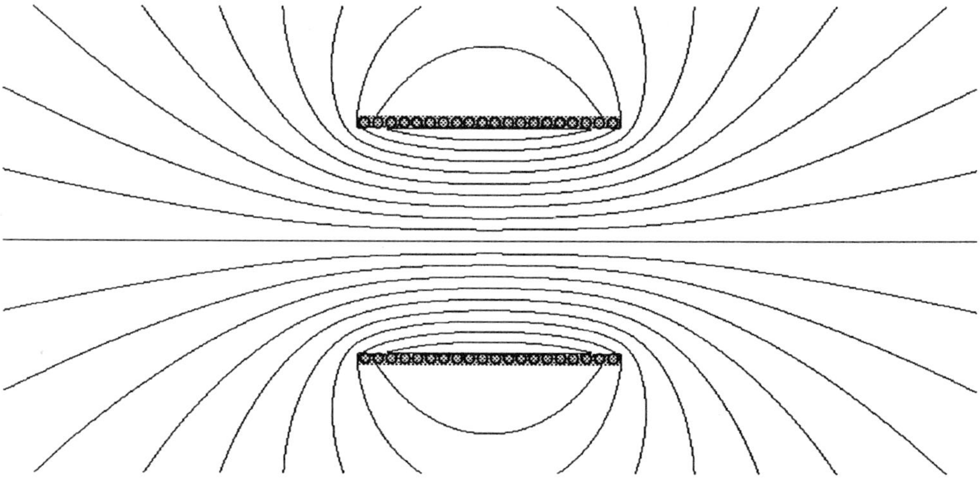

Bild 3.18 Magnetfeld der kurzen Zylinderspule (l = d)

Für die lange Zylinderspule (l = 6 d) sind in Bild 3.19 die Feldverhältnisse dargestellt. In der Spulenmitte beträgt jetzt die magnetische Feldstärke nach Gleichung (3.80)

$$H(\frac{l}{2}) = \frac{wI}{l} \frac{1}{\sqrt{1 + (\frac{d}{l})^2}} = \frac{w\,I}{l}\, 0{,}99 \;,$$

der magnetische Spannungsabfall auf der Spulenachse ($z_1 = 0$, $z_2 = l$)

$$V_{0,l} = w\,I\;0{,}92 \;.$$

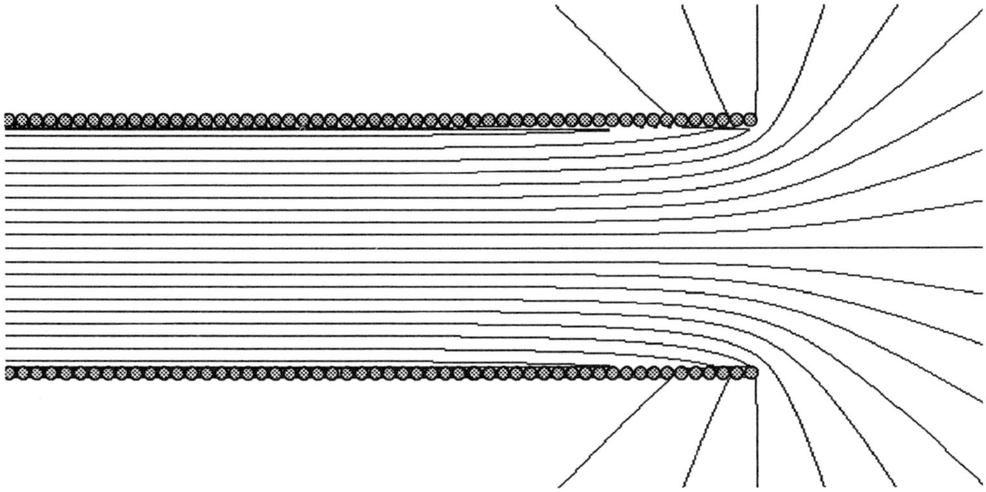

Bild 3.19 Magnetfeld der langen Zylinderspule (l = 6 d)

Für die sehr lange Zylinderspule (l >> d) kann also gefolgert werden, daß die magnetischen Feldgrößen **H** und **B** außerhalb des Spulenraumes praktisch Null sind und innerhalb des Spulenraumes sich ein homogenes Magnetfeld ausbildet (vergleiche Bild 3.19). Damit folgt aus dem Durchflutungsgesetz in guter Näherung:

$$\Theta = w\,I = \oint \boldsymbol{H}\, d\boldsymbol{l} = \int_{P_0}^{P_l} H_i(z)\, dz + \int_{P_l}^{P_0} \boldsymbol{H}_a\, d\boldsymbol{l} = \int_0^l H_i\, dz = H_i\, l \;,$$

$$H_i = \frac{w\,I}{l} \;. \qquad (3.83)$$

Das Magnetfeld der bewegten Ladung

Die Bewegung einer Ladung Q im Raum führt zur Ausprägung eines magnetischen Feldes, beschrieben z. B. durch die magnetische Feldstärke in Punkten des Raumes.

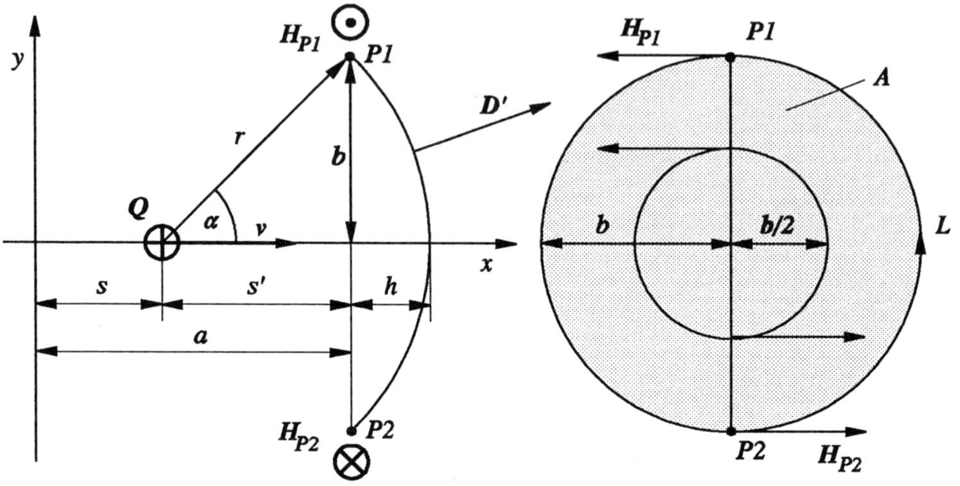

Bild 3.20 Magnetfeld der bewegten Ladung

Für eine geradlinige Bewegung mit konstanter Geschwindigkeit v (und v << c (Lichtgeschwindigkeit)) kann gezeigt werden, daß sich die magnetische Feldstärke **H** in den Raumpunkten aus

$$\boldsymbol{H} = \boldsymbol{v} \times \boldsymbol{D} \tag{3.84}$$

berechnet. Bild 3.20 verdeutlicht die Aussage Gleichung (3.84). **D** ist die (dielektrische) Verschiebungsflußdichte in den Feldpunkten als Beschreibung des von der Ladung ausgehenden dielektrischen Verschiebungsflusses. Auf der Fluglinie ist die magnetische Feldstärke Null. Oberhalb dieser Achse zeigt für Q > 0 (positive Ladung) die magnetische Feldstärke aus der Zeichenebene heraus, unterhalb in die Zeichenebene hinein.

Die Berechnung des Magnetfeldes gibt Gelegenheit daran zu erinnern, daß ein dielektrischer Verschiebungsstrom I_v ebenfalls von einem Magnetfeld umwirbelt wird, was zum Begriff "Strom im erweiterten Sinn" führte.

Zur Berechnung der magnetischen Feldstärke $\mathbf{H}_P$ (Nachweis der Beziehung (3.84)) wird von der Beschreibung des Vorganges im Koordinatensystem nach Bild 3.20 ausgegangen. Wird die von L berandete Fläche A vom Verschiebungsstromanteil ΔI_v durchsetzt, folgt aus dem Durchflutungsgesetz und der Zylindersymmetrie der Anordnung

$$\oint_L H\, dl = H\, 2\, \pi\, b = \Delta\, I_v\,,$$

$$H = \frac{\Delta\, I_v}{2\, \pi\, b}\,. \tag{3.85}$$

Wegen

$$\Delta I_v = \frac{d}{dt}(\Delta\Psi) \tag{3.86}$$

ist zuerst der Verschiebungsflußanteil $\Delta\Psi$ durch die Fläche A zu berechnen. Dieser Anteil ist aber gleich dem Anteil $\Delta\Psi'$ durch die Kugelkappe mit A′. Auf der Kugelkappe ist D′ = konst. und die Richtung von **D′** in Richtung der Flächennormale jedes Flächenelementes d**A′** der Kugelkappe

$$\Delta\Psi = \int_A \boldsymbol{D}\, d\boldsymbol{A} = \int_{A'} \boldsymbol{D'}\, d\boldsymbol{A'} = \Delta\Psi' = D'\, A'\,. \tag{3.87}$$

Die Verschiebungsflußdichte **D′** hat auf der Kugelkappe den Betrag

$$D' = \frac{Q}{4\,\pi\, r^2}$$

und wegen

$$A' = 2\,\pi\, r\, h = 2\,\pi\, r^2\,(1 - \cos\alpha) \tag{3.88}$$

wird

$$\Delta\Psi' = \frac{Q}{2}\,(1 - \cos\alpha)\,, \tag{3.89}$$

$$\Delta I_v = \frac{d}{dt}(\Delta\Psi) = \frac{d}{d\alpha}(\Delta\Psi)\,\frac{d\alpha}{dt} = \frac{Q}{2}\,\sin\alpha\,\frac{d\alpha}{dt}\,. \tag{3.90}$$

Weiter folgt

$$s = a - s' = a - \frac{b}{\tan\alpha} = a - b\,\frac{\cos\alpha}{\sin\alpha}\,, \tag{3.91}$$

$$\frac{ds}{dt} = v = \frac{ds}{d\alpha}\,\frac{d\alpha}{dt} = \frac{b}{\sin^2\alpha}\,\frac{d\alpha}{dt}\,, \tag{3.92}$$

$$\Delta I_v = \frac{Q\,v}{2\,b}\,\sin^3\alpha\,, \tag{3.93}$$

$$H_P = \frac{Q\,v}{4\,\pi\, b^2}\,\sin^3\alpha = v\,\frac{Q}{4\,\pi\, r^2}\,\sin\alpha\,. \tag{3.94}$$

Damit ist die Aussage Gleichung (3.84) nachgewiesen.

Betrachtet man nun anstelle der Bewegung einer einzelnen Ladung die Ladungsströmung in einem linienhaften Leiter, so bewegen sich in einem Volumen dV Q Ladungen mit der Driftgeschwindigkeit **v** und es gilt mit dV = A ds (vgl. Gleichung (3.20))

$$I\ ds = Q\ \boldsymbol{v}\ .$$

Damit erhält man aus Gleichung (3.94) den Beitrag eines Stromelementes zur Feldstärke im Punkt P, das bekannte Gesetz von Biot und Savart

$$H_{ds} = \frac{I\ ds\ \sin\alpha}{4\ \pi\ r^2}\ . \qquad (3.95)$$

3.3 Stoffe im Magnetfeld

Faraday hat 1845 die Aussage getroffen, daß alle Stoffe magnetische Eigenschaften aufweisen.

Für den leeren Raum ist das Umlaufintegral der magnetischen Flußdichte **B** proportional der vom Umlauf eingeschlossenen elektrischen Durchflutung Θ

$$\oint \boldsymbol{B}\ d\boldsymbol{l} = 4\ \pi\ K_B\ \Theta = \mu_0\ \Theta\ . \qquad (3.96)$$

Es ist zweckmäßig, aber nicht notwendig, zur Beschreibung des Magnetfeldes im leeren Raum die magnetische Feldstärke **H** einzuführen.

$$\boldsymbol{B} = \mu_0\ \boldsymbol{H}\ , \qquad (3.97)$$

$$\oint \boldsymbol{H}\ d\boldsymbol{l} = \Theta\ . \qquad (3.98)$$

Bei der Anwesenheit von Stoffen im Raum der Feldausbreitung kann weiter von der Beziehung (3.98) für die magnetische Feldstärke **H** ausgegangen werden, während für das Umlaufintegral der magnetischen Flußdichte **B** die Proportionalität mit der Durchflutung Θ (Gleichung (3.96)) im allgemeinen nicht mehr gegeben ist.

Da bei einer konkreten technischen Anordnung die elektrische Durchflutung vorgegeben ist, ist das Umlaufintegral der magnetischen Feldstärke **H** bekannt, und **H** kann gegebenenfalls unter Beachten von Symmetrieeigenschaften des Feldes direkt berechnet werden. Hierin liegt u. a. der Nutzen, die magnetische Feldstärke **H** zur magnetischen Flußdichte **B** zur Beschreibung des Magnetfeldes in Stoffen einzuführen.

Füllt man eine sehr lange Zylinderspule vollständig mit einem Stoff aus, so bleibt weiter für die magnetische Feldstärke im Inneren der Spule

$$H = \frac{w\,I}{l} \ .$$

Die Aussage von Faraday zu den magnetischen Eigenschaften der Stoffe besagt nun, daß für alle Stoffe die magnetische Flußdichte **B** bei gleicher Feldstärke **H** nicht den Wert aufweist wie im leeren Raum:

$$\boldsymbol{B} \neq \boldsymbol{B}_0 = \mu_0\,\boldsymbol{H} \ . \qquad (3.99)$$

3.3.1 Dia-, Para- und Ferromagnetismus

Grundsätzlich unterscheidet man Stoffe nach ihren magnetischen Eigenschaften in dia-, para- und ferromagnetische Stoffe. Auf einen diamagnetischen Stoff wird im inhomogenen Magnetfeld eine Kraft in Richtung abnehmender magnetischer Feldstärke ausgeübt, para- und ferromagnetische Stoffe werden in die Richtung zunehmender Feldstärke gezogen.

Diamagnetisch sind alle Stoffe. Die Elektronen auf Kreisbahnen um den Kern des Atoms erzeugen ein Magnetfeld, ähnlich dem Feld eines Stabmagneten (vergleiche das Magnetfeld des Kreisstromes, Bild 3.8), eines magnetischen Dipols. Ohne äußeres Magnetfeld löschen sich die Magnetfelder, hervorgerufen durch die Bahnelektronen, aus, die magnetischen Dipole als Folge der Bahnelektronen (Bahnebenen und Umlaufrichtungen) sind auf alle Raumrichtungen gleichmäßig verteilt.

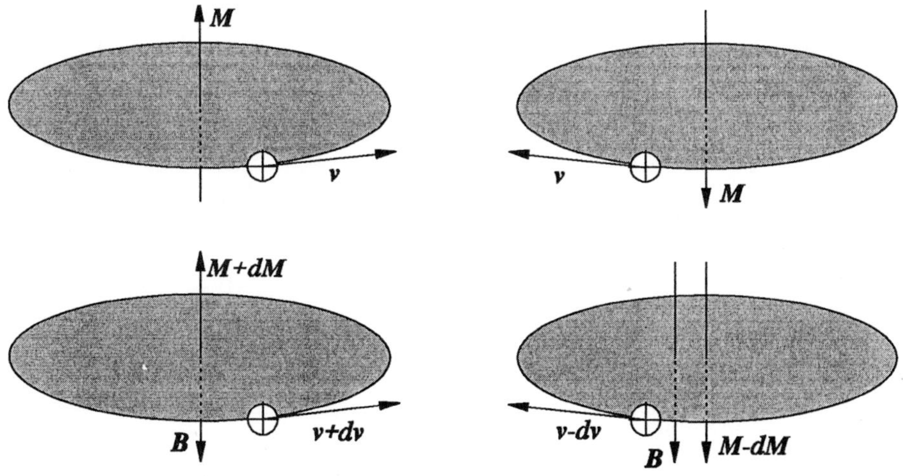

Bild 3.21 Erklärung der Feldschwächung durch Diamagnetismus (nach Purcell /2.6/)

Beim Anlegen eines äußeren Feldes erfahren die Bahnelektronen eine zusätzliche Kraftwirkung (Lorentzkraft), was zur Änderung der Ladungsgeschwindigkeit führt. Wie Bild 3.21 demonstriert (dort gezeigt an positiven Bahnladungen), führt das äußere Feld senkrecht zu Bahnebenen unabhängig vom Umlaufsinn der Bahnladungen zu einer dem äußeren Feld entgegengesetzten Feldänderung, was zu einer resultierenden Feldschwächung führt.

Neben der Bewegung auf Kreisbahnen rotieren die Elektronen zusätzlich noch um ihre eigene Achse. Damit verknüpft ist ein magnetisches Moment, das sogenannte Spinmoment. Bei den diamagnetischen Stoffen kompensieren sich die Spinmomente aller Elektronen durch ihre paarweise Ordnung.

Stoffe, bei denen die Spinmomente von einem oder mehr Elektronen unkompensiert bleiben, sind paramagnetisch. Ohne äußeres Magnetfeld sind die Spinmomente der Atome oder Moleküle regellos verteilt. Im Magnetfeld werden sie ausgerichtet, was zur Feldverstärkung führt. Einer völligen Ausrichtung wirkt die regellose Wärmebewegung der Moleküle entgegen.

Bei ferromagnetischen Stoffen liegt ebenfalls ein permanentes magnetisches Moment, das Spinmoment, vor. In vielen kleinen Bereichen, den Weißschen Bezirken, sind aber die Momente durch starke Wechselwirkung zwischen den magnetischen Dipolen ausgerichtet, spontan magnetisiert. Diese spontane Magnetisierung überwindet die regellose Wärmebewegung der Moleküle. Die Orientierung der Magnetisierungen der Weißschen Bezirke ist ohne äußeres Magnetfeld regellos. Beim Anlegen eines äußeren Feldes orientieren sich die Dipolmomente in den Weißschen Bezirken in Feldrichtung und verstärken das äußere Feld (Bild 3.22).

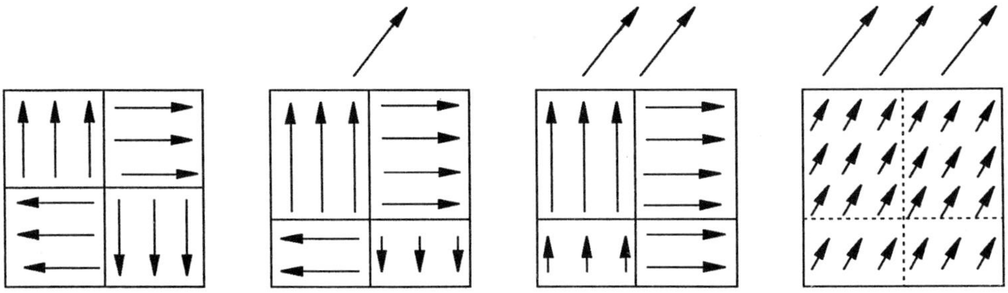

a; b; c; d;

Bild 3.22 Ferromagnetismus: Dipolmomente in den Weißschen Bezirken (nach Weyh /1.12/)

Zuerst erfolgt ein Wachstum der Bezirke, deren Richtung der Magnetisierung mit der Richtung des äußeren Feldes nahezu übereinstimmt (Wandverschiebung). Die Wandverschiebung erfolgt ruckartig und kann durch den Barkhausen-Effekt akustisch angezeigt werden.

Weitere Vorgänge bei Steigerung der Stärke des äußeren Feldes sind Umklapprozesse der Magnetisierung in den Weißschen Bezirken in Vorzugsrichtungen und schließlich Drehprozesse in Richtung der äußeren Magnetisierung.

3.3.2 Materialgleichung

Das Phänomen der Feldschwächung und Feldverstärkung bei Anwesenheit von Stoffen im Feldraum kann in Analogie zur dielektrischen Polarisation durch die magnetische Größe magnetische Polarisation **J** quantitativ beschrieben werden. Aus Gleichung (3.97) wird dann

$$\boldsymbol{B} = \mu_0 \boldsymbol{H} + \boldsymbol{J} . \qquad (3.100)$$

Mit

$$\boldsymbol{J} = \mu_0 \chi \boldsymbol{H} , \qquad (3.101)$$

wobei χ die magnetische Suszeptibilität genannt wird, werden die unterschiedlichen magnetischen Eigenschaften auf die Verhältniszahl χ zurückgeführt

$$\boldsymbol{B} = \mu_0 \boldsymbol{H} + \mu_0 \chi \boldsymbol{H} = \mu_0 (1 + \chi) \boldsymbol{H} = \mu_0 \mu_r \boldsymbol{H} = \mu \boldsymbol{H} . \qquad (3.102)$$

Gleichung (3.102) heißt die Materialgleichung des magnetischen Feldes. μ_0 ist die Permeabilitätskonstante des leeren Raumes, $\mu_r = 1 + \chi$ die Permeabilitätszahl oder relative Permeabilität, $\mu = \mu_0 \mu_r$ die absolute Permeabilität des Stoffes.

Die Eigenschaften diamagnetisch, paramagnetisch und ferromagnetisch lassen sich jetzt am Wert der relativen Permeabilität μ_r unterscheiden:

diamagnetische Stoffe: $\mu_r < 1$

paramagnetische Stoffe: $\mu_r > 1$

ferromagnetische Stoffe: $\mu_r >> 1$

Es ist zulässig, bei Berechnungen technischer Magnetkreisanordnungen für diamagnetische und paramagnetische Stoffe die Materialgleichung $\mathbf{B} = \mu_0 \mathbf{H}$ zugrunde zu legen.

Tabelle 3.1 enthält Werte der magnetischen Suszeptibilität χ für einige diamagnetische und paramagnetische Stoffe (nach Dobrinski u. a. /2.1/):

Tabelle 3.1 Werte der magnetischen Suszeptibilität χ

Diamagnetische Stoffe	χ	Paramagnetische Stoffe	χ
Wismut	$-157\ 10^{-6}$	Platin	$256\ 10^{-6}$
Blei	$-15{,}9\ 10^{-6}$	Wolfram	$67{,}5\ 10^{-6}$
Kupfer	$-9{,}65\ 10^{-6}$	Aluminium	$24\ 10^{-6}$
Wasser	$-9{,}05\ 10^{-6}$	Tantal	$18{,}2\ 10^{-6}$

Tabelle 3.2 informiert über Werte der maximalen relativen Permeabilität für einige ferromagnetische Stoffe (nach Dobrinski u. a. /2.1/):

Tabelle 3.2 Werte der maximalen relativen Permeabilität

	μ_{rmax}
Eisen technisch rein	1 000 ... 7 000
Stähle (0,2 ... 0,4 % C)	800 ... 2 000
Elektrobleche	3 000 ... 60 000
Nickel-Eisen-Legierungen	10 000 ... 300 000

3.3.3 Magnetisierungskennlinien ferromagnetischer Stoffe

Typisch für ferromagnetische Stoffe (z. B. Eisen, Kobalt, Nickel und Legierungen) ist neben der großen verstärkenden Wirkung des äußeren Feldes ($\mu_r >> 1$) der nichtlineare Zusammenhang $B = B(H)$ und damit $\mu = \mu(H)$.

Unter der Magnetisierungskennlinie eines ferromagnetischen Stoffes versteht man den Zusammenhang und die Darstellung $B = f(H)$, die beim Aufmagnetisieren und Abmagnetisieren erhalten wird (der meßtechnische Vorgang wird in der Betrachtung vorerst ausgeklammert, vergleiche Aufnahme von Ψ-I-Kennlinien (Abschnitt 3.6)). Bild 3.23 zeigt, die B-H-Kennlinie ist nichtlinear und nicht eindeutig.

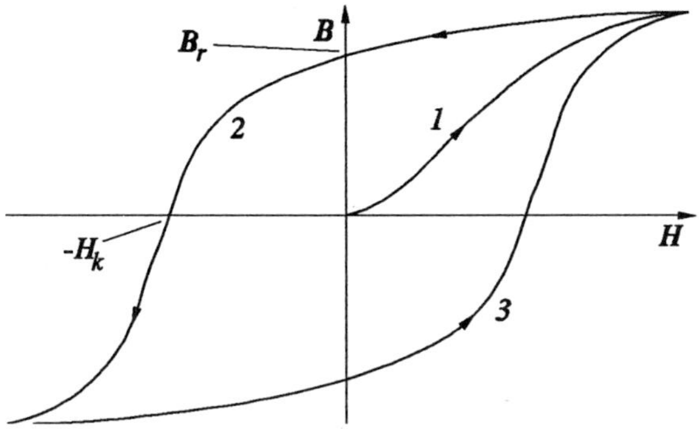

Bild 3.23 Magnetisierungskennlinie ferromagnetischer Materialien

Typische Begriffe sind die Neukurve (1), die ausgehend vom unmagnetischen Zustand B = 0, H = 0 bei Steigerung der magnetischen Feldstärke H erhalten wird, das Einmünden in die Sättigungsflußdichte B_s bei großen Feldstärkewerten. Verringert man die äußere Feldstärke auf den Wert H = 0, läuft die Kennlinie in den Wert Remanenzflußdichte B_r. Irreversible Prozesse bei Wandverschiebung und Umklappen der spontanen Magnetisierung führen dazu, daß der Stoff magnetisiert bleibt. Wird die magnetische Feldstärke H nun in der umgekehrten Richtung gesteigert, durchläuft die Kennlinie die Punkte B = 0, H = $-H_k$, die magnetische Koerzitivfeldstärke.

Ein vollständiges Auf- und Abmagnetisieren führt zur Hystereseschleife (2), (3) des ferromagnetischen Stoffes. Unterschiedliche Werte der maximalen Aussteuerung H führen zu partiellen Hystereseschleifen, die Verbindung der Spitzen der partiellen Hystereseschleifen führt zur eindeutigen Kommutierungskennlinie B = B(H) des magnetischen Stoffes (Bild 3.24).

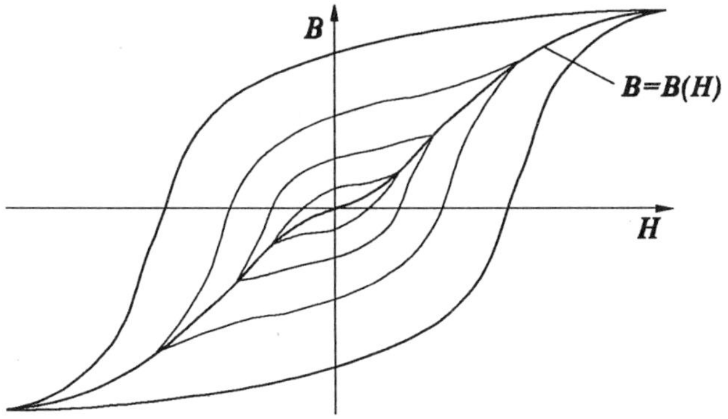

Bild 3.24 Partielle Hystereseschleifen, Kommutierungskennlinie

Die Kommutierungskennlinien werden der Dimensionierung von technischen Magnetkreisanordnungen bei Wechselfelderregung zugrunde gelegt (z. B. Transformatorenbau).

Bild 3.25 zeigt Kommutierungskennlinien für wichtige ferromagnetische Stoffe.

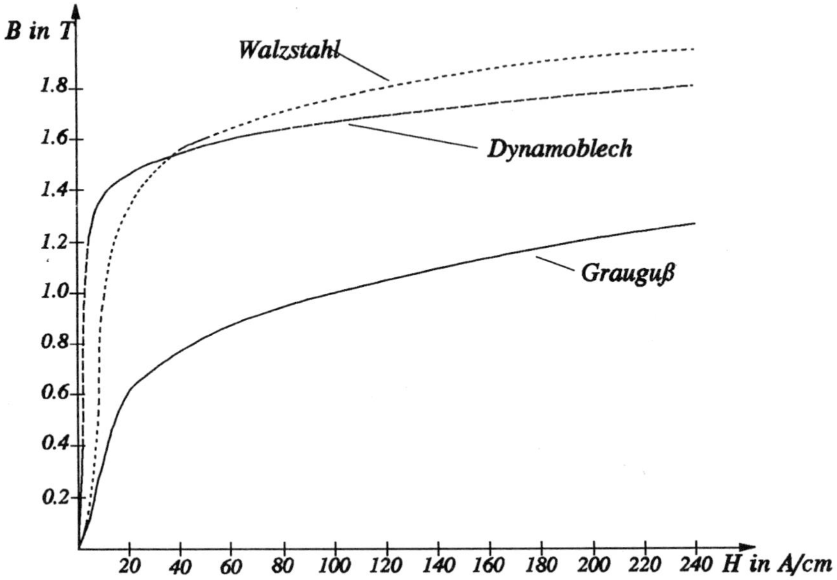

Bild 3.25 Magnetisierungskennlinien ferromagnetischer Stoffe (nach Moeller u. a. /1.5/)

Hartmagnetische und weichmagnetische Stoffe

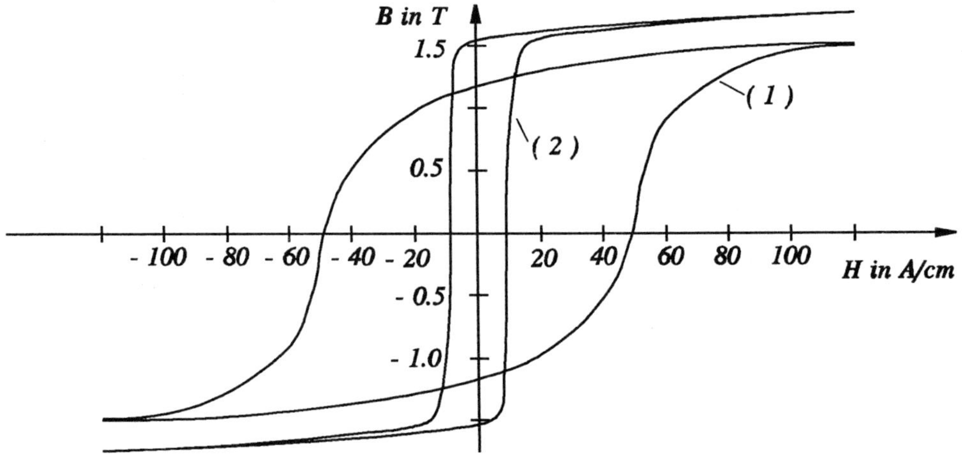

Bild 3.26 Hystereseschleife von hartmagnetischem (1) und weichmagnetischem Eisen (2) (nach Moeller u. a. /1.5/)

Die Form der Hystereschleife ist sehr unterschiedlich. Die Fläche der Hystereseschleife ist ein

Maß für die Energieverluste im Material beim Auf- und Abmagnetisieren. Weichmagnetische Stoffe sind solche mit geringer Koerzitivfeldstärke. Sie werden als Materialien für Blechschnitte für Eisenkreise von Drosselspulen, Transformatoren, Motoren, Generatoren u. a. eingesetzt.

Hartmagnetische Stoffe weisen hohe Koerzitivfeldstärken auf. Sie werden als Dauermagnetkerne anstelle von Erregerspulen in Lautsprechersystemen, in Gleichstrommaschinen kleiner Leistung, in Meßwerken u. a. eingesetzt.

3.3.4 Verhalten der Feldgrößen an Grenzflächen

An der Grenzfläche zwischen zwei magnetischen Stoffen unterschiedlicher Permeabilität μ kommt es zur Brechung der magnetischen Feldlinien.

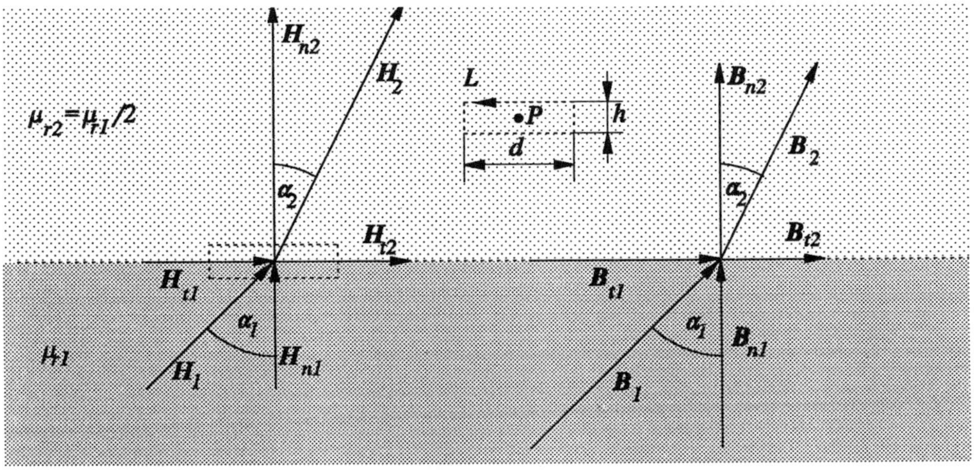

Bild 3.27 Verhalten der Feldgrößen an Grenzflächen

Die Normalkomponente der magnetischen Feldstärke **H** und die Tangentialkomponente der magnetischen Feldstärke **B** erfahren beim Durchgang durch die Grenzfläche eine Änderung (Bild 3.27).

Ein Punkt P an der Grenzfläche werde durch ein quaderförmiges Volumenelement eingeschlossen. Die Abmaße des Quaders Breite b, Höhe h und Tiefe seien infinitesimal klein. Es gelte b >> h. Die Feldgrößen **H** und **B** im Punkt P schließen im Feldgebiet 1 zur Normalen der Grenzfläche den Winkel α_1 und im Gebiet 2 den Winkel α_2 ein. Sie werden in die Normal- und Tangentialkomponenten zerlegt.

Für die Hüllfläche A des Volumenelementes gilt

$$\oint_A \boldsymbol{B}\, d\boldsymbol{A} = 0\,. \tag{3.103}$$

Die Flächennormalen der Seitenflächen weisen jeweils vom Volumen weg. Aus Gleichung (3.103) kann unter Berücksichtigung der Flächenverhältnisse abgeleitet werden

$$-B_{n1}\, A_d + B_{n2}\, A_d = 0\,,$$

$$B_{n1} = B_{n2}\,, \tag{3.104}$$

$$\mu_1\, H_{n1} = \mu_2\, H_{n2}\,,$$

$$\frac{H_{n1}}{H_{n2}} = \frac{\mu_{r2}}{\mu_{r1}}\,.$$

Für die magnetische Umlaufspannung auf dem Rand L nach Bild 3.27 gilt

$$V_{Umlauf} = \oint \boldsymbol{H}\, d\boldsymbol{l} = 0 \tag{3.105}$$

und unter Berücksichtigung der Längenverhältnisse

$$H_{t1}\, d - H_{t2}\, d = 0\,,$$

$$H_{t1} = H_{t2}\,, \tag{3.106}$$

$$\frac{B_{t1}}{\mu_1} = \frac{B_{t2}}{\mu_2}\,,$$

$$\frac{B_{t1}}{B_{t2}} = \frac{\mu_{r1}}{\mu_{r2}}\,.$$

Wegen

$$\tan\,\alpha_1 = \frac{B_{t1}}{B_{n1}} = \frac{H_{t1}}{H_{n1}}\,,$$

$$\tan\,\alpha_2 = \frac{B_{t2}}{B_{n2}} = \frac{H_{t2}}{H_{n2}}$$

folgt auch

$$\frac{\tan\,\alpha_1}{\tan\,\alpha_2} = \frac{\mu_{r1}}{\mu_{r2}}\,. \tag{3.107}$$

Im Bild 3.27 sind die Feldgrößen für den Fall $\mu_{r1} = 2\ \mu_{r2}$ dargestellt.

Der Grenzübergang Eisen-Luft weist für das Verhalten der magnetischen Feldgrößen charakteristische Merkmale auf, die aus den Gleichungen (3.104), (3.106), (3.107) ableitbar sind.

Bild 3.28 zeigt dazu als Beispiel den Ausschnitt aus einem technischen Magnetkreis Gleichstrommagnet: Ankerstirnfläche-Ankergegenstück. Die Feldlinien treten senkrecht aus dem Eisengebiet aus ($\alpha_2 = 0$).

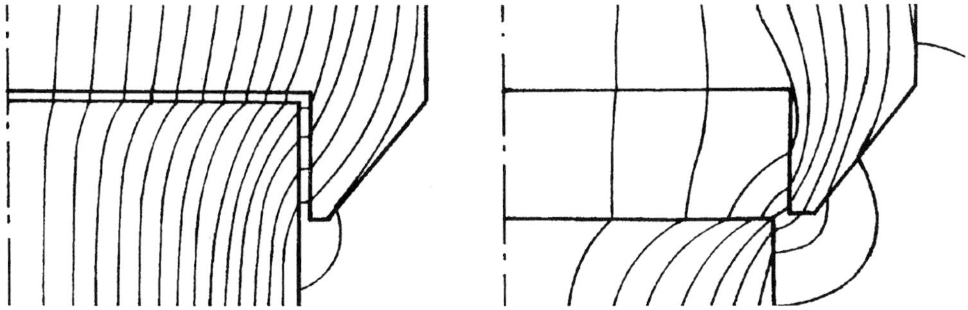

Bild 3.28 Feldlinien an der Grenzfläche Eisen-Luft

3.4 Berechnung technischer Magnetkreise

3.4.1 Beschreibung des technischen Magnetkreises

In den bisherigen Betrachtungen zum Magnetfeld stand die stromdurchflossene Leiteranordnung und das die Ströme umwirbelnde Magnetfeld im Mittelpunkt. Den Zusammenhang zwischen elektrischer Durchflutung Θ und magnetischer Feldstärke **H** liefert das Durchflutungsgesetz.

Definition

Unter einem technischen Magnetkreis soll verstanden werden: Ein technischer Magnetkreis ist eine Einrichtung, in der ein magnetischer Fluß Φ auf einem vorgeschriebenen Weg mit einem bestimmten Ziel geführt wird. Dabei setzt sich der Flußweg im allgemeinen aus Abschnitten mit verschiedenen geometrischen Abmessungen und verschiedenen magnetischen Eigenschaften zusammen.

Die magnetischen Eigenschaften gelten als bekannt, wenn die Magnetisierungskennlinie des Stoffes, aus dem der Abschnitt besteht, vorgegeben ist.

Die Flußursache sei:

1. eine vom Gleichstrom durchflossene Erregerspule mit w-Windungen
2. ein in den Magnetkreis eingefügter Dauermagnetkern aus hartmagnetischem Material, wobei die aktive Kennlinie der Hystereseschleife im 2. Quadranten von der Remanenzflußdichte B_r bis zur Koerzitivfeldstärke H_k (vergleiche Bild 3.23) genutzt wird.

Mit dieser Art der Felderregung (Gleichfelderregung) werden vorerst Magnetkreise von Einrichtungen behandelt, die als elektro-magneto-mechanische Wandler Kraftwirkungen auf stromdurchflossene Leiter (Ankerspulen von Gleichstrommaschinen, Schwingspule im Lautsprechermagnet, elektrodynamische Meßwerke u. a.) bzw. auf bewegliche Eisenteile des Magnetkreises (Gleichstrommagnet, Relais, Weicheiseninstrument u. a.) realisieren. Dabei steht die Berechnung der magnetischen Größen (Φ, V, **B**, **H**) im technischen Magnetkreis bei vorgegebener Durchflutung (Analyse) bzw. die Dimensionierung des Magnetkreises als Einheit von Erregung und Geometrie der Anordnung im Vordergrund. Die Berechnung von Kräften selbst ist Gegenstand des Abschnittes 3.8.

In Glättungsdrosseln und Gleichstromdrosselspulen legt die Stärke des Gleichstromes den Arbeitspunkt auf der Magnetisierungskennlinie des Eisenkreises fest. Die Dimensionierung solcher Drosselspulen in Gleichrichterschaltungen basiert auch auf den Methoden, wie sie in diesem Abschnitt demonstriert werden.

Die Analyse von Magnetkreisen, die Induktionsprinzipien nutzen, ist Gegenstand der Abschnitte 3.5, 3.6, 3.7.

Obiger Definitionsversuch zum Begriff Technischer Magnetkreis soll an der Schnittdarstellung eines Gleichstrommagneten erläutert werden (Bild 3.29).

Der Fluß wird im Magnetgehäuse, Deckel mit Flußleitstück, Anker, Ankergegenstück geführt. Der Feldlinienverlauf für einen bestimmten Luftspalt (Anker-Ankergegenstück) und eine bestimmte Durchflutung der Erregerspule ist wegen der Rotationssymmetrie der Anordnung nur für das Feldgebiet ab Radius der unmagnetischen Führungsachse bis Außenradius des Magnetgehäuses dargestellt.

Der Flußweg besteht aus Abschnitten unterschiedlicher Geometrie und unterschiedlicher magnetischer Eigenschaften. Die Aufgabenstellung der Flußführung ist eine Kraftwirkung auf den Anker, um mittels der unmagnetischen Führungsachse z. B. ein Ventil zu betätigen. Das Bild zeigt, daß sich Flußteile auf Nebenwegen schließen, die zur Kraftwirkung nicht beitragen.

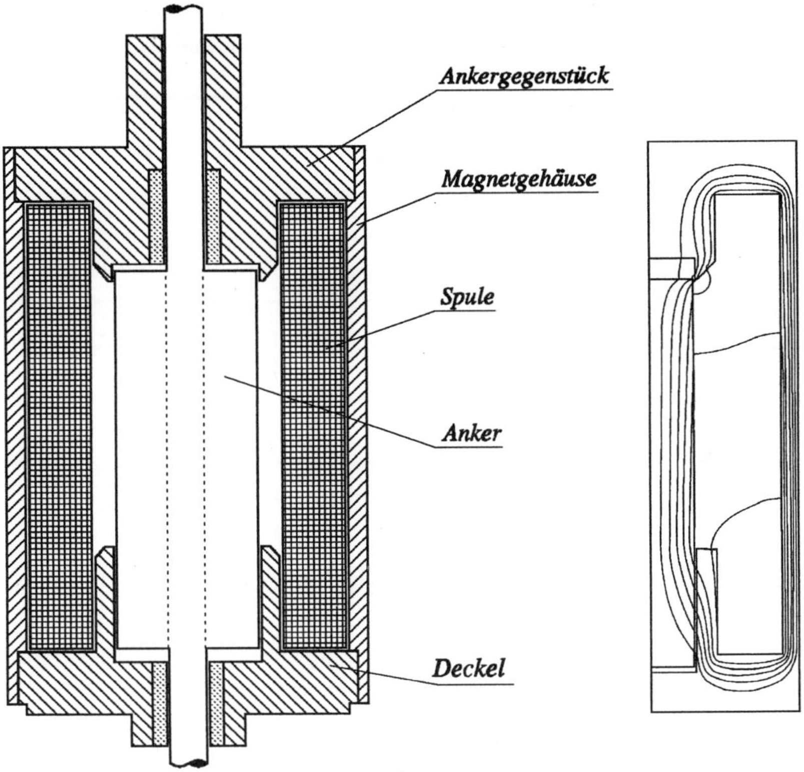

Bild 3.29 Gleichstrommagnet als technischer Magnetkreis

Die Analyse der Anordnung nach Bild 3.29 gelingt nur mittels numerischer Feldberechnung. Eine leistungsstarke Methode ist dabei, die magnetische Anordnung (den Feldraum) in eine große Zahl von Volumenelementen zu unterteilen, wobei diesen Volumenelementen in jedem Punkt des Volumens dann konstante magnetische Eigenschaften zugewiesen werden (FEM: Finite Elemente Methode). In der Folge ist anstelle der Feldgleichungen ein nichtlineares Gleichungssystem iterativ zu lösen, vergleichbar mit dem Gleichungssystem der Kirchhoffschen Sätze, die ein komplexes verzweigtes Netzwerk mit vielen, z. T. nichtlinearen Widerständen beschreiben.

Modellbildung

Für einfache Formen technischer Magnetkreise wie Bandkerne, Ringkerne, Blechzuschnitte für Gleichstromdrosselspulen u. a. liegt es nahe, den Magnetkreis in Elemente aufzuteilen, die im Elementeinneren dann konstante magnetische Eigenschaften aufweisen.

Eine solche Aufteilung kann der Realität entsprechen oder eine bewußte Näherung darstellen, um mit der Analyse voranzukommen. Bild 3.30 zeigt einen Quader als typische Elementform.

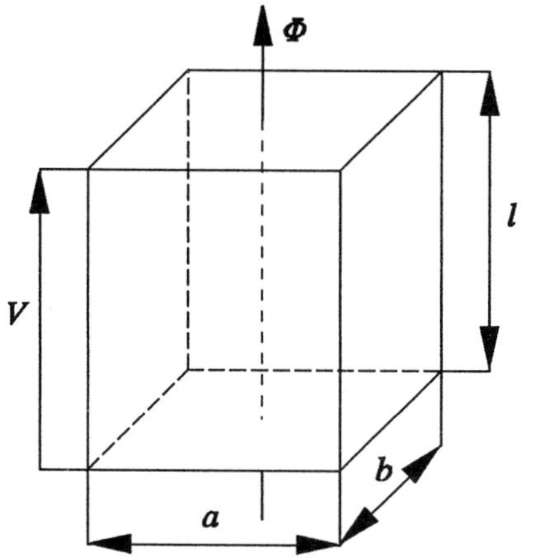

Bild 3.30 Quader als Element technischer Magnetkreise

Der Magnetfluß Φ durchsetzt in Längsrichtung gleichmäßig über der Querschnittsfläche A verteilt das Element. Über der Länge l fällt die magnetische Spannung V ab. Für jeden Punkt im Innern des Elementes ist (oder gelte als Näherung) für die magnetischen Größen

$$B = \frac{\Phi}{A}, \tag{3.108}$$

$$H = \frac{V}{l} \tag{3.109}$$

(homogenes Magnetfeld). Die magnetischen Eigenschaften des Elementmaterials sind durch die relative Permeabilität μ_r gegeben.

Das magnetische Verhalten des Elementes läßt sich durch den magnetischen Leitwert Λ bzw. den magnetischen Widerstand R_m beschreiben:

$$\Lambda = \frac{\Phi}{V} = \frac{B\,A}{H\,l} = \frac{\mu\,A}{l}, \tag{3.110}$$

$$R_m = \frac{1}{\Lambda} = \frac{V}{\Phi} = \frac{l}{\mu\,A}. \tag{3.111}$$

Gleichungen (3.110) und (3.111) sind die Definitionsgleichungen und die daraus für obige Bedingungen abgeleiteten Bemessungsgleichungen für magnetischen Leitwert und magnetischen Widerstand. Für die Einheiten gilt:

$$[\Lambda] = \frac{[\Phi]}{[V]} = 1\ \frac{Wb}{A} = 1\ H\ , \tag{3.112}$$

$$[R_m] = \frac{[V]}{[\Phi]} = 1\ \frac{A}{Wb} = 1\ H^{-1}\ . \tag{3.113}$$

Im Eisenkreis des technischen Magnetkreises ergibt sich wegen $\mu_r >> 1$ häufig eine eindeutige Richtung der Flußführung und des magnetischen Spannungsabfalls, so daß der Eisenkreis in Elemente einfacher geometrischer Form zerlegt werden kann, deren magnetische Eigenschaften durch die Bemessungsgleichungen für magnetischen Widerstand und magnetischen Leitwert erfaßt werden. Diese Modellierung wird dadurch unterstützt, daß die Eisenkreise häufig selbst von einfacher geometrischer Form sind (Bandkerne, Ringkerne, Blechzuschnitte, u. a.). Hier genügen wenige Elemente (magnetische Widerstände) zur Erfassung des magnetischen Verhaltens.

Schwierigkeiten bereitet die Modellierung des Flußverhaltens in Luftgebieten (Luftspalten u. a.). Bei der Berechnung des magnetischen Leitwertes des Luftraumes zwischen ferromagnetischen Körpern wird der Luftraum in einfache geometrische Körper eingeteilt, die der Vorstellung vereinfachter Flußwege entsprechen (Bild 3.31).

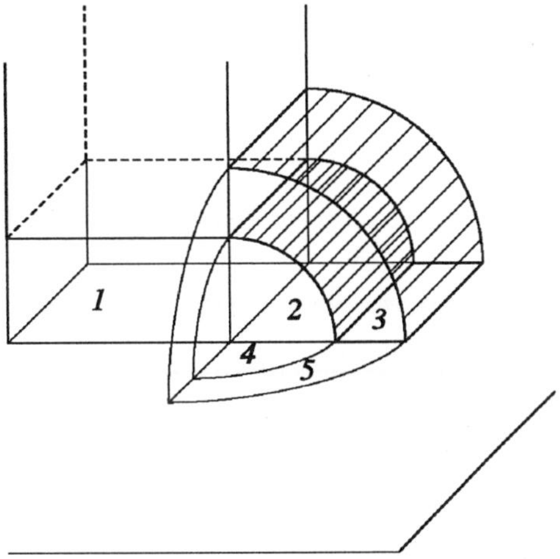

Bild 3.31 Einteilung des Luftraumes in geometrisch einfache Körper (nach Kallenbach /2.2/)

Eine andere Methode besteht darin, die an speziellen Anordnungen ermittelten Meßergebnisse auf geometrisch ähnliche Anordnungen zu übertragen und zu verallgemeinern. In der Literatur findet man die magnetischen Leitwerte für typische Luftspaltformen und die magnetischen Leitwerte für Lufträume, denen vereinfachte (idealisierte) Flußwege zugrunde liegen.

Die flußführenden Teile (Eisenkreis, Lufträume) sind durch magnetische Elemente nachbildbar, die durch ihren magnetischen Widerstand bzw. magnetischen Leitwert beschrieben werden. Für nichtlineare Materialeigenschaften ist die Magnetisierungskennlinie nach den Gleichungen (3.108), (3.109) in die Φ-V-Kennlinie des Elementes umzuformen. Damit liegen zur Beschreibung einer konkreten Anordnung magnetisch lineare und nichtlineare Elemente vor, die nach ihrer Fluß-Spannungsorientierung passive Elemente sind.

Es liegt nahe, in diese Struktur aus passiven Elementen aktive Elemente einzuordnen, die die Flußursache repräsentieren (Gleichstromerregung, Dauermagnetkern). Der Vorteil ist die Analogie zum elektrischen Stromkreis und die Übernahme der dort demonstrierten Methodik zur Analyse. Es gibt aber einen grundsätzlichen Unterschied in den Beschreibungsgleichungen, der das Bestreben nach vollständiger Analogie in Zweifel stellt. Im elektrischen Netzwerk gilt grundsätzlich für einen Umlauf

$$\oint \boldsymbol{E}\, dl = 0 \;,$$

woraus die Summe aller Teilspannungen einer Masche zu Null folgt. In diese Bilanz gehen die Spannungsquellen und Stromquellen (aktive Elemente) mit ihren Klemmenspannungen ein. Diese Klemmenspannungen sind einzeln meßbar.

Im Magnetkreis gilt aber nach dem Durchflutungsgesetz

$$\Theta = \oint \boldsymbol{H}\, dl = V_{Umlauf} = \sum_{\nu=1}^{n} V_\nu = \sum_{\nu=1}^{n} \Phi_\nu R_{m\nu} \;. \tag{3.114}$$

Die elektrische Durchflutung Θ ist auch meßtechnisch gleich der magnetischen Umlaufspannung V_{Umlauf}, wobei der Umlauf aus der Zusammenschaltung magnetisch passiver Elemente folgt und die Umlaufspannung aus der Summe der Teilspannungen der Elemente resultiert.

Es wird deshalb in den folgenden Berechnungsbeispielen auf ein Ersatzschaltbild mit aktiven und passiven magnetischen Elementen verzichtet. In der Prinzipskizze der Magnetkreisanordnung werden durch mittlere Flußlinienwege die Elemente charakterisiert, die durch ihren magnetischen Widerstand oder Leitwert bzw. durch ihre nichtlineare Φ-V-Kennlinie dargestellt werden können. Der Platz der Erregerspule(n) in der Anordnung mit Kennzeichnung der Stromrichtung und Windungszahl verdeutlicht, zu welchem Wert sich die magnetische Umlaufspannung V_{Umlauf} auf einem geschlossenen Weg aufsummiert (vergleiche Gleichung (3.114)).

3.4.2 Analyse einfacher Magnetkreisanordnungen

Magnetischer Leitwert eines Ringkernes

Ein Ringkern mit den Radien r_i und r_a, der Höhe h und der magnetischen Materialeigenschaft μ_r = konst. sei gleichmäßig dicht bewickelt. Die Erregerspule hat w Windungen und führt den Strom I (Bild 3.32).

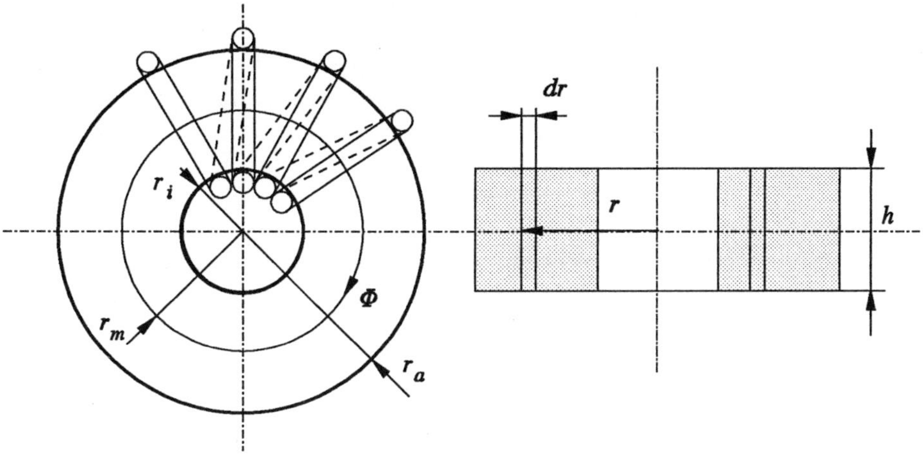

Bild 3.32 Ringkernspule

Für den magnetischen Fluß im Ringkern (Spulenkörper) gilt

$$\Phi = \frac{V_{Umlauf}}{R_m} = V_{Umlauf}\,\Lambda = \Theta\,\Lambda = w\,I\,\Lambda\,.$$

Der magnetische Leitwert Λ ist wegen der konstanten Materialeigenschaft nur von der Geometrie der Anordnung und der Materialeigenschaft abhängig. Bezogen auf eine mittlere Flußlinie an der Stelle $r = r_m = (r_a + r_i)/2$ läßt sich als Näherung für den magnetischen Leitwert angeben:

$$\Lambda = \frac{\mu_0\,\mu_r\,A}{l_m} = \frac{\mu_0\,\mu_r\,h\,(r_a - r_i)}{\pi(r_a + r_i)}\,. \tag{3.115}$$

Die genaue Analyse geht von der Bestimmung der Feldgrößen H, B aus (Anwendung des Durchflutungsgesetzes, Materialgleichung):

$$H(r) = \frac{w\,I}{2\,\pi\,r}\,, \tag{3.116}$$

$$B(r) = \frac{\mu_0 \, \mu_r \, w \, I}{2 \, \pi \, r} \, . \tag{3.117}$$

Für eine infinitesimale Fläche dA = h dr (vergleiche Bild 3.32) an der Stelle r gilt dann:

$$d\Phi = B(r) \, dA = \frac{w \, I \, \mu_0 \, \mu_r \, h \, dr}{2 \, \pi \, r} \, , \tag{3.118}$$

$$\Phi = \int_{r_i}^{r_a} \frac{w \, I \, \mu_0 \, \mu_r \, h}{2 \, \pi} \, \frac{dr}{r} = \frac{w \, I \, \mu_0 \, \mu_r \, h}{2 \, \pi} \ln \frac{r_a}{r_i} \, , \tag{3.119}$$

$$\Lambda = \frac{\mu_0 \, \mu_r \, h}{2\pi} \ln \frac{r_a}{r_i} \, . \tag{3.120}$$

Bezüglich der Flußrichtung im Spulenkörper kann man sich den magnetischen Leitwert auch als Parallelschaltung von infinitesimalen Teilleitwerten dΛ vorstellen. Für den Teilleitwert dΛ an der Stelle r gilt:

$$d\Lambda = \frac{\mu_0 \, \mu_r \, h \, dr}{2 \, \pi \, r} \tag{3.121}$$

und damit

$$\Lambda = \int_{r_i}^{r_a} d\Lambda = \frac{\mu_0 \, \mu_r \, h}{2 \, \pi} \ln \frac{r_a}{r_i} \, . \tag{3.122}$$

Den Zusammenhang zwischen Gleichung (3.115) und (3.120) erkennt man aus der Reihenentwicklung

$$\frac{1}{2} \ln \frac{r_a}{r_i} = \frac{1}{2} \ln \frac{1 + \frac{r_a - r_i}{r_a + r_i}}{1 - \frac{r_a - r_i}{r_a + r_i}} = \frac{r_a - r_i}{r_a + r_i} + \frac{1}{3} \left(\frac{r_a - r_i}{r_a + r_i} \right)^3 + \frac{1}{5} \left(\frac{r_a - r_i}{r_a + r_i} \right)^5 + \ldots$$

Zur Aufnahme der Magnetisierungskennlinie magnetischer Materialien fertigt man aus den Proben schlanke Ringkerne, für deren Radienverhältnis gilt

$$\frac{r_a}{r_i} \le \frac{7}{6} \, .$$

Magnetische Eigenschaften von Kernformen aus Blechzuschnitten

Sowohl für Erregerspulen als auch Induktionsspulen werden als Kernformen Blechzuschnitte als Pakete geschichtet. Als Werkstoff wird meist Dynamoblech verwendet. Typische Kernformen für Drosselspulen, Transformatoren und Übertrager zeigt Bild 3.33.

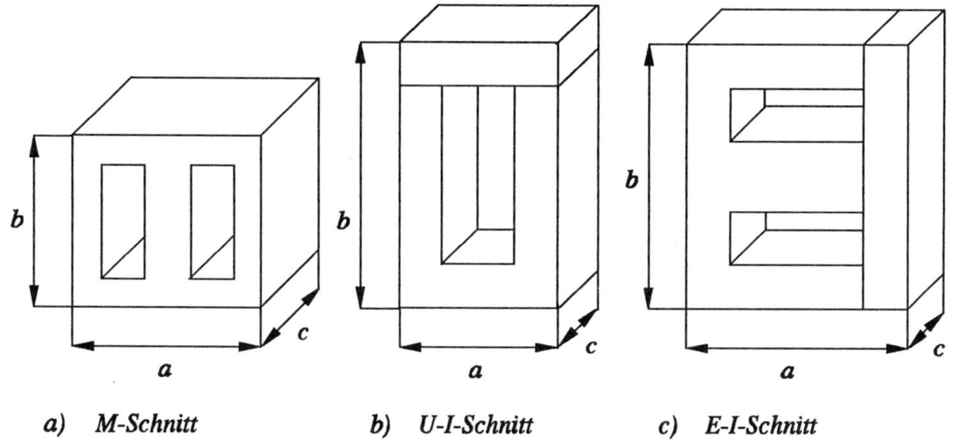

Bild 3.33 Kernformen aus Blechzuschnitten

Die magnetischen Eigenschaften des Eisenkreises lassen sich sehr geeignet durch den magnetischen Widerstand R_m bzw. den magnetischen Leitwert Λ beschreiben. Der magnetische Leitwert des Kernes wird als Induktivitätsfaktor A_L vom Hersteller ausgewiesen. Es sollen beispielhaft für einen UI-Kern Fragen der Berechnung der magnetischen Größen, des Luftspalteinflusses und der Gleichstromvormagnetisierung bei nichtlinearer Magnetisierungskennlinie betrachtet werden:

- Kern UI-30 ohne Luftspalt

Der Kern hat die Abmessungen a = 30 mm, b = 50 mm, c = 15 mm (vergleiche Bild 3.33).

Aus der Prinzipskizze Bild 3.34 und den Abmessungen des Kerns lassen sich folgende Zusammenhänge angeben:

Eisenquerschnitt $A_{Fe} = 1{,}5\ \text{cm}^2$; mittlere Flußlinienlänge = mittlere Eisenweglänge $l_{Fe} = 12$ cm

$$\Theta = w\,I = \oint \boldsymbol{H}\,dl = H_{Fe}\,l_{Fe} = V_{Fe} = V_{Umlauf} = \Phi\,R_m\,. \tag{3.123}$$

Aus Gleichung (3.123) werden die Näherungen deutlich. Es wird von einer konstanten magnetischen Feldstärke $H_{Fe} = w\,I/l_{Fe}$ im Kern ausgegangen, obwohl sich die Eisenweglängen selbst deutlich unterscheiden ($l_i = 8$ cm, $l_a = 16$ cm).

Außerdem wird sich der Flußverlauf in der Realität nicht den geometrischen Konturen anpassen, wie das aber in der Prinzipskizze (Bild 3.34) vorausgesetzt wird. Nach der Bemessungsgleichung folgt:

$$R_m = \frac{l_{Fe}}{\mu_0 \, \mu_r \, A_{Fe}} , \tag{3.124}$$

$$\Lambda = \frac{\mu_0 \, \mu_r \, A_{Fe}}{l_{Fe}} . \tag{3.125}$$

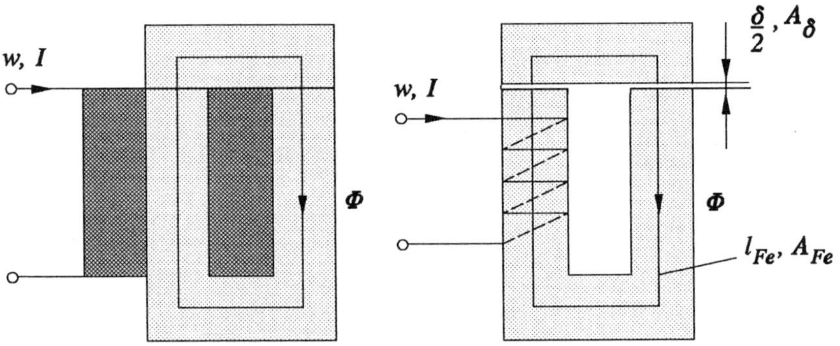

Bild 3.34 Prinzipskizze Kern UI-30 ohne und mit Luftspalt

Mit der Annahme $\mu_r = 1000$ folgt der Induktivitätsfaktor $A_L = \Lambda$ zu $A_L = 1{,}57$ µH. Für andere Werte der relativen Permeabilität ist der A_L-Faktor entsprechend umzurechnen.

- Luftspalteinfluß

Luftspalte sind konstruktiv bedingt, um das Schichten des Blechpaketes zu ermöglichen, bzw. nötig, um der nichtlinearen Magnetisierungskennlinie mit ihren Auswirkungen bei Gleichstromvormagnetisierung und im Übertragungsverhalten (nichtlineare Verzerrungen) entgegenzuwirken.

Aus der Prinzipskizze (Bild 3.34) folgt:

$$\Theta = w\,I = \oint \boldsymbol{H}\, d\boldsymbol{l} = H_{Fe}\, l_{Fe} + H_\delta\, \delta = V_{Umlauf} = V_{Fe} + V_\delta . \tag{3.126}$$

Für den magnetischen Fluß Φ folgt aus Gleichung (3.126) mit den Bemessungsgleichungen für den magnetischen Widerstand des Eisenkreises und des Luftspaltes

$$\Phi = \frac{V_{Umlauf}}{R_{mges}} = \frac{w\,I}{\dfrac{l_{Fe}}{\mu_0\,\mu_r\,A_{Fe}} + \dfrac{\delta}{\mu_0\,A_\delta}} \,. \tag{3.127}$$

Die Erfassung des Luftspalteinflusses durch einen magnetischen Widerstand $R_{m\delta}$ in Gleichung (3.127) mit

$$R_{m\delta} = \frac{\delta}{\mu_0\,A_\delta} \tag{3.128}$$

stellt eine grobe Näherung dar. Teile des Flusses schließen sich auf Nebenwegen außerhalb des Luftspaltraumes (vergleiche auch die Erläuterungen im Abschnitt 3.4.1). Erfaßt man diese Nebenwege für Flußanteile durch einen magnetischen Widerstand $R_{m\sigma}$, so läßt sich das Flußverhalten am Luftspalt durch Bild 3.35 beschreiben.

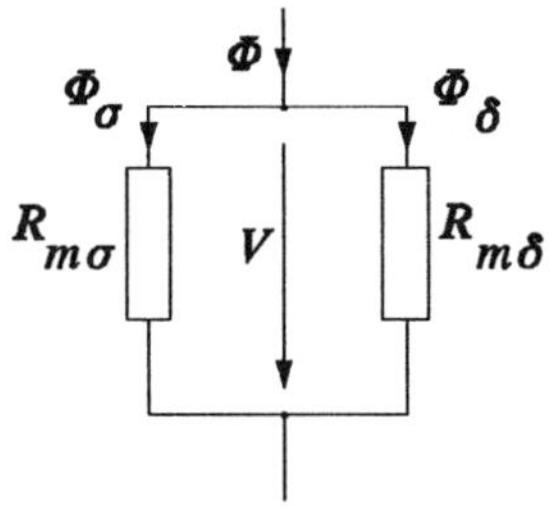

Bild 3.35 Modellierung des Flußverhaltens am Luftspalt

Zur Charakterisierung des Flußanteils auf Nebenwegen wird die Verhältniszahl σ (= Streufaktor) eingeführt

$$\sigma = \frac{\Phi_\sigma}{\Phi}\,, \qquad (0 \le \sigma < 1)\,. \tag{3.129}$$

Damit ist

$$\Phi_\delta = \Phi - \Phi_\sigma = \Phi(1 - \sigma)\,. \tag{3.130}$$

Für die magnetische Umlaufspannung erhält man dann genauer (vergleiche Gleichung (3.126))

$$\Theta = V_{Umlauf} = V_{Fe} + V_\delta = \Phi\,R_{mFe} + \Phi_\delta\,R_{m\delta} = \Phi(R_{mFe} + (1 - \sigma)\,R_{m\delta})\,. \tag{3.131}$$

Der Term $(1 - \sigma)R_{m\delta}$ in Gleichung (3.131) entspricht natürlich der Parallelschaltung von $R_{m\delta}$ und $R_{m\sigma}$ (Bild 3.35)

$$R_{m\delta,\sigma} = \frac{R_{m\sigma}}{R_{m\sigma} + R_{m\delta}}\,R_{m\delta} = \frac{\Phi_\delta}{\Phi}\,R_{m\delta} = (1 - \sigma)\,R_{m\delta} = \frac{(1 - \sigma)\,\delta}{\mu_0\,A_\delta}\,. \tag{3.132}$$

Die Berücksichtigung der Flußteilung am Luftspalt führt zu einer Reduzierung der Luftspaltlänge δ auf $\delta' = (1 - \sigma)\,\delta$ in den Analysegleichungen, bzw. wenn Dimensionierungskriterien einen Luftspalt im Magnetkreis erfordern, ist der Fakt der "Reduzierung" auf die wirksame Luftspaltlänge δ' zu beachten.

Der Faktor σ wird häufig als Erfahrungswert für Blechzuschnitte mit Luftspalt mit angegeben. Für beliebige Luftspaltanordnungen kann der Faktor über die Definitionsgleichung (3.129) nach dem Verfahren vereinfachter Flußwege berechnet bzw. über Meßergebnisse an geometrisch ähnlichen Anordnungen ermittelt werden.

Bei Vorhandensein eines Luftspaltes sinkt die wirksame Kernpermeabilität ($A_\delta = A_{Fe} = A$):

$$\frac{l_{Fe}}{\mu_0\,\mu_r\,A} + \frac{\delta'}{\mu_0\,A} = \frac{l_{Fe}\left(1 + \mu_r \frac{\delta'}{l_{Fe}}\right)}{\mu_0\,\mu_r\,A} = \frac{l_{Fe}}{\mu_0\,\mu_r^*\,A}\,, \tag{3.133}$$

$$\mu_r^* = \frac{\mu_r}{1 + \mu_r \dfrac{\delta'}{l_{Fe}}}\,. \tag{3.134}$$

Nichtlineare Magnetisierungskennlinie, Gleichstromvormagnetisierung

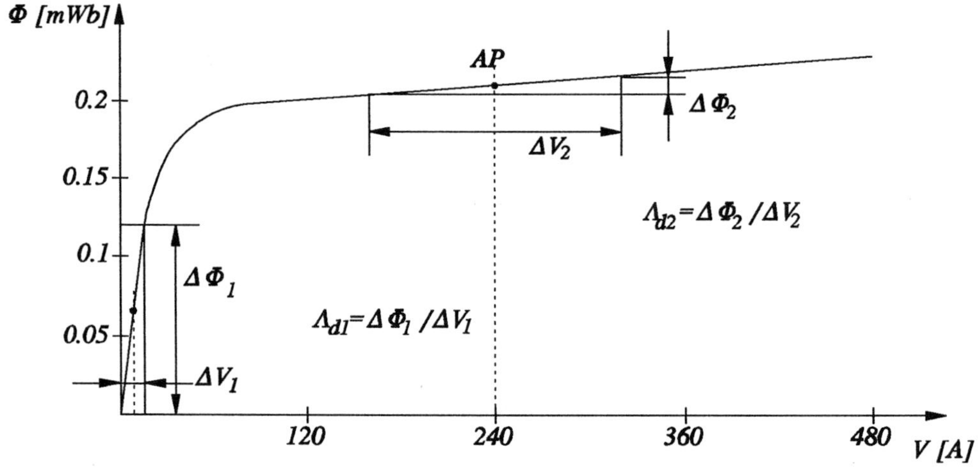

Bild 3.36 Wirksamer magnetischer Leitwert bei Gleichstromvormagnetisierung

Spulen mit Eisenkreis aus Blechzuschnitten werden als sogenannte Drosselspulen in Gleichrichterschaltungen eingesetzt. Wegen des Gleichstromanteils sind die Spulen gleichstromvormagnetisiert. Die Drosselung von Wechselanteilen wird durch die Größe des magnetischen

Leitwertes bestimmt, der wirksame Leitwert Λ_d hängt aber nun von der Lage des Arbeitspunktes auf der nichtlinearen Φ-V-Kennlinie des Magnetkreises ab, wie Bild 3.36 zeigt.

Durch Einfügen eines Luftspaltes in den Eisenkreis kann der wirksame magnetische Leitwert für Arbeitspunkte im Sättigungsgebiet der Magnetisierungskennlinie erhöht werden. Für einen Kern UI-30 soll die Vorgehensweise beispielhaft erläutert werden.

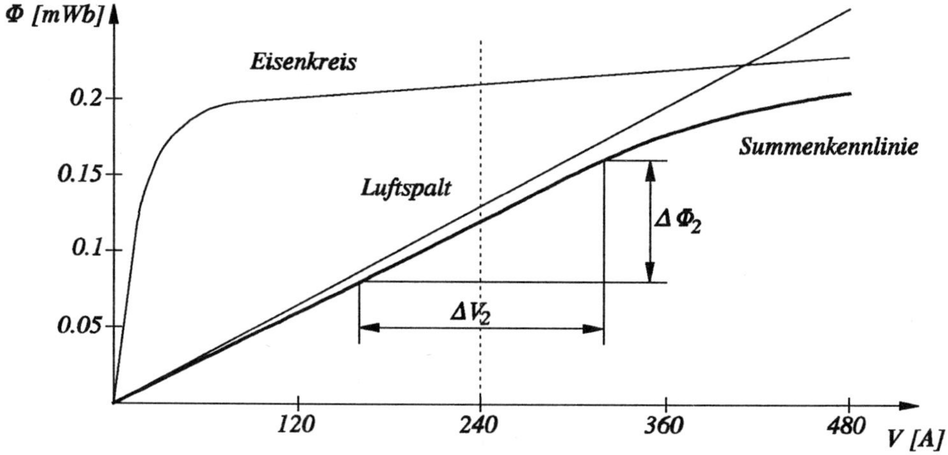

Bild 3.37 Summenkennlinie Eisenkreis mit Luftspalt

Es gilt

$$\Theta = V_{Umlauf}(\Phi) = V_{Fe}(\Phi) + V_\delta(\Phi) = V_{Fe}(\Phi) + R_{m\delta'}\,\Phi\ . \tag{3.135}$$

Gleichung (3.135) kann wegen der nichtlinearen Φ-V-Kennlinie des Eisenkreises nicht nach dem magnetischen Fluß Φ umgestellt werden, wie z. B. Gleichung (3.131). In der Magnetkreisanordnung nach Gleichung (3.131) wurde konstante magnetische Materialeigenschaft μ_r = konst. vorausgesetzt. Der Ausdruck $V_{Umlauf} = V_{Umlauf}(\Phi)$ in Gleichung (3.135) stellt die sogenannte Summenkennlinie des Magnetkreises dar. Die Vorschrift zu ihrer Bildung ist gemäß Gleichung (3.135) die Addition der magnetischen Spannungen V_{Fe} und V_δ zur Umlaufspannung V_{Umlauf} bei jeweils gleichem magnetischen Fluß Φ.

Zuerst werden zweckmäßig die B-H-Achsen der Magnetisierungskennlinie des Eisenmaterials (Kommutierungskennlinie) in die Φ-V-Achsen umgerechnet. Dabei gilt

$$\Phi = B\,A_{Fe}\ , \tag{3.136}$$

$$V = H\,l_{Fe}\ . \tag{3.137}$$

Im Bild 3.37 wurde die Umrechnung für den Kern UI-30 mit l_{Fe} = 12 cm, $A_{Fe} = A_\delta$ = 1,5 cm² vorgenommen.

In das Diagramm wird die lineare Φ-V-Kennlinie des magnetischen Widerstandes $R_{m\delta'}$ eingetragen (hier mit δ = 0,5 mm, σ = 0,3). Die Summenkennlinie $V_{Umlauf}(\Phi)$ liegt unterhalb dieser Kennlinie, da ja für einen bestimmten Flußwert zur magnetischen Spannung über dem Luftspalt die magnetische Spannung über dem Eisenweg dazu addiert wird. Typisch ist die linearisierte Summenkennlinie. Für eine gegebene Gleichstromvormagnetisierung Θ = w I kann der wirksame magnetische Leitwert bestimmt werden.

Berechnungsgrundlagen für verzweigte technische Magnetkreise

In den bisherigen Beispielen wurde als Eisenkreis der UI-Kern zugrunde gelegt. Für die Flußführung im Eisen wird die mittlere Eisenweglänge als Flußweg genommen. Die Charakterisierung der Verhältnisse am Luftspalt durch Φ_δ und Φ_σ, d. h. die Aufteilung des magnetischen Flusses Φ im Eisen in zwei Flußanteile führt wie selbstverständlich zu einer analogen Aussage zum Kirchhoffschen Knotenpunktsatz für Ströme, die hier zweckmäßig als Verzweigungssatz für Magnetflüsse bezeichnet wird. Aus der Quellenfreiheit des magnetischen Feldes folgt in einem Verzweigungspunkt für die Stärken der Magnetflußanteile

$$\sum_{\nu=1}^{n} \underset{(vzb)}{\Phi_\nu} = 0 \;. \tag{3.138}$$

Das Durchflutungsgesetz

$$\Theta = V_{Umlauf} = \sum_{\mu=1}^{m} \underset{(vzb)}{V_\mu} \tag{3.139}$$

gilt für einen geschlossenen Umlauf und kann als Verteilungssatz für magnetische Spannungen auf dem Umlauf interpretiert werden.

Die Definitions- und Bemessungsgleichungen für den magnetischen Widerstand oder magnetischen Leitwert für Elemente des Magnetkreises bzw. die Φ-V-Kennlinien der Elemente vervollständigen die Berechnungsgrundlagen.

Für die Anordnung nach Bild 3.38 zum Beispiel erhält man:

$$\Phi_1 = \Phi_2 + \Phi_3 \;, \tag{3.140}$$

$$w_1\, I_1 = V_1 + V_3 = \Phi_1\, R_{m1} + \Phi_3\, R_{m3} \;, \tag{3.141}$$

$$w_2\, I_2 = V_2 - V_3 = \Phi_2\, R_{m2} - \Phi_3\, R_{m3} \tag{3.142}$$

und daraus z. B.

$$\Phi_1 = \frac{w_1\, I_1(R_{m2} + R_{m3}) + w_2\, I_2\, R_{m3}}{R_{m1}(R_{m2} + R_{m3}) + R_{m2}\, R_{m3}} \, . \qquad (3.143)$$

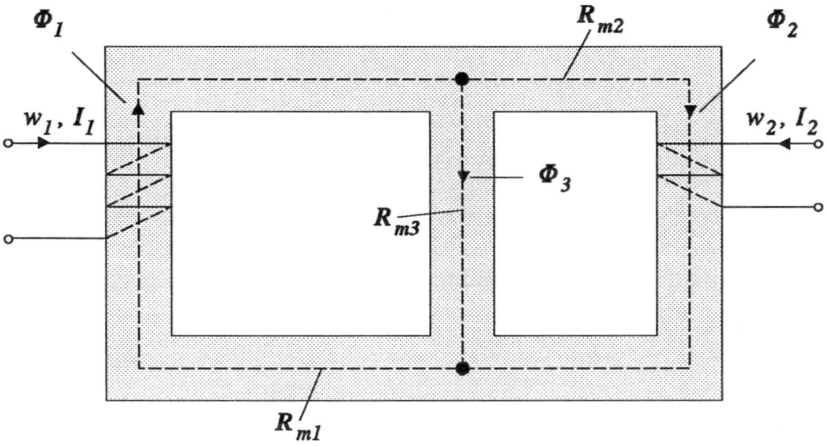

Bild 3.38 Verzweigter magnetischer Kreis

Dimensionierung der Magnetkreisanordnung

In den bisherigen Beispielen des Abschnittes 3.4.2 war der Ausgangspunkt: Gegeben sind Geometrie des Eisenkreises (mit Luftspalt) und magnetische Eigenschaften des Eisenmaterials sowie die elektrische Durchflutung der Erregerspule, gesucht sind die magnetischen Größen Flüsse, Spannungen, Widerstände, Leitwerte. Dieser Analysestandpunkt ist sicher nicht typisch für technisch relevante Aufgabenstellungen. Die Beispiele geben aber Gelegenheit, an Analysemethoden für elektrische Netze mit linearen und nichtlinearen Widerständen zu erinnern und sie auf die Analyse technischer Magnetkreisanordnungen zu übertragen. Ohne die sichere Beherrschung der Analyse ist die Dimensionierung der Magnetkreisanordnung als Einheit von Dimensionierung des Eisenkreises und der Erregerspule nicht vorzunehmen.

Die folgenden Betrachtungen sollen den Begriff Dimensionierung verdeutlichen und beispielhaft auf die Komplexität des Vorgangs Dimensionierung hinweisen:

Die Zugkraft auf den Anker eines Gleichstrommagneten ist (bei magnetisch linearem System) proportional Θ^2. Die mögliche Durchflutung hängt aber von der Geometrie der Spule, dem Leitermaterial, der Beherrschung der Erwärmungsprobleme durch die Verlustleistung der Spule u. a. ab.

Mit der Auswahl eines Eisenkreises aus Blechzuschnitten ist der nutzbare Wickelquerschnitt vorgegeben (vergleiche z. B. Bild 3.33).

Es ist zu prüfen, ob eine vorgegebene Durchflutung mit diesem Wickelquerschnitt überhaupt realisierbar ist. Die Stromdichte J in der Wicklung muß Erfahrungswerten entsprechen, unzulässige Erwärmung des Wickels führt zur Zerstörung der Wicklungsisolation (Lackisolation). Die Erwärmung ist anhand der konkreten Bedingungen nachzurechnen.

Welche Gleichstromvormagnetisierung in Drosselspulen in Gleichrichterschaltungen ist aus Erwärmungsgründen realisierbar, welcher Luftspalt ist im Eisenkreis zur Linearisierung der Kennlinie einzuführen. Gibt es einen "optimalen" Luftspalt im Sinne maximal möglicher magnetischer Leitwert im Arbeitspunkt (vergleiche Bild 3.37)?

Typisch für eine Dimensionierungsaufgabe ist die Vorgabe der Geometrie des Arbeitsluftspaltes und der magnetischen Größen im Arbeitsluftspalt (im Arbeitsluftspalt kommt es zum Beispiel zur Kraftwirkung oder Drehmoment auf stromdurchflossene Windungen (Meßgerät, Gleichstrommotor, Schwingspule des Lautsprechers o. a.)).

Vorgegeben also magnetische Flußdichte im Luftspalt B_δ, Luftspaltquerschnitt A_δ, Luftspaltbreite δ, Streufaktor σ, Geometrie der Flußleitstücke (Eisenquerschnitt A_{Fe} und mittlere Eisenweglänge l_{Fe} sowie die Materialeigenschaften, z. B. die Magnetisierungskennlinie).

Gesucht ist die elektrische Durchflutung Θ der Erregerspule, damit sich die magnetische Flußdichte B_δ im Luftspalt einstellt.

Die Dimensionierungsaufgabe kann in folgenden Schritten gelöst werden:

$$\Theta = V_{Fe} + V_\delta \,, \qquad (\Theta \; gesucht) \tag{3.144}$$

$$V_\delta = H_\delta \, \delta = \frac{B_\delta}{\mu_0} \, \delta \,, \tag{3.145}$$

$$V_{Fe} = H_{Fe} \, l_{Fe} \,, \qquad (H_{Fe} \; noch \; nicht \; bekannt) \tag{3.146}$$

$$\Phi_\delta = B_\delta \, A_\delta = \Phi(1 - \sigma) = B_{Fe} \, A_{Fe} \, (1 - \sigma) \,, \tag{3.147}$$

$$B_{Fe} = \frac{(1 - \sigma) \, B_\delta \, A_\delta}{A_{Fe}} \,. \tag{3.148}$$

Über die Materialgleichung bei konstanten Materialeigenschaften bzw. aus der Magnetisierungskennlinie kann nunmehr zu der magnetischen Flußdichte B_{Fe} die magnetische Feldstärke H_{Fe} ermittelt werden. Die Addition der magnetischen Teilspannungen V_{Fe} und V_δ führt zur notwendigen Durchflutung Θ der Erregerspule. Nunmehr ist zu prüfen, ob die Windungszahl w und die Stromstärke I im zur Verfügung stehenden Wicklungsraum (Wickelfenster) realisierbar sind, was ein Nachrechnen der Erwärmung der Erregerspule einschließt.

Gegebenenfalls zeigt sich, daß der Wicklungsraum nicht ausgenutzt wird. Der Magnetkreis ist überdimensioniert. Die Abmessungen der Kernform können verringert werden.

Dimensionierung einer Erregerwicklung

Ist die elektrische Durchflutung Θ und der Wickelraum bekannt, sind unter Beachtung der Klemmenspannung U Drahtquerschnitt A_d, Windungszahl w, Stromstärke I zu berechnen und ist die Erwärmung des Spulenwickels abzuschätzen.

Für eine Zylinderspule nach Bild 3.39 soll der Vorgang der Dimensionierung erläutert werden.

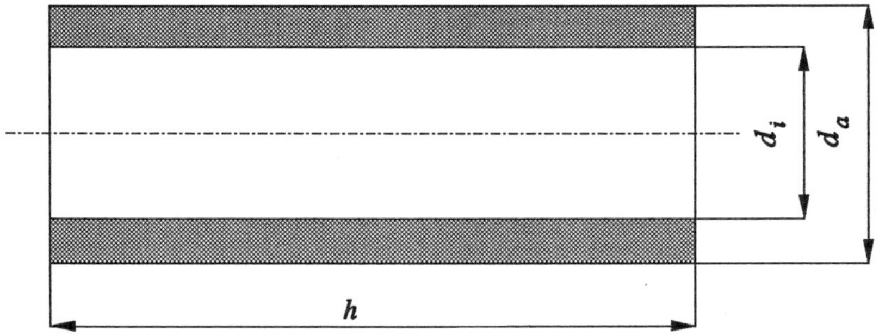

Bild 3.39 Dimensionierung einer Erregerwicklung

Mit den Vorgaben

- d_i = 26,5 mm, d_a = 41,8 mm, h = 63,8 mm,
- Klemmenspannung U = 24 V,
- Leitermaterial CuL (Kupferlackdraht), κ = 60 Sm/mm^2,
- Durchflutung Θ′ = 500 A, 1000 A, 2000 A, 4000 A

soll bestimmt werden:

- Drahtquerschnitt A_d,
- Windungszahl w,
- Spulenstrom I,
- Durchflutung Θ,
- Leistung $P = I^2 R$,
- Abschätzen der Erwärmung.

Aus

$$R = \frac{U}{I} = \frac{l}{\kappa A_d} = \frac{w \, l_m}{\kappa A_d} \tag{3.149}$$

erhält man zuerst den Drahtquerschnitt A'_d

$$A'_d = \frac{\Theta' \, l_m}{\kappa U} . \tag{3.150}$$

An Stelle des berechneten Drahtquerschnittes wird der nächstgrößere genormte verwendet. Über die Wickelraumausnutzung K_W (Wdg./cm²) folgt zum gewählten Drahtquerschnitt die mögliche Windungszahl w, damit die Länge l des Drahtwickels. Die Angaben R, I, Stromdichte J beziehen sich auf den "kalten" Zustand ϑ_u = 20 °C. Tabelle 3.3 enthält die Ergebnisse der Berechnung.

Tabelle 3.3 Dimensionierung einer Erregerspule (Bild 3.39)

Größe	Einheit					Bemerkungen
Θ'	A	500	1000	2000	4000	
A'_d	mm²	0,0373	0,0745	0,149	0,298	Gleichung (3.150)
A_d	mm²	0,0380	0,0962	0,159	0,332	aus Tabelle
d	mm	0,22	0,35	0,45	0,65	aus Tabelle
K_W	Wdg /cm²	1400	600	370	180	aus Tabelle
w		6830	2930	1810	879	$w=A_w K_w$; $A_w=(r_a - r_i)h$
l	m	733	314	194	94,3	$l = w \, l_m$
R	Ω	321	54,4	20,3	4,73	$R = l/(\kappa A_d)$
I	A	0,0748	0,441	1,18	5,07	$I = U/R$
Θ	A	511	1290	2140	4460	$\Theta = w I$
P	W	1,80	10,6	28,3	122	$P = U^2/R$
J	A/mm²	1,97	4,58	7,42	15,3	$J = I/A_d$

Für eingeprägte Klemmenspannung U verringern sich I, J und P durch die Widerstandszunahme bei Erwärmung.

Die mögliche Durchflutung Θ und damit z. B. bei elektro-magneto-mechanischen Wandlern die mechanische Arbeit wird durch die zulässige Erwärmung begrenzt. Für die Wicklungsisolation wird durch die Wärmeisolationsklasse der Lackisolierung die maximale Temperatur festgelegt. Wird die Spule thermisch überlastet, führt das zur Zerstörung der Isolation.

Zum Nachrechnen der Erwärmung der Spule ist es zweckmäßig, die Verhältnisse der Wärmeströmung durch ein Wärmeersatzschaltbild nachzubilden, das die konkreten Bedingungen der Wärmeleitung und des Wärmeüberganges für die Teile des technischen Magnetkreises erfaßt. Eine exakte Berechnung der Temperaturverteilung ist nicht möglich, durch typische idealisierende Annahmen wird ein Kompromiß zwischen Rechenaufwand und Rechengenauigkeit zu finden sein. Beachtet werden muß, daß in der Erregerspule selbst ein Temperaturgefälle vorhanden ist, so daß die maximale Temperatur im Inneren der Spule größer ist als die Oberflächentemperatur.

In einer Reihe von Anwendungsfällen ist eine Dauereinschaltung der Spule nicht vorgesehen. Beim Kurzzeitbetrieb ist die Pause zwischen den einzelnen eingeschalteten Zuständen so groß, daß sich die Spule wieder auf die Umgebungstemperatur abkühlen kann, ehe erneut eingeschaltet wird. Im Falle des Aussetzbetriebes wird die Spule bereits wieder eingeschaltet, bevor sie sich auf die Umgebungstemperatur abgekühlt hat (Bild 3.40).

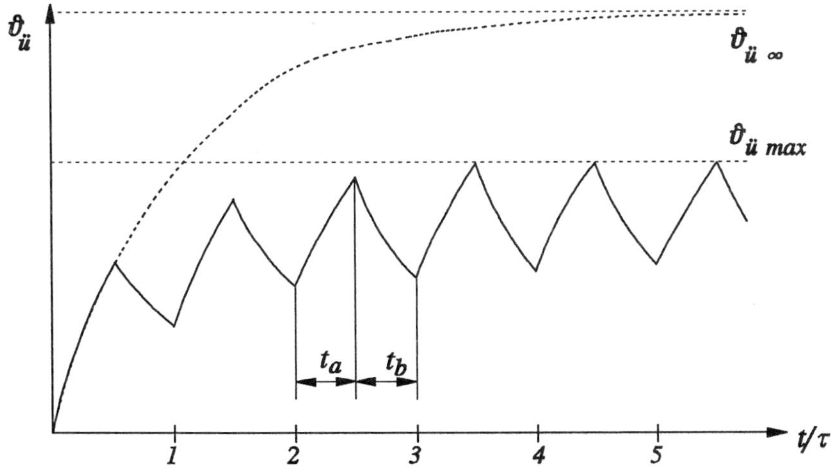

Bild 3.40 Erwärmung einer Erregerspule = Aussetzbetrieb

Im Bild bedeuten für den Aussetzbetrieb t_a die Einschaltzeit und t_b die Pausenzeit. In keinem Fall darf die maximal zulässige Wicklungstemperatur überschritten werden.

Für die Ergebnisse nach Tabelle 3.3 läßt sich schon anhand der errechneten Stromdichtewerte abschätzen: Die Durchflutung $\Theta = 4460$ A ist nur bei Kurzzeitbetrieb möglich. Für $\Theta = 2140$ A ist Aussetzbetrieb notwendig. Für $\Theta = 511$ A ist die Anordnung unterdimensioniert.

3.4.3 Magnetkreise mit Dauermagnetkern

Die Aufgabe der Erregerspule übernimmt ein in den Magnetkreis eingefügter Dauermagnetkern aus hartmagnetischem Material, wobei die aktive Kennlinie der Hystereseschleife im 2. Quadranten von der Remanenzflußdichte B_r bis zur Koerzitivfeldstärke H_k genutzt wird.

Die Vorgänge sollen an der Magnetisierung eines schlanken Ringkernes erläutert werden (Bild 3.41).

Vom unmagnetischen Zustand H = 0, B = 0 wird der Kern durch äußere Erregung bis zur Sättigungsflußdichte B_S aufmagnetisiert. Der Zusammenhang zwischen Erregerstromstärke und magnetischer Feldstärke lautet:

$$H = \frac{w\,I}{2\,\pi\,r_m}\,. \tag{3.151}$$

Nach Abschalten der äußeren Erregung ist der magnetische Zustand im Kern durch V = 0, H = 0, $B = B_r$, $\Phi = \Phi_r$ gekennzeichnet. Fügt man nun in den Kern einen Luftspalt mit der Luftspaltlänge δ ein, so sinkt der Fluß auf Werte $\Phi_r \geq \Phi > 0$. Über dem Luftspalt fällt die magnetische Spannung V_δ in Flußrichtung ab (passives Verhalten).

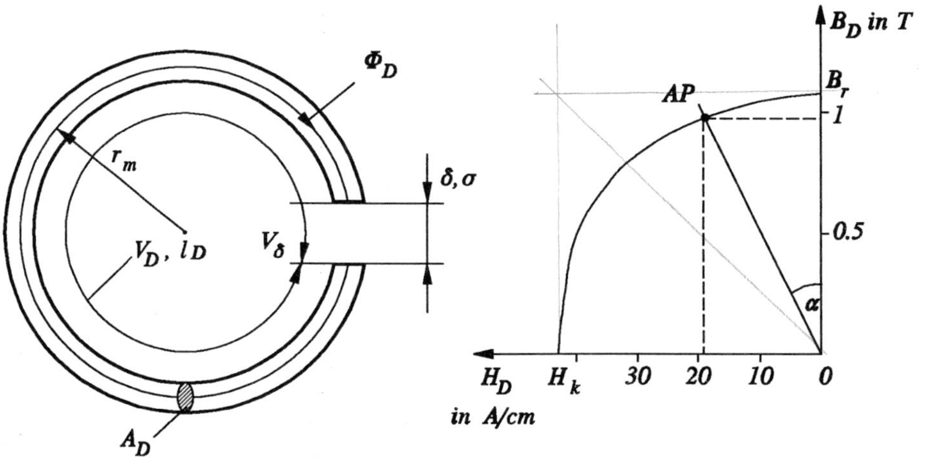

Bild 3.41 Entmagnetisierungskennlinie und Luftspaltgerade

Im "Dauermagnetkern" hat die magnetische Feldstärke H_D Werte $0 \leq H_D \leq H_k$, ihre Richtung ist entgegengesetzt zur Richtung der magnetischen Flußdichte B_D. Die Beschreibungsgleichungen lauten:

$$\Phi_D = \Phi_\delta + \Phi_\sigma = \Phi_\delta + \sigma\, \Phi_D \,, \tag{3.152}$$

$$B_D\, A_D = \frac{B_\delta\, A_\delta}{(1 - \sigma)} \,, \tag{3.153}$$

$$0 = \oint \boldsymbol{H}\, dl = H_\delta\, \delta - H_D\, l_D = V_\delta - V_D \,. \tag{3.154}$$

In Gleichung (3.154) stimmt die Richtung der **dl** mit der Flußrichtung überein und gilt die Annahme, daß $\mathbf{H}_\delta$ für alle **dl** von δ konstant und gleichorientiert und $\mathbf{H}_D$ konstant für alle **dl** von l_D und entgegengesetzt orientiert.

Das Einbringen eines Luftspaltes führt zur Entmagnetisierung im Kern ($B_D < B_r$). Der Arbeitspunkt auf der Entmagnetisierungskennlinie kann grafisch ermittelt werden. Dazu ist es notwendig, ein gemischtes Zählpfeilsystem zu verwenden. Es ist üblich, die Entmagnetisierungskennlinie im 2. Quadranten zu belassen und die Luftspaltgerade nun im 2. Quadranten zu zeichnen.

Die Beziehung für die Luftspaltgerade im Koordinatensystem mit den Achsen H_D und B_D findet man aus folgenden Überlegungen:

$$R_{m\delta'} = \frac{(1 - \sigma)\delta}{\mu_0\, A_\delta} = \frac{V_\delta}{\Phi} = \frac{V_D}{B_D\, A_D} = \frac{H_D\, l_D}{B_D\, A_D} \,, \tag{3.155}$$

$$H_D = \frac{(1 - \sigma)\, \delta}{\mu_0\, l_D} \frac{A_D}{A_\delta} B_D = k\, B_D = \tan\alpha\, B_D \tag{3.156}$$

(vergleiche Bild 3.41).

Dimensionierung des Dauermagnetkerns

Die Ermittlung der Abmaße des Dauermagnetkerns (l_D, A_D) für geforderte magnetische Eigenschaften B_δ im Arbeitsluftspalt (δ, σ, A_δ) folgt aus den Beschreibungsgleichungen (3.152), (3.153), (3.154). Im Unterschied zur Anordnung nach Bild 3.41 vervollständigen Flußleitstücke aus weichmagnetischem Material die technische Magnetkreisanordnung. Die Beziehung (3.154) lautet dann:

$$0 = \oint \boldsymbol{H}\, dl = H_\delta\, \delta + H_{Fe}\, l_{Fe} - H_D\, l_D = V_\delta + V_{Fe} - V_D \tag{3.157}$$

Für die Flußleitstücke kann häufig nicht von homogenen Feldeigenschaften ausgegangen werden, da z. B. ihr Eisenquerschnitt nicht konstant ist (vergleiche Bild 3.42).

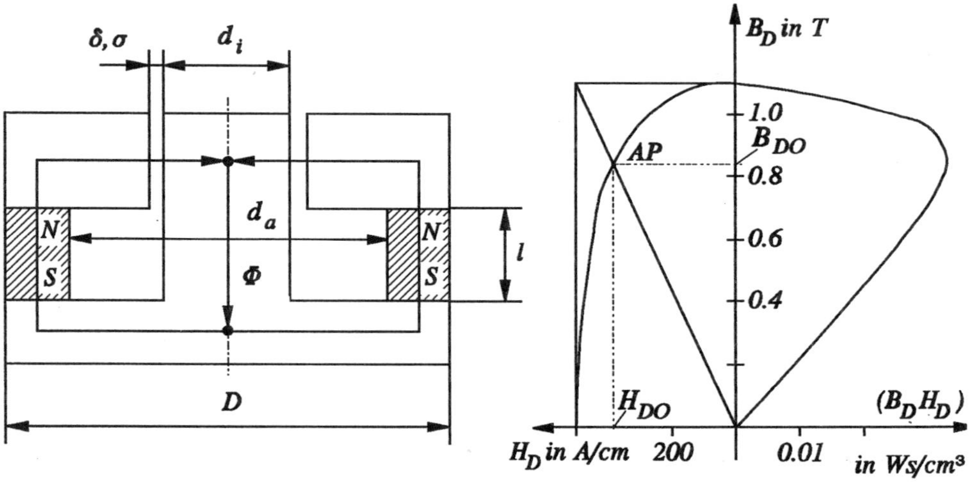

Bild 3.42 Zur Dimensionierung eines Magnetkreises mit Dauermagnetkern

Wegen jedoch $\mu_r \gg 1$ wird der magnetische Spannungsabfall V_{Fe} in der Spannungsbilanz Gleichung (3.157) gegenüber V_δ vernachlässigt bzw. als proportionaler Anteil berücksichtigt (z. B. $V_{Fe} + V_\delta = 1.1\ V_\delta$).

Folgende Aufgabenstellungen sind ableitbar:

1. Gegeben: B_δ, A_δ, δ, σ, l_D (Länge des Dauermagnetkerns), Entmagnetisierungskennlinie des Dauermagnetmaterials (z. B. AlNiCo 400, vergleiche Bild 3.42).

Gesucht: A_D (Querschnitt des Dauermagnetkerns).

Aus Gleichung (3.154) folgt

$$H_D = \frac{H_\delta\, \delta}{l_D} = \frac{B_\delta\, \delta}{\mu_0\, l_D}\ .$$

Auf der Entmagnetisierungskennlinie findet man den Arbeitspunkt $AP = AP(H_D, B_D)$ und daraus aus Gleichung (3.153)

$$A_D = \frac{B_\delta\, A_\delta}{B_D(1 - \sigma)}\ . \tag{3.158}$$

2. Gegeben: B_δ, A_δ, δ, σ, A_D (Magnetkernwerkstoffe werden in getypten Querschnittsformen angeboten), Entmagnetisierungskennlinie.

Gesucht: l_D.

Aus Gleichung (3.153) folgt

$$B_D = \frac{B_\delta \; A_\delta}{A_D(1 - \sigma)} \,, \tag{3.159}$$

daraus H_D und aus Gleichung (3.154) folgt

$$l_D = \frac{H_\delta \; \delta}{H_D} \,. \tag{3.160}$$

3. Optimierung auf minimales Volumen des Dauermagnetkerns

Für das Volumen V_D^* des Dauermagnetkerns folgt aus den Gleichungen (3.158), (3.160)

$$V_D^* = A_D \; l_D = \frac{A_\delta \; \delta \; B_\delta^2}{(1 - \sigma) \; \mu_0 \; (B_D \; H_D)} \,. \tag{3.161}$$

Damit hängt das Volumen vom Arbeitspunkt auf der Entmagnetisierungskennlinie ab. Wie Bild 3.42 zeigt, gibt es einen Arbeitspunkt, für den das Produkt (B_D H_D) maximal wird.

Diesen Arbeitspunkt findet man angenähert als Schnittpunkt der Entmagnetisierungskennlinie mit der Diagonalen des Rechtecks mit $B = B_r$ und $H = H_k$.

Bezeichnet man die Achsenwerte dieses "optimalen" Arbeitspunktes mit H_{D0} und B_{D0}, dann folgen für die Abmessungen des Dauermagnetkerns

$$l_D = \frac{H_\delta \; \delta}{H_{D0}} \,, \tag{3.162}$$

$$A_D = \frac{B_\delta \; A_\delta}{(1 - \sigma) B_{D0}} \,. \tag{3.163}$$

3.5 Elektromagnetische Induktion

3.5.1 Beobachtungen

Das Durchflutungsgesetz gibt den quantitativen Zusammenhang zwischen elektrischem Strom und das ihn begleitende Magnetfeld (charakterisiert durch die magnetische Feldstärke **H**) an. Dieses Magnetfeld wirkt auf den Zustand der Materie im Raum der Feldausbreitung. Die durch Ströme hervorgerufene Magnetisierung des Raumes ist ein bekannter Induktionseffekt.

Faraday hat sich mit seinen Untersuchungen 1831 die Aufgabe gestellt, die umgekehrte Induktionswirkung nachzuweisen, nämlich "Elektrizität durch gewöhnlichen Magnetismus anzuregen". Bei der Beschreibung seiner Induktionsexperimente stellt er zunächst fest, daß ein von einem Gleichstrom durchflossener Leiterkreis keine Elektrizität in einem zweiten stromlosen Leiterkreis in enger Nachbarschaft anregt. Nur beim Öffnen und Schließen des Stromkreises ist im zweiten Stromkreis ein Stromimpuls registrierbar, nachgewiesen von Faraday durch die kurzzeitige Ablenkung einer Magnetnadel bzw. durch Magnetisieren einer Stahlnadel. Der mit dem Einschalten und Abschalten des Erregerstromes oder dessen zeitlicher Veränderung überhaupt verbundene Magnetfeldaufbau und -abbau ruft in Leiterkreisen, die von Teilen dieses Magnetfeldes durchsetzt werden, einen Induktionsstrom hervor. Diese Induktionswirkung nennt man Gegeninduktion.

Faraday weist nun die Identität der Induktionswirkungen von Permanentmagneten, Elektromagneten und elektrischen Strömen nach. Magnetfeldänderung in einem Induktionskreis ist auch z. B. durch Annähern und Entfernen eines Magneten (wie Einbringen eines Stabmagneten in eine Zylinderspule) zum Induktionskreis realisierbar.

Verändert der Leiterkreis in einem Koordinatensystem seine Lage nicht, und sind in ihm Induktionsströme durch Magnetfeldänderung nachweisbar, spricht man von Ruheinduktion.

Faradays herausragende Leistung 1831 besteht in der Beschreibung einer Anordnung, mit der er die Induktion "eines permanenten elektrischen Stromes (Gleichstrom) mit Hilfe eines gewöhnlichen Magneten demonstriert" (Bild 3.46). Mit der Angabe des Dynamoprinzips wird in Gestalt des Gleichstromgenerators eine neue Spannungsquelle zur Verfügung gestellt: Eine Kupferscheibe auf einer Messingachse wird zwischen die Pole eines Magneten geschoben. Kontakte am Scheibenrand und auf der Achse führen zu einem Leiterkreis, in dem bei gleichmäßiger Rotationsgeschwindigkeit der Scheibe ein permanenter Strom nachgewiesen werden kann. Induktionserscheinungen, die gebunden sind an die Bewegung der oder von Teilen des Leiterkreises im Magnetfeld, nennt man Erscheinungen der Bewegungsinduktion.

Der Magnetfeldauf- und -abbau bei zeitlicher Änderung des Erregerstromes ruft im Stromkreis selbst eine Induktionswirkung hervor. Diese Erscheinung, 1835 von Faraday beschrieben, heißt Selbstinduktion.

Induktionsströme treten auch in räumlichen Leiteranordnungen auf. Die Rotation des Ankers in elektrischen Maschinen, der vom Magnetfluß durchsetzt wird, führt über Bewegungsinduktion zum Auftreten von Wirbelströmen. Ebenso führt die Magnetflußänderung in Schenkeln und Jochen von Eisenkreisen zum Erscheinungsbild der Wirbelströme im Eisen (Ruheinduktion).

3.5.2 Feldkräfte im Koordinatensystem

Es soll die Bewegung eines stabförmigen Leiters durch ein homogenes Magnetfeld untersucht werden (Bild 3.43).

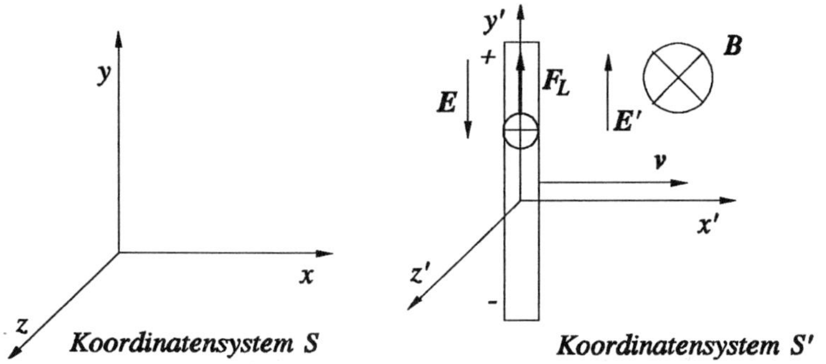

Bild 3.43 Bewegung eines Leiterstabes im homogenen Magnetfeld

Das Ausprägen von Induktionsströmen in Leiterkreisen und räumlichen Leiteranordnungen erfordert einen Bewegungsantrieb, eine Kraft auf die beweglichen Ladungsträger (Strom als gerichtete Bewegung von Ladungsträgern). Bekannt sind die Lorentzkraft auf die bewegte Ladung im Magnetfeld und die Kraft auf die Ladung im elektrischen Feld

$$\boldsymbol{F} = Q\ (\boldsymbol{v} \times \boldsymbol{B})\ , \tag{3.164}$$

$$\boldsymbol{F} = Q\ \boldsymbol{E}\ . \tag{3.165}$$

Die Auswertung der Beziehungen (3.164), (3.165) erfordert ein Koordinatensystem zur Beschreibung der physikalischen Größen **F**, **v**, **B**, **E**.

In einem ruhenden Bezugssystem S haben die beweglichen Ladungsträger des stabförmigen Leiters die Geschwindigkeit **v** im Feld **B**. Die Lorentzkraft treibt die Elektronen als bewegliche Ladungsträger zum Stabende, was zum positiven Ladungsüberschuß am anderen Stabende führt.

Ladungstrennung erfolgt solange, bis das elektrostatische Feld der getrennten Ladungen eine Feldkraft nach Gleichung (3.165) hervorruft, die in jedem Punkt des Stabinneren zu

$$0 = Q\,(\boldsymbol{v} \times \boldsymbol{B}) + Q\,\boldsymbol{E} \tag{3.166}$$

führt, woraus für die elektrische Feldstärke folgt

$$\boldsymbol{E} = -\boldsymbol{v} \times \boldsymbol{B}\,. \tag{3.167}$$

In einem mit dem Stab geführten Bezugssystem werden Kräfte auf die im Bezugssystem ruhenden beweglichen Ladungsträger registriert. Ursache kann nur ein homogenes elektrisches Feld $\mathbf{E}'$ sein, dessen Betrag und Richtung aus den Größen $\mathbf{v}$ und $\mathbf{B}$ des Bezugssystems S folgt:

$$\boldsymbol{E}' = \boldsymbol{v} \times \boldsymbol{B}\,. \tag{3.168}$$

Der Leiter im elektrischen Feld $\mathbf{E}'$ wird polarisiert. Die Ladungstrennung erfolgt solange, bis das Innere des Leiters feldfrei ist, weil sich äußeres Feld $\mathbf{E}'$ und Feld infolge der Ladungstrennung kompensieren (Faradayscher Käfig).

Es gibt also in beiden Bezugssystemen eine unterschiedliche Begründung für die Ladungsbewegung, unterschiedliche Werte der elektrischen Feldstärke im Inneren des Leiters und außerhalb, aber als Wirkung der unterschiedlichen Feldkräfte eine übereinstimmende Ladungstrennung und Verteilung der beweglichen Ladungsträger auf der Oberfläche.

Diese Differenzierung der Ursache in Abhängigkeit vom Koordinatensystem bei gleicher Wirkung soll an der Bewegung eines Leiterkreises im inhomogenen Magnetfeld weiter erläutert werden (Bild 3.44).

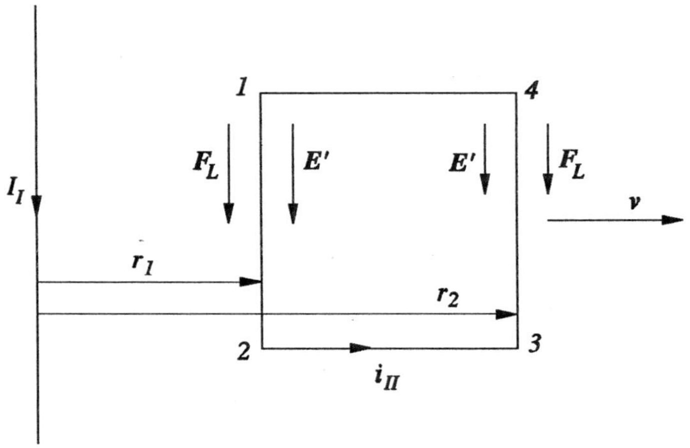

Bild 3.44 Bewegung einer Leiterschleife im inhomogenen Magnetfeld

In der Ebene eines Leiterkreises I, der sich in weiter Ferne schließt und den Gleichstrom I führt, wird ein Leiterkreis II bewegt. Bei Entfernung des Leiterkreises II vom Leiterkreis I fließt ein Induktionsstrom i_{II} im Leiterkreis II mit im Bild 3.44 eingetragener Richtung.

Ein Beobachter im ruhenden Koordinatensystem S ordnet den Vorgang als Phänomen der Bewegungsinduktion ein, weiter als Phänomen der Gegeninduktion (vergleiche Abschnitt 3.7). Die magnetische Flußdichte **B** ist in jedem Punkt des Koordinatensystems bekannt.

Die Ladungen des Leiterkreises II werden mit der Geschwindigkeit **v** bewegt. Die Lorentzkraft auf die einzelnen Ladungen ist unterschiedlich. Auf die Ladungen im Leiterstab 1-2 wird z. B. die Lorentzkraft

$$F_{12} = \frac{Q\, v\, \mu_0\, I_I}{2\, \pi\, r_1}\,, \qquad (3.169)$$

$= Q(v \times B) = Q(v \cdot \mu_0 \cdot \frac{I}{2\pi r})$

$B = \mu_0 \cdot H$

auf die Ladungen im Leiterstab 3-4 die Lorentzkraft

$\oint H\, dl = w \cdot I \quad w = 1$

$H = \frac{w \cdot I}{l}$

$H = \frac{I}{2\pi r}$

$$F_{34} = \frac{Q\, v\, \mu_0\, I_I}{2\, \pi\, r_2} \qquad (3.170)$$

mit $F_{34} < F_{12}$ ausgeübt. Die Kraftrichtungen und -beträge zeigt Bild 3.44.

In einem homogenen Magnetfeld kommt es zur Ladungstrennung im Leiterkreis mit dem Erscheinungsbild der Oberflächenladungen. Im inhomogenen Magnetfeld kann keine Feldkraft angegeben werden, die den Gedanken der Ladungstrennung und damit der unterschiedlichen Ladungsträgerkonzentration jeweils im Leiterstab 2-3 und 4-1 rechtfertigt. Auf die Ladungen der Ladungsträgerkette wirkt die Lorentzkraft unterschiedlich nach Betrag und Richtung und setzt diese resultierend in Bewegung.

Ein Beobachter im mit dem Leiterkreis II mitbewegten Bezugssystem S′ registriert im Bezugssystem ein inhomogenes elektrisches Feld **E′**, im Beispiel nach Bild 3.44 mit

$$\boldsymbol{E'} = \boldsymbol{v} \times \boldsymbol{B}\ .$$

Dieses elektrische Feld mit der Feldkraft

$$\boldsymbol{F} = Q\, \boldsymbol{E'} \qquad (3.171)$$

auf die Ladungen des Leiterkreises setzt die Ladungen in Bewegung. Im Unterschied zu den Anordnungen im elektrischen Strömungsfeld und im elektrostatischen Feld ist das Feld der elektrischen Feldstärke **E′** so beschaffen, daß für einen Umlauf im Koordinatensystem im allgemeinen gilt:

$$\oint_L \mathbf{E}' \, d\mathbf{l} \neq 0 \, . \tag{3.172}$$

Es handelt sich also nicht um ein Potentialfeld mit

$$\int_1^2 \mathbf{E} \, d\mathbf{l} = U_{12} = \varphi_1 - \varphi_2$$

und

$$\oint \mathbf{E} \, d\mathbf{l} = 0 \, ,$$

sondern um ein elektrisches Wirbelfeld.

Die Aussage des Faradayschen Induktionsgesetzes ist nun, daß der Wert des Umlaufintegrals Gleichung (3.172) sich aus der Magnetflußänderung, bezogen auf den Umlauf L, ergibt. Die quantitativen Zusammenhänge folgen in den nächsten Abschnitten.

3.5.3 Bewegungsinduktion

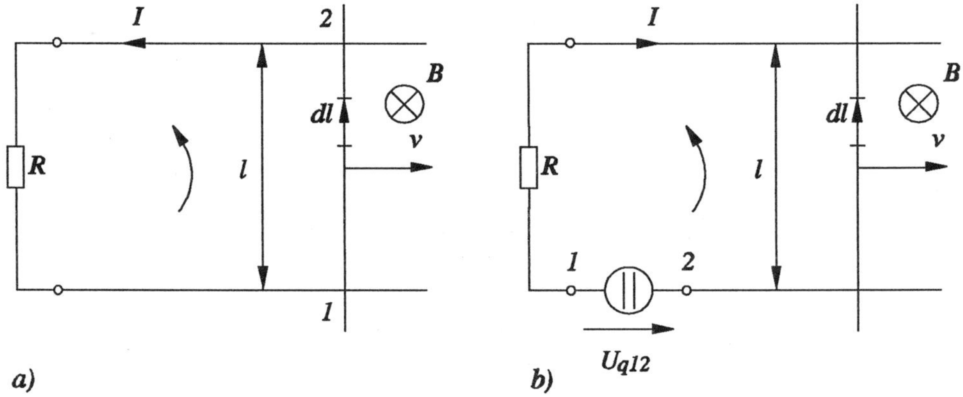

Bild 3.45 Stromkreis mit Bewegungsinduktion

Es soll die Anordnung nach Bild 3.45a betrachtet werden.

Ein stabförmiger Leiter mit der Länge l gleite mit der konstanten Geschwindigkeit **v** im homogenen Feld **B** auf zwei Stromschienen, die mit einem Widerstand R abgeschlossen sind. Der ohmsche Widerstand des Stabes und der Stromschienen sei gegenüber R vernachlässigbar. Im Leiterkreis nach Bild 3.45a wird ein Gleichstrom der Stärke I induziert.

Der Spannungsabfall auf dem Leiterkreis ist

$$U = R\,I\,. \tag{3.173}$$

Als Bewegungsantrieb für den Induktionsstrom wird die induzierte Spannung auf dem Umlauf U_i eingeführt.

Die Definition der Spannung im elektrischen Feld war zum Transport einer Ladung erforderliche Arbeit pro Ladung. In Erweiterung dieser Definition führt das Umlaufintegral der Lorentzkraft zum Wert der induzierten Spannung

$$U_i = \oint_L (\boldsymbol{v} \times \boldsymbol{B})\, d\boldsymbol{l}\,. \tag{3.174}$$

Die Auswertung der Gleichung (3.174) im ruhenden Koordinatensystem für die Anordnung nach Bild 3.45a führt zum Ergebnis

$$U_i = \oint (\boldsymbol{v} \times \boldsymbol{B})\, d\boldsymbol{l} = \int_1^2 v\,B\,dl = v\,B\,l\,. \tag{3.175}$$

Mit der Vorgabe der Umlaufrichtung wird die Richtung der Wegelemente **dl** festgelegt. Zum Umlaufintegral nach Gleichung (3.175) leisten nur die Wegelemente des Stabes einen Beitrag, alle anderen Wegelemente des Umlaufs haben im Koordinatensystem die Geschwindigkeit Null. Für die Wegelemente des Stabes gilt: $(\mathbf{v} \times \mathbf{B})\mathbf{dl} = v\,B\,dl$ mit $v\,B$ = konst. für alle dl. Für ein positives Ergebnis der induzierten Spannung U_i nach Gleichung (3.174) stimmt die Richtung des Induktionsstromes mit der Umlaufrichtung überein (Bild 3.45a). Für einen negativen Wert ist die Richtung des Induktionsstromes im Leiterkreis entgegengesetzt zur angenommenen Umlaufrichtung.

Die Unterschiede zum elektrischen Gleichstromkreis soll die Anordnung nach Bild 3.45b verdeutlichen:

Im Unterschied zur Anordnung nach Bild 3.45a ist in den Leiterkreis eine Spannungsquelle mit der Klemmenspannung U_{q12} eingefügt. Für den ruhenden Leiterstab ($v = 0$) oder für ein Magnetfeld mit $B = 0$ ist die Voraussetzung für Bewegungsinduktion nicht gegeben. Die Spannungsgleichung lautet nach dem Kirchhoffschen Maschensatz

$$0 = -R\,I + U_{q12}\,. \tag{3.176}$$

Sind die Voraussetzungen für Bewegungsinduktion gegeben, lautet die Spannungsbilanz für die Anordnung nach Bild 3.45b

$$U_i = \oint (\boldsymbol{v} \times \boldsymbol{B})\, d\boldsymbol{l} = v\,B\,l = -R\,I + U_{q12}\,, \tag{3.177}$$

$$I = \frac{-v\,B\,l + U_{ql2}}{R} \,. \tag{3.178}$$

Mit der Vorgabe des Umlaufsinns liegt die Richtungsorientierung der **dl** vor, was zum Wert der induzierten Spannung führt, die Teilspannungen auf der rechten Seite der Gleichung (3.177) sind in bekannter Weise vorzeichenbehaftet bezogen auf den Umlaufsinn einzusetzen. Für eine Spannungsquelle mit

$$U_{ql2} = v\,B\,l$$

wird der Strom im Leiterkreis I = 0. Beim Heraustrennen der Quelle mißt man an den Klemmen 1-2 die Leerlaufspannung U_{12L} = v B l = U_i.

Die induzierte Spannung ist nicht Folge des Induktionsstromes. Sie charakterisiert das Vermögen, in einem Leiterkreis einen Induktionsstrom anzutreiben. Es ist möglich, die Induktionsspannung im Leiterkreis als Spannungsquelle zu plazieren, jedoch kommt in den Gleichungen (3.175) und (3.177) deutlicher zum Ausdruck, daß bei Induktionserscheinungen im Leiterkreis die Umlaufspannung verschieden von Null ist und daß zur Berechnung der induzierten Spannung der Beitrag aller Element **dl** des Leiterkreises zu untersuchen ist.

Die Anordnungen nach Bild 3.45a und 3.45b sind gut geeignet, Energie- und Leistungsbeziehungen zu vergleichen.

Für die Anordnung nach Bild 3.45a sollen gegeben sein:

B = 1 T, v = 10 m/s, l = 0,1 m, R = 1 kΩ.

Es folgen:

U_i = 1 V, I = 1 mA, P = R I^2 = 1 mW.

Auf den stromdurchflossenen Leiterstab im Magnetfeld wirkt eine Kraft, die nach dem Ampèreschen Kraftgesetz berechnet wird. Aus F = I l B folgt F = 0,1 mN. Um die Bewegung des Stabes mit der gleichförmigen Geschwindigkeit v zu gewährleisten, ist diese Kraft am Stab zu kompensieren. Im Zeitintervall Δt = 1 s wird damit die Arbeit W = F s = 1mWs geleistet. Die im Widerstand R umgesetzte Leistung P = 1 mW entspricht der am Stab aufzubringenden Arbeit in der Zeiteinheit.

Für die Anordnung nach Bild 3.45b soll zu den Werten nach Bild 3.45a die Klemmenspannung U_{q12} = 2 V betragen. Der Strom folgt zu I = 1 mA (Gleichung (3.178)). Mit der eingetragenen Stromrichtung greift die Ampèresche Kraft in Bewegungsrichtung am Leiterstab an.

Die Leistungsbilanz der Anordnung lautet

$$O = R\,I^2 + F\,v - U_{ql2}\,I \,. \tag{3.179}$$

Im Kreis wird elektrische Energie im ohmschen Widerstand in Wärme und mittels der Stabbewegung in Arbeit umgewandelt. Die Leistungsbilanz Gleichung (3.179) beschreibt das Motorprinzip.

Die Anordnungen nach Bild 3.45a und Bild 3.45b dienten der einführenden Beschreibung der quantitativen Zusammenhänge des Sachverhaltes Bewegungsinduktion. Die Berechnung der Induktionsspannung nach Gleichung (3.174)

$$U_i = \oint (\boldsymbol{v} \times \boldsymbol{B})\, d\boldsymbol{l}$$

in einem Leiterkreis erfordert die Wahl eines Koordinatensystems, in dem die gerichteten Größen **v**, **B**, **dl** beschrieben werden. Gleichung (3.174) ist aus der Lorentzkraft

$$\boldsymbol{F} = Q\ (\boldsymbol{v} \times \boldsymbol{B})$$

abgeleitet. Sie beschreibt damit eine experimentell bestätigte Erfahrung und ist gleichzeitig Rechenvorschrift.

In den folgenden Beispielen wird die Berechnung der Induktionsspannung für technisch relevante Anordnungen erläutert.

Unipolarmaschine

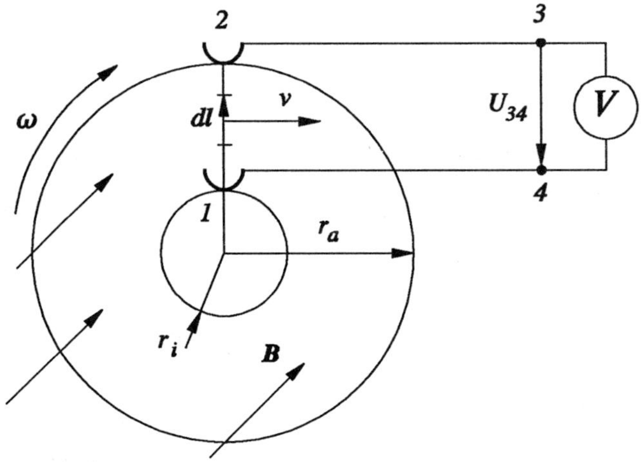

Bild 3.46 Unipolarmaschine

Die Unipolarmaschine stellt die technische Umsetzung des Faradayschen Experimentes zur Induktion eines Gleichstromes mit Hilfe eines "gewöhnlichen" Magneten dar.

Das Magnetfeld mit der konstanten Magnetflußdichte **B** durchsetzt die gesamte Kupferscheibe gleichförmig. Die Scheibe rotiert mit der Winkelgeschindigkeit $\omega = 2\ \pi\ n$. Die Berechnung der Induktionsspannung U_i im Leiterkreis 1-2-3-4-1 nach Gleichung (3.174) reduziert sich gemäß Gleichung (3.180)

$$U_i = \oint_L (\boldsymbol{v} \times \boldsymbol{B})\ d\boldsymbol{l} = \oint_{1-2-3-4-1} (\boldsymbol{v} \times \boldsymbol{B})\ d\boldsymbol{l} = \int_1^2 (\boldsymbol{v} \times \boldsymbol{B})\ d\boldsymbol{l}\ , \tag{3.180}$$

da nur die **dl** des Leiterkreises von 1 nach 2 eine Geschwindigkeit **v** im Feld **B** haben.

Wegen $(\mathbf{v} \times \mathbf{B}) \,||\, \mathbf{dl}$ ist $(\mathbf{v} \times \mathbf{B})\mathbf{dl} = v\ B\ dl$. Die Elemente **dl** von 1 nach 2 haben unterschiedliche Geschwindigkeit **v**, das Element **dl** an der Stelle r mit $r_i \leq r \leq r_a$ hat die Geschwindigkeit $v = \omega\ r$. Setzt man nun zweckmäßig $dl = dr$, wird aus Gleichung (3.180)

$$\begin{aligned} U_i &= \int_1^2 (\boldsymbol{v} \times \boldsymbol{B})\ d\boldsymbol{l} = \int_1^2 v\ B\ dl = \int_{r_i}^{r_a} \omega\ r\ B\ dr \\ &= \frac{\omega\ B}{2}\,(r_a^2 - r_i^2) = \pi\ n\ B(r_a^2 - r_i^2)\ . \end{aligned} \tag{3.181}$$

Die Induktionsspannung nach Gleichung (3.181) steht als Klemmenspannung U_{34} am Widerstand R zur Verfügung. Induktionsspannung und Induktionsstrom stimmen in der Richtung im Leiterkreis mit der Richtungsvorgabe der **dl** überein. Mit der Anordnung nach Bild 3.46 ist ein Gleichspannungsgenerator ohne Stromwender realisiert.

Die Größe der erreichbaren Generatorspannung liegt bei einigen 10 V. Drehzahl n und Außenradius r_a begrenzen sich gegenseitig. Die Magnetflußdichte B im Luftspalt wird durch die magnetische Sättigung der Flußleitstücke und den Leistungsverbrauch der Erregerspulen wertmäßig bestimmt. Nachteilig ist auch der Spannungsabfall an den Gleitkontakten (Zahlenwerte: z. B. $B = 0{,}7$ T, $n = 2000$ Umin^{-1}, $r_a = 1$ m, $r_i = 0{,}1$ m, $U_i = 72{,}6$ V).

Drehung einer Rechteckschleife im Magnetfeld

Es werde eine rotierende Rechteckschleife im homogenen, zeitlich konstanten Magnetfeld betrachtet (Bild 3.47).

Die Voraussetzungen für Bewegungsinduktion sind gegeben. Über die Schleifringe ist die Anordnung mit Außenleitern verbunden, zwischen denen die Klemmenspannung u_{ab} zur Verfügung steht. Für den eingezeichneten Umlauf folgt

$$U_i = \oint (\boldsymbol{v} \times \boldsymbol{B})\ d\boldsymbol{l} = u_{ab}\ . \tag{3.182}$$

In einem ruhenden Koordinatensystem sind die gerichteten Größen **v**, **B**, **dl** zu beschreiben, um Gleichung (3.182) auswerten zu können.

Für die Teile 1-2 und 3-4 des Leiterkreises ist (**v** × **B**) in Richtung der **dl**, für die Teile 2-3 und 4-1 senkrecht zu den **dl**.

Damit reduziert sich die Auswertung des Umlaufintegrals (3.182) auf

$$U_i = \int_1^2 (\boldsymbol{v} \times \boldsymbol{B})\, \boldsymbol{dl} + \int_3^4 (\boldsymbol{v} \times \boldsymbol{B})\, \boldsymbol{dl} = u_{ab} \,. \tag{3.183}$$

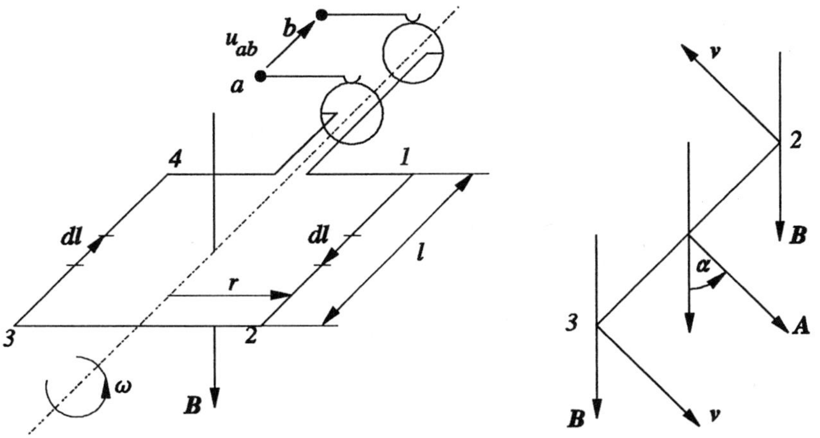

Bild 3.47 Drehung einer Rechteckschleife im homogenen Magnetfeld

Aus Bild 3.47 ist weiter abzulesen:

$$\int_1^2 (\boldsymbol{v} \times \boldsymbol{B})\, \boldsymbol{dl} = v\, B\, \sin(180° - \alpha)\; l = v\, B\, \sin\alpha\; l \,, \tag{3.184}$$

$$\int_3^4 (\boldsymbol{v} \times \boldsymbol{B})\, \boldsymbol{dl} = v\, B\, \sin\alpha\; l \,. \tag{3.185}$$

Für den Drehwinkel α ist einzusetzen α = ω t und weiter ist v = ω r. Bei der Drehung einer Schleife im homogenen Magnetfeld kann an den Schleifringen also eine sinusförmige Klemmenspannung

$$u_{ab} = 2\, r\, l\, \omega\, B\, \sin(\omega\, t) \tag{3.186}$$

abgenommen werden.

Drehbewegung im homogenen radialen Magnetfeld

Die Drehbewegung einer Leiterschleife mit konstanter Winkelgeschwindigkeit ω im homogenen radialen Magnetfeld liefert eine trapezförmige Klemmenspannung. Durch die Geometrie der Polschuhe und das Verhalten der magnetischen Feldgrößen an Grenzflächen bedingt, verlaufen die magnetischen Feldlinien im Luftspalt in radialer Richtung (Bild 3.48).

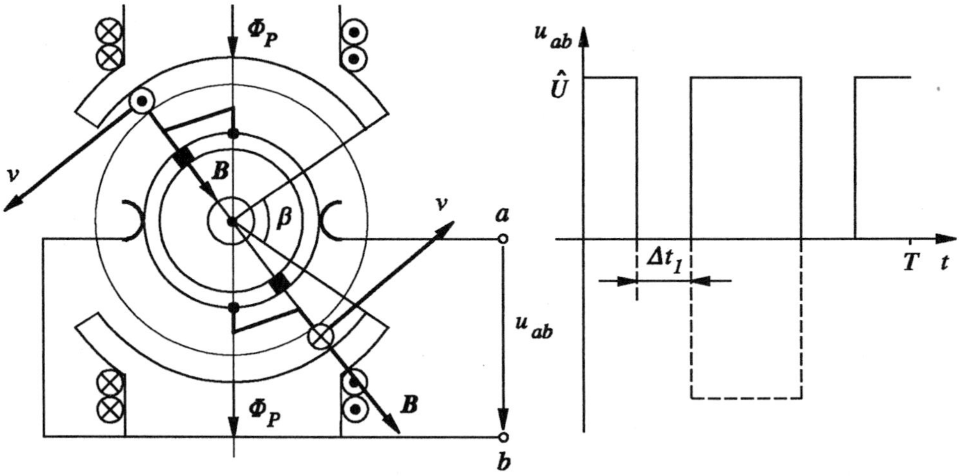

Bild 3.48 Drehbewegung im homogenen radialen Magnetfeld

Mit den Bezeichnungen für die Leiterschleife nach Bild 3.47 liefern die Leiterstäbe 1-2 und 3-4 einen Beitrag zur Spannungsinduktion. Die Trapezhöhe beträgt

$$\hat{U} = 2\, r\, l\, \omega\, B\ . \tag{3.187}$$

Der Winkel β beschreibt den feldfreien Raum. Während der Drehbewegung der Leiterstücke 1-2, 3-4 im feldfreien Raum sind die Voraussetzungen für Bewegungsinduktion nicht gegeben.

Für die Zeitintervalle Δt_1 nach Bild 3.48 gilt der Zusammenhang

$$\beta = \omega\, \Delta t_1\ .$$

Die Periodendauer der trapezförmigen Spannung T folgt aus

$$\omega\, T = 2\, \pi\,, \tag{3.188}$$

$$T = \frac{1}{n}, \tag{3.189}$$

mit n = Umdrehungszahl in der Zeiteinheit.

Die Stromabnahme kann nun so gestaltet werden, daß jeweils der unter gleichem Polschuh sich bewegende Leiterstab mit dem gleichen Außenleiter verbunden wird. Das ist das Kommutator (= Stromwender)prinzip. Als Klemmenspannung erhält man eine pulsierende Gleichspannung. Besteht nun die Läuferwicklung aus einer Vielzahl von in bestimmter Weise zusammengeschalteten Leiterstäben, so daß bei der Drehbewegung die Zahl der Leiterstäbe unter den Polschuhen konstant bleibt, steht an den Außenleitern eine Gleichspannung zur Verfügung.

3.5.4 Ruheinduktion

Ein Teil der Induktionserscheinungen, wie die Spannungsinduktion in einer Leiterschleife, die von einem zeitlich sich ändernden Magnetfluß $\Phi(t)$ durchsetzt wird, und das Auftreten von Wirbelströmen in Schenkeln und Jochen technischer Magnetkreise bei zeitlich veränderlichem Magnetfluß, sind durch die Lorentzkraft nicht erklärbar. Als Bewegungsantrieb bleibt die Kraft auf Ladungen im elektrischen Feld. Die Erläuterungen im Abschnitt 3.5.2 haben aber gezeigt, daß die Erklärung der Induktionserscheinungen vom Koordinatensystem abhängt, indem die Induktionserscheinungen quantitativ beschrieben werden.

Es soll noch einmal die Bewegung einer Schleife im inhomogenen Magnetfeld betrachtet werden (Bild 3.44). Im mit der Schleife mitbewegtem Bezugssystem kann ein inhomogenes elektrisches Feld nachgewiesen werden. Gleichzeitig registriert der Beobachter im mitbewegten Koordinatensystem eine Verteilung der magnetischen Flußdichte in den Raumpunkten, die auch zeitabhängig ist. Für ein kartesisches Koordinatensystem gilt:

$$B' = B'(x, y, z, t) \ .$$

Im allgemeinen ist dem Beobachter dabei nicht bekannt, welche Ursache die Orts- und Zeitveränderlichkeit der magnetischen Flußdichte hat.

Aus den Meßergebnissen muß der Beobachter schließen, daß das elektrische Feld seine Ursache in der Magnetflußänderung hat. Es ist ein induziertes elektrisches Feld, das durch seine Feldstärke $\mathbf{E}_i'$ beschrieben werden soll. Dieses Feld hat keine Quellen und Senken wie das elektrostatische Feld, sondern ist durch geschlossene Feldlinien gekennzeichnet, die den sich ändernden Magnetfluß umwirbeln. Bringt man einen geschlossenen Leiterkreis oder einen räumlichen Leiter in dieses elektrische Wirbelfeld, so fließt ein Induktionsstrom im Leiterkreis bzw. prägen sich Wirbelströme im räumlichen Leiter aus. Als Antriebsgröße für die Induktionsströme wird in Analogie zu Gleichung (3.174) die Induktionsspannung U_i eingeführt, die aus dem Umlaufintegral der induzierten elektrischen Feldstärke $\mathbf{E}_i'$ folgt:

$$U_{Umlauf} = \oint E_i' \, dl = U_i \; . \qquad (3.190)$$

Induktionsfluß Ψ

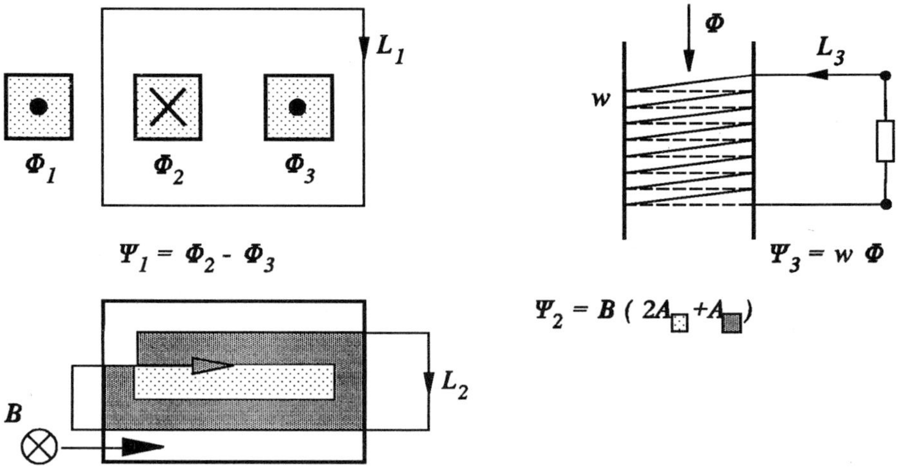

Bild 3.49 Zur Definition des Induktionsflusses Ψ

Der Induktionsfluß Ψ stellt einen Zusammenhang her zwischen einer Randkurve L und der vorzeichenbehafteten Summe der Stärken der Magnetflüsse, die die von der Randkurve L aufgespannte Fläche A durchstoßen. Es gilt als Definitionsgleichung

$$\Psi_{(L)} = \sum_{\nu=1}^{n} \Phi_{\nu \, (vzb)} = \int_A B \, dA \; . \qquad (3.191)$$

Durchlaufpfeil der Randkurve L und positive Normalenrichtung des Flächenstücks d**A** bilden eine Rechtsschraube. Die Einheit des Induktionsflusses ist

$$[\Psi] = 1 \ Wb, \qquad (3.192)$$

wie aus Gleichung (3.191) folgt. Zur Erläuterung der Definitionsgleichung (3.191) soll Bild 3.49 dienen. Dabei werden auch die Unterschiede zum Magnetfluß Φ deutlich.

Der Induktionsfluß Ψ verknüpft also Magnetflußanteile mit einer (elektrischen) Struktur, Leiterkreis, Spule mit w Windungen, u. a.. Man spricht auch vom (mit der Struktur) verketteten Magnetfluß.

Induktionsgesetz für Ruheinduktion

Das Experiment besagt: Die zeitliche Änderung des Induktionsflusses ruft in der Berandung eine ihr gleiche Umlaufspannung hervor. Der Induktionsstrom ist so gerichtet, daß er der Ursache seiner Entstehung entgegenwirkt.

Die quantitative Beschreibung lautet

$$U_{Umlauf} = U_i = \oint \boldsymbol{E}_i \, dl = -\frac{d\Psi}{dt} \,. \qquad (3.193)$$

Die Richtungsvorgabe für die Induktionsspannung, den Induktionsstrom folgt aus Rechtszuordnung von Induktionsfluß Ψ und Durchlaufpfeil. Gleichung (3.193) wird auch als Faradaysches Induktionsgesetz bezeichnet. Die Interpretation des Minus in Gleichung (3.193) als physikalischer Sachverhalt ist Ausdruck der Lenzschen Regel. Bild 3.50 soll die Regel erläutern und gibt Gelegenheit, die Richtungszuordnungen klar herauszustellen:

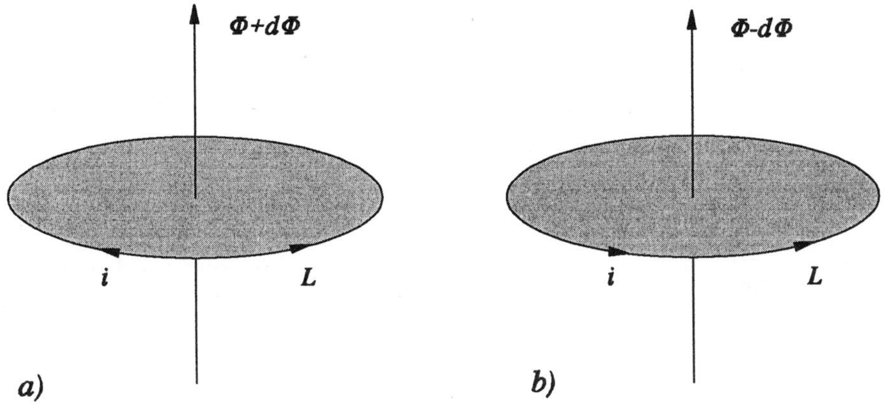

Bild 3.50 Lenzsche Regel

Im Bild 3.50 a wird der Leiterkreis in der Zeiteinheit dt von einem in der Stärke zunehmenden Magnetfluß Φ durchsetzt ($d\Phi/dt > 0$). Magnetfluß Φ und Induktionsfluß Ψ sind betragsmäßig gleich (Gleichung (3.191)), zum letzteren gehört aber die gerichtete Berandung, also Durchlaufpfeil und Flußrichtung bilden eine Rechtsschraube. Ein Induktionsstrom in Richtung des Durchlaufpfeils würde mit seinem Feld seine Ursache, die Zunahme des Induktionsflusses, verstärken. Einleuchtend ist aber nur, daß der Induktionsstrom durch sein Feld seiner Ursache entgegenwirkt. Tatsächlich fließt der Induktionsstrom bei Flußzunahme also entgegengesetzt dem Durchlaufpfeil, was die Beachtung des Minus in Gleichung (3.193) als Rechenvorschrift auch liefert. Bei Flußabnahme (Flußschwund) ist $d\Psi/dt < 0$. Der Induktionsstrom fließt in Richtung des Durchlaufpfeils. Sein Feld wirkt der Flußabnahme im Leiterkreis entgegen.

Die Anwendung des Induktionsgesetzes für Ruheinduktion wird in den folgenden Beispielen weiter erläutert.

Spannungsinduktion in einer Leiterschleife

Ein Leiterkreis ist mit einem Induktionsfluß $\Psi(t)$ gemäß Diagramm Bild 3.51 verkettet.

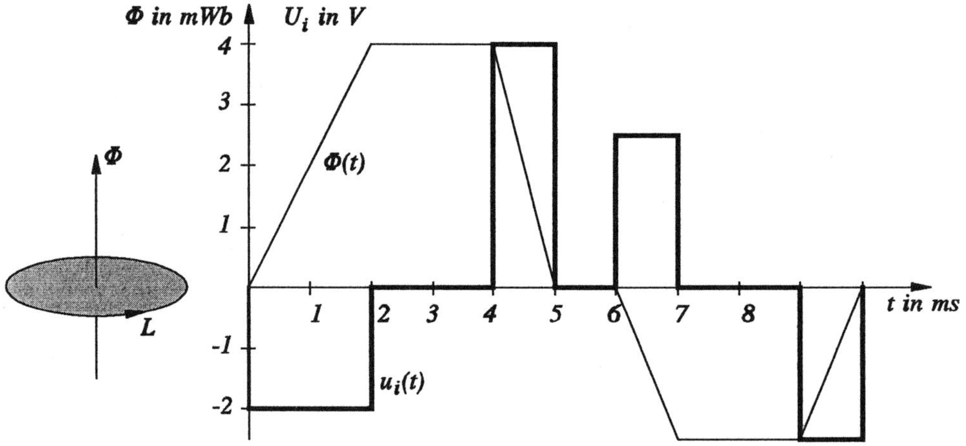

Bild 3.51 Spannungsinduktion in einer Leiterschleife

Positive Flußwerte im Diagramm entsprechen einer Rechtszuordnung von Flußrichtung und Durchlaufpfeil. Die Induktionsspannung berechnet sich nach Gleichung (3.193). Positive Werte der Induktionsspannung bedeuten Induktionsspannung und Induktionsstrom in Richtung des eingetragenen Durchlaufpfeils. Es wird deutlich, Gleichung (3.193) beschreibt als Naturgesetz Zusammenhänge zwischen Induktionsflußänderung und Induktionsspannung im Leiterkreis (physikalisches Modell) und ist gleichzeitig als Rechenvorschrift zu handhaben.

Drehung einer Rechteckschleife im Magnetfeld

Es soll noch einmal die Anordnung nach Bild 3.47 betrachtet werden. Für einen Beobachter in einem Koordinatensystem, das mit der Schleife rotiert, ändert sich der mit der Schleife verkettete Induktionsfluß Ψ. In der Ausgangslage ($t = 0$) beträgt der Induktionsfluß $\Psi = A\,B = 2\,r\,l\,B$. Für $\alpha = \omega\,t = \pi/2$ ist $\Psi = 0$. Also gilt für die Beschreibung des Zeitverlaufes

$$\Psi(t) = A\;B\;\cos\alpha = 2\;r\;l\;B\;\cos(\omega\,t)\;. \tag{3.194}$$

Für $\pi/2 \leq \alpha \leq 3/2\;\pi$ nimmt der Induktionsfluß negative Werte an. Es besteht dann Linkszuordnung zwischen Durchlaufpfeil in der Berandung (Leiterkreis) und Richtung des Induktionsflusses. Für die induzierte Spannung erhält man aus Gleichung (3.194)

$$U_i = -\frac{d\Psi}{dt} = 2\ r\ l\ \omega\ B\ \sin(\omega t) \tag{3.195}$$

in Übereinstimmung mit dem Ergebnis gemäß Gleichung (3.186), hergeleitet vom Standpunkt der Bewegungsinduktion.

Spannungsmessung im elektrischen Wirbelfeld

Die Spannungsmessung im elektrischen Wirbelfeld mit der induzierten elektrischen Feldstärke $\mathbf{E}_i$ wird verdeutlichen, daß die Spannung zwischen zwei Feldpunkten

$$U_{12} = \int_1^2 \boldsymbol{E}_i\ d\boldsymbol{l}$$

abhängig vom Weg, d. h. von der Lage der Meßzuleitungen ist. Da die induzierte Feldstärke ihre Ursache in der Änderung des Induktionsflusses hat

$$\oint \boldsymbol{E}_i\ d\boldsymbol{l} = -\frac{d\Psi}{dt}\ ,$$

ist das eigentliche Problem der Spannungsmessung in Anordnungen mit magnetischen Wechselfeldern, ob eine Induktionsspannung im Meßkreis bei der Bewertung der Spannungsanzeige des Voltmeters zu beachten ist. Die Situation zeigt Bild 3.52.

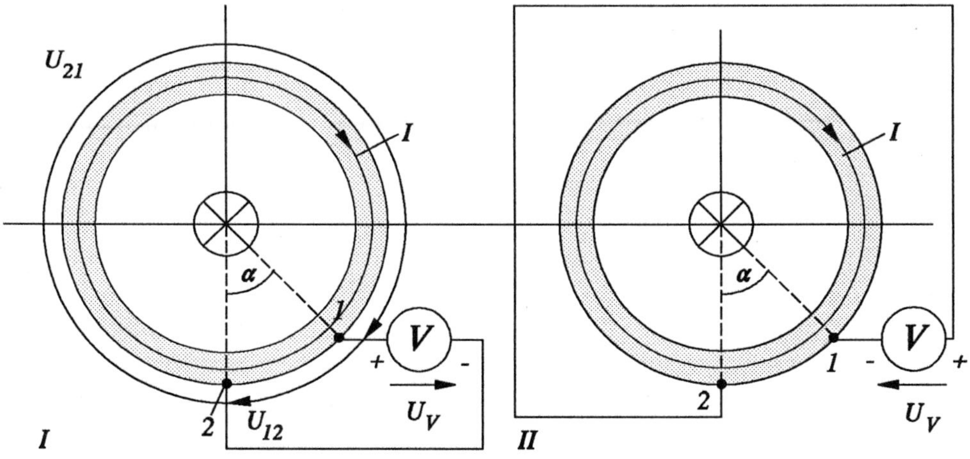

Bild 3.52 Spannungsmessung im elektrischen Wirbelfeld

Der Induktionsfluß Ψ zum ringförmigen Leiterkreis soll im betrachteten Zeitintervall $\Delta t = t_2 - t_1$ vom Wert $\Psi(t_1) = \Psi_1$ auf den Wert $\Psi(t_2) = 0$ fallen. Die Beschreibungsgleichung für den Induktionsfluß im Zeitintervall $t_1 \leq t \leq t_2$ lautet dann

$$\Psi(t) = \Psi_1 - \frac{\Psi_1}{t_2 - t_1} (t - t_1) \ . \qquad (3.196)$$

Die induzierte Spannung ist im Zeitintervall Δt eine Gleichspannung vom Wert

$$U_i = U_{Umlauf} = \frac{\Psi_1}{t_2 - t_1} = U_0 \ . \qquad (3.197)$$

Als Induktionsstrom fließt ein Gleichstrom der Stärke

$$I = \frac{U_{Umlauf}}{R} \ . \qquad (3.198)$$

Induzierte Spannung und Induktionsstrom haben die Richtung des Durchlaufpfeils.

Der ringförmige Leiterkreis habe einen konstanten Querschnitt A über der Länge l und konstante elektrische Leitfähigkeit κ. Für den Spannungsabfall U_{12} auf dem Ring (von 1 nach 2 auf dem kurzen Weg) gilt dann

$$U_{12} = U_0 \frac{\alpha}{2\pi} \ . \qquad (3.199)$$

Für den Spannungsabfall U_{21} auf dem Ring (von 2 nach 1 auf dem langen Weg) folgt

$$U_{21} = U_0 \frac{2\pi - \alpha}{2\pi} = U_0 - U_0 \frac{\alpha}{2\pi} \ . \qquad (3.200)$$

In der Meßanordnung I nach Bild 3.52 kann die Spannungsanzeige am Voltmeter U_V wie folgt berechnet werden:

$$O = U_V - U_{12} \ ,$$

$$U_V = U_{12} = U_0 \frac{\alpha}{2\pi} \ . \qquad (3.201)$$

Der Meßkreis umfaßt keine Induktionsflußänderung, es gilt der Kirchhoffsche Maschensatz.

Für den Meßkreis von 1 nach 2 über Zuleitung und Voltmeter und dann von 2 nach 1 auf dem langen Weg des Leiterringes gilt

$$U_i = -\frac{d\Psi}{dt} = U_0 = U_V + U_{21} \,,$$

$$U_V = U_0 - U_{21} = U_0 \frac{\alpha}{2\pi} \,. \tag{3.202}$$

Die Ergebnisse Gleichung (3.201), (3.202) müssen übereinstimmen, da die Anzeige aus einem physikalischen Wirkprinzip resultiert, unabhängig von gedanklichen Überlegungen zur Herleitung des Ergebnisses.

In der Meßanordnung II nach Bild 3.52 kommt man zu folgenden Anzeigen des Voltmeters:

$$O = -U_V + U_{21} \,,$$

$$U_V = U_{21} = U_0 - \frac{\alpha}{2\pi} \,. \tag{3.203}$$

(Der Meßkreis umfaßt keinen Induktionsfluß.)

$$U_i = U_0 = U_V + U_{12} \,. \tag{3.204}$$

(Der Meßkreis umfaßt die Induktionsflußänderung).

Die Ergebnisse Gleichung (3.203), (3.204) stimmen überein. Für $\alpha = 0$, die Punkte 1 und 2 fallen zusammen, ist die Anzeige in Meßanordnung I $U_V = 0$, in Meßanordnung II $U_V = U_0$.

3.5.5 Induktionsgesetz in allgemeiner Form

Das Induktionsgesetz für Ruheinduktion Gleichung (3.193) kann über den Vorgang der Ruheinduktion hinaus zur Berechnung der Induktionsspannung herangezogen werden, wenn die zeitliche Änderung des Induktionsflusses im Leiterkreis im gewählten Koordinatensystem angebbar ist. So führt die Bewegung eines Leiterkreises im inhomogenen Magnetfeld (Bild 3.44) zur Änderung des Induktionsflusses im Leiterkreis. In der Anordnung nach Bild 3.45 nimmt der Induktionsfluß Ψ durch die Flächenvergrößerung der Leiterschleife bei Bewegung des Leiterstabes zu. Bei der Drehung einer Rechteckschleife im Magnetfeld (Bild 3.47) kann auch ein Beobachter im ruhenden Koordinatensystem die Änderung des Induktionsflusses in der Leiterschleife angeben. Die Definition für den Induktionsfluß (Gleichung (3.191)) schränkt einen zeitabhängigen Induktionsfluß $\Psi(t)$ nicht ein auf den Fall $B = B(t)$, der Induktionsfluß ist auch zeitabhängig, wenn sich die von der Randkurve L (Leiterkreis) aufgespannte Fläche A ändert ($A = A(t)$) und wenn sich der Winkel zwischen **B** und d**A** ändert. Es können auch alle Bedingungen gleichzeitig auftreten.

Man entwickelt aus der Definitionsgleichung für den Induktionsfluß

$$U_i = -\frac{d\Psi}{dt} = -\frac{d}{dt}\int_A \boldsymbol{B}\, d\boldsymbol{A} = -\int_A \frac{\partial \boldsymbol{B}}{\partial t}\, d\boldsymbol{A} + \oint_L (\boldsymbol{v} \times \boldsymbol{B})\, d\boldsymbol{l} \,. \tag{3.205}$$

Gleichung (3.205) ist das Induktionsgesetz in allgemeiner Form. Es enthält die in den Abschnitten 3.5.3 und 3.5.4 behandelten Terme Bewegungsinduktion und Ruheinduktion. Ihr Einzelbeitrag zur induzierten Spannung ändert sich beim Wechsel des Koordinatensystems, während Betrag und Richtung der induzierten Spannung unabhängig vom Bezugssystem sind. Es lohnt sich für eine konkrete Anordnung, für verschiedene Bezugssysteme den Aufwand zur Berechnung der induzierten Spannung abzuschätzen.

3.6 Selbstinduktion, Induktivität L

3.6.1 Selbstinduktionsspannung

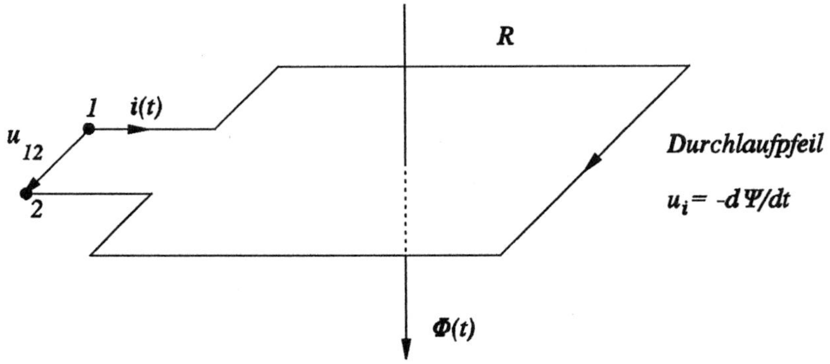

Bild 3.53 Selbstinduktionsspannung

Ändert sich in einem Leiterkreis der Strom, so ändert sich der vom Strom herrührende Induktionsfluß im Leiterkreis. Die Folge ist eine Spannungsinduktion im Leiterkreis. Die Spannung wird als Selbstinduktionsspannung bezeichnet. Die Zusammenhänge zeigt Bild 3.53.

Die Leiterschleife nach Bild 3.53 habe den Widerstand R. Fließt ein Strom i = I = konst., so folgt aus dem Maschensatz

$$O = R\, I - U_{12} \,,$$

$$U_{12} = R\, I \,. \tag{3.206}$$

Für einen Strom i = i(t) ist auch der Induktionsfluß zeitabhängig. Es wird eine Induktionsspannung auf dem Umlauf wirksam und die Spannungsbilanz lautet

$$U_i = -\frac{d\Psi}{dt} = R\,i - u_{12}\,,$$

$$u_{12} = R\,i + \frac{d\Psi}{dt}\,. \tag{3.207}$$

Bei einem Stromanstieg in der Leiterschleife (di/dt > 0) ist eine Klemmenspannung u_{12} notwendig, die größer als der ohmsche Spannungsabfall ist. Es wird sich zeigen, daß beim Stromanstieg mit der Ausbildung des Magnetfeldes Energie im Raum der Feldausbreitung gespeichert wird. Die Stromquelle hat zu den Wärmeverlusten im Widerstand diesen Energieanteil mit aufzubringen. Beim Stromabfall (di/dt < 0) wird Feldenergie abgebaut, der Energieteil steht im Stromkreis als elektrische Energie zur Verfügung.

Gleichung (3.207) gilt offensichtlich für jede Stromschleife, da jeder Strom von einem Magnetfeld begleitet wird.

Die Selbstinduktionsspannung tritt jedoch nur bei zeitlicher Stromänderung auf.

Aus Gleichung (3.207) folgt

$$u_{12} = R\,i + \frac{d\Psi}{di}\,\frac{di}{dt}\,. \tag{3.208}$$

Der Term in Gleichung (3.208)

$$L_d = \frac{d\Psi}{di} \tag{3.209}$$

heißt Selbstinduktionskoeffizient, differentielle oder dynamische Induktivität.

Die Einheit ist

$$[L_d] = 1\frac{Wb}{A} = 1\;H\,. \tag{3.210}$$

3.6.2 Ψ-I-Kennlinien und magnetische Feldenergie

Zur präziseren Bestimmung des Parameters nach Gleichung (3.209) kann man auf die Betrachtungen zum technischen Magnetkreis (Abschnitt 3.4) zurückgreifen. An die Stelle der Erregerspule im technischen Magnetkreis tritt nun die Induktionsspule mit der Ausnutzung der Selbstinduktion. Realisierungsformen sind die Drosselspulen für technischen Wechselstrom, Niederfrequenz und Hochfrequenz bzw. Spulen in Schaltungen mit frequenzselektiven

Eigenschaften (Resonanzkreise, Filterschaltungen u. a.).

Im Abschnitt 3.4 wurde für Elemente technischer Magnetkreise die Umwandlung der Magnetisierungskennlinie in die Φ-V-Kennlinie demonstriert. Für lineare Zusammenhänge ist der magnetische Leitwert bzw. der magnetische Widerstand des Elementes geeignete Beschreibungsgröße.

Für einen nichtlinearen Magnetkreis mit Luftspalt wird im Bild 3.37 deutlich, welche Schritte zur Bildung der Summenkennlinie $V_{Umlauf}(\Phi)$ erforderlich sind.

Die Φ-V-Kennlinie eines technischen Magnetkreises führt zur Ψ-I-Kennlinie der Anordnung. Ist gewährleistet, daß jede Windung der Induktionsspule vom Magnetfluß Φ durchsetzt wird, gilt für die Flußverkettung, den Induktionsfluß

$$\Psi = w\,\Phi \;. \tag{3.211}$$

Über das Durchflutungsgesetz ist der Zusammenhang

$$\Theta = w\,I = V_{Umlauf} \tag{3.212}$$

gegeben.

Lineare Ψ-I-Kennlinie

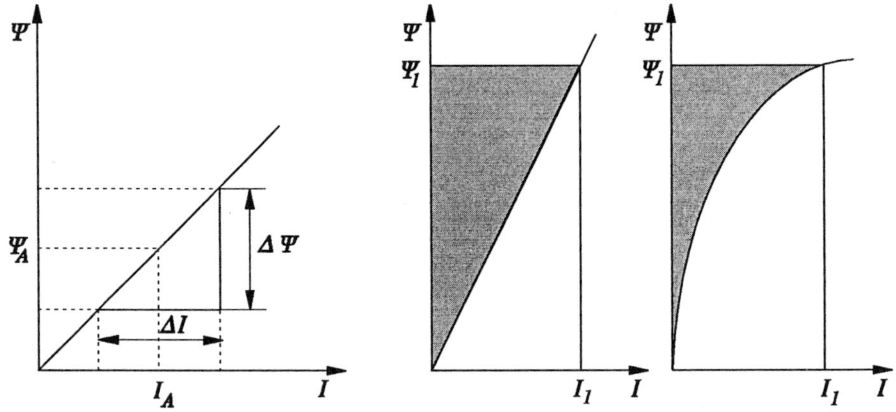

Bild 3.54 Ψ-I-Kennlinien und magnetische Energie

Für konstante magnetische Eigenschaften des Magnetmaterials bzw. bei Linearisierung der Kennlinien des Magnetkreises durch einen Luftspalt liest man aus der Ψ-I-Kennlinie ab:

$$L_d = \frac{d\Psi}{di} = \frac{\Psi}{I} = L \;, \tag{3.213}$$

$$[L] = 1\ \frac{Wb}{A} = 1\ H. \tag{3.214}$$

Für alle Punkte der Kennlinie ist die differentielle Induktivität L_d gleich der sogenannten (statischen) Induktivität L.

Aus der Definitionsgleichung für die Induktivität L (Gleichung (3.213)) folgt mit der Voraussetzung Gleichung (3.211) die Bemessungsgleichung

$$L = \frac{\Psi}{I} = \frac{w\ \Phi}{I} = \frac{w}{I}\ \frac{\Theta}{R_m} = \frac{w^2}{R_m} = w^2\ \Lambda\ . \tag{3.215}$$

Damit ist auch der technische Begriff Induktivitätsfaktor A_L zur Beschreibung von Kernformen (Abschnitt 3.4.2) nachträglich erklärt.

Für eine Anordnung mit linearen magnetischen Eigenschaften folgt als Strom-Spannungszusammenhang aus Gleichung (3.207) mit R = 0

$$u_{12} = \frac{d\Psi}{dt} = L\ \frac{di}{dt}\ . \tag{3.216}$$

Steigt der Strom im Intervall $0 \le t \le t_1$ von i = 0 auf $i = I_1$, ist dies mit einer Änderung des Induktionsflusses von $\Psi = 0$ auf $\Psi = \Psi_1$ verbunden (Bild 3.54). Energetisch passiert dabei folgendes: Elektrische Energie wird als Feldenergie im Raum der Magnetfeldausbreitung gespeichert.

$$\int_0^{t_1} u_{12}\ i\ dt = \int_0^{\Psi_1} i\ d\ \Psi = \int_0^{I_1} L\ i\ di = \frac{\Psi_1\ I_1}{2} = L\ \frac{I_1^2}{2}\ . \tag{3.217}$$

Gleichung (3.217) folgt aus Gleichung (3.216). Da in den Wert für den Energieterm in Gleichung (3.217) der zeitliche Verlauf des Stromes i(t) im Zeitintervall nicht eingeht, kann ausgesagt werden, daß zu einem Strom der Stärke I_1 in einer Anordnung mit der Induktivität L im Magnetfeld abgespeicherte Energie

$$W_F = W_m = \frac{1}{2}\ \Psi_1\ I_1 = \frac{1}{2}\ L\ I_1^2 \tag{3.218}$$

gehört. W_m steht hier für magnetische Energieform.

In der Ψ-I-Kennlinie ist die Fläche über der Kennlinie, begrenzt durch $\Psi = \Psi_1$, ein Maß für den Energieterm nach Gleichung (3.218).

Nichtlineare Ψ-I-Kennlinie

Für einen Kreis mit nichtlinearer magnetischer Eigenschaft des Kernmaterials folgt auch für die Ψ-I-Kennlinie der charakteristische Verlauf mit Sättigungseigenschaft.

Für jeden Punkt der Kennlinie kann die dynamische Induktivität L_d nach Gleichung (3.209) ermittelt werden.

Weiter folgt für jeden Punkt die statische Induktivität nach Gleichung (3.213).

Aus der Beziehung

$$u_{12} = R\ i + L_d \frac{di}{dt} , \qquad (3.219)$$

(vergleiche Gleichungen (3.208), (3.209)), wird deutlich, daß für die technische Nutzung der Selbstinduktion (Induktivität als induktiver Widerstand in Wechselstromschaltungen, Drosselspule zur Siebung von Gleichspannungen in Gleichrichterschaltungen u. a.) die dynamische Induktivität L_d der maßgebliche Parameter ist. Bei Gleichstromvormagnetisierung kann der Kern magnetisch gesättigt sein. Die dynamische Induktivität verringert sich drastisch. Durch Einfügen eines Luftspalts in den Eisenkreis kann die dynamische Induktivität der Summenkennlinie bei Gleichstromvormagnetisierung in die Größenordnung der statischen Induktivität gebracht werden (vergleiche Bild 3.37).

Auf das Klemmenverhalten der Spule nimmt auch der Wicklungswiderstand R Einfluß. Die Induktionsflußänderung führt im Eisenkern zur Ausprägung von Wirbelströmen. Ihre Berücksichtigung im Ersatzschaltbild der Induktionsspule wird später untersucht.

Zum Strom I_1 gehört eine im Raum der Feldausbreitung gespeicherte magnetische Feldenergie W_m. Sie kann aber aus den Parametern der Anordnung nicht unmittelbar berechnet werden, da von Punkt zu Punkt der Kennlinie die Induktivität unterschiedlich ist.

Das Integral

$$W_m = \int_0^{\Psi_1} i\ d\Psi$$

kann grafisch ausgewertet werden. Zu ermitteln ist die Fläche über der Kennlinie, begrenzt durch $\Psi = \Psi_1$. Über die Maßstäbe auf den Achsen erhält man zur Fläche den Energieteil (vergleiche Bild 3.54).

3.6.3 Induktivität in der Schaltung

In den folgenden Betrachtungen wird vorausgesetzt, daß nur die Selbstinduktionsspannung die Klemmenspannung bestimmt. Außerdem habe der Magnetkreis lineare magnetische Eigenschaften.

Für den Strom-Spannungszusammenhang des "Bauelementes" Spule gilt unter diesen Annahmen

$$u_L = L \frac{di}{dt} . \tag{3.220}$$

Schaltzeichen

Im Bild 3.55 sind die üblichen Schaltzeichen für die Spule aufgeführt. Für die Festlegung der Richtungspfeile für Klemmenspannung u und Klemmenstrom i gilt das Verbraucherzählpfeilsystem

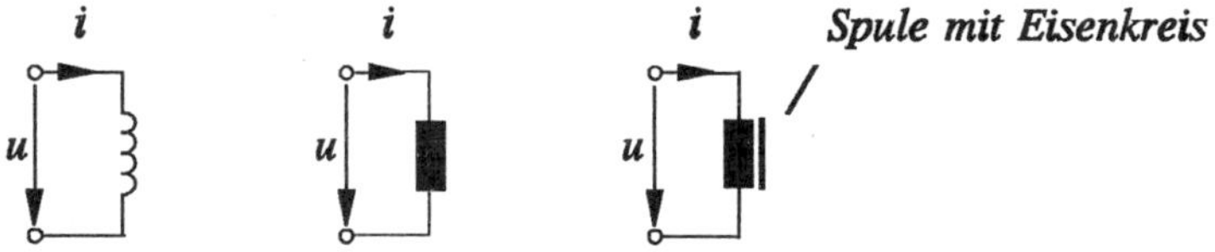

Bild 3.55 Gebräuchlichste Schaltzeichen für die Induktivität

Anschalten einer Induktivität an Gleichspannung

Eine Spule mit der Induktivität L und dem Widerstand R_2 wird zum Zeitpunkt t = 0 an eine lineare Spannungsquelle mit U_q und R_1 geschaltet (Bild 3.56). In der Realität erscheint der Widerstand R_2 nicht als konzentriertes Bauelement.

Der untersuchte Vorgang entspricht z. B. dem Anschalten eines Gleichstrommagneten an eine Gleichspannung. Es interessiert der Verlauf i(t) und $u_L(t)$.

Für die Masche nach Bild 3.56 gilt:

$$0 = \frac{d\Psi}{dt} + R_2\, i + R_1\, i - U_q \, , \tag{3.221}$$

$$\frac{U_q}{R_1 + R_2} = \frac{L}{R_1 + R_2} \frac{di}{dt} + i \, . \tag{3.222}$$

Der Term $L/(R_1 + R_2)$ hat die Dimension einer Zeitkonstanten und wird τ genannt:

$$\tau = \frac{L}{R_1 + R_2} \ . \tag{3.223}$$

Gleichung (3.222) beschreibt einen Ausgleichsvorgang. Auf der linken Seite der Gleichung steht der Stromwert, der sich theoretisch nach unendlich langer Zeit einstellt:

$$I(t \rightarrow \infty) = I_\infty = \frac{U_q}{R_1 + R_2} \ . \tag{3.224}$$

Die Lösung der Gleichung (3.222) mit der Anfangsbedingung

$$I(t=0) = I_0 \tag{3.225}$$

lautet für $0 \leq t < \infty$

$$i(t) = I_\infty - (I_\infty - I_0)\, e^{-\frac{t}{\tau}} \ . \tag{3.226}$$

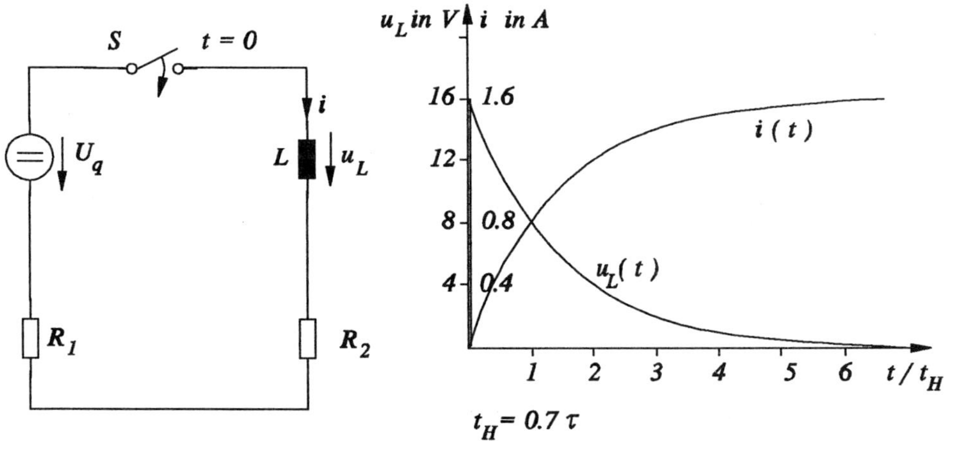

Bild 3.56 Anschalten einer Induktivität an Gleichspannung

Die Werte für τ, I_∞, I_0 folgen aus der konkreten Anordnung. Der Anfangswert für den Strom I_0 folgt aus der Überlegung: In der Spule kann sich der Induktionsfluß von $\Psi = 0$ für $t < 0$ im Schaltmoment $t = 0$ nicht sprunghaft ändern. Für die "unendlich große" Klemmenspannung u_L zur sprunghaften Flußänderung als Konsequenz aus $u_L = d\Psi/dt$ gibt es in der Spannungsbilanz nach Gleichung (3.221) keine begründbare Entsprechung. Aus der Begründung für das Flußverhalten folgt für den Spulenstrom nach Bild 3.56

$$i(-0) = i(+0) = I_0 = 0 \ . \tag{3.227}$$

Der Spulenstrom ändert sich nicht sprunghaft.

Dieses Verhalten wird als Trägheitseigenschaft des Spulenstromes bezeichnet.

Für die Anordnung nach Bild 3.56 mit $I_0 = 0$ lauten dann die gesuchten Beziehungen

$$i(t) = I_\infty \, (1 - e^{-\frac{t}{\tau}}) \, , \tag{3.228}$$

$$u_L(t) = L \, \frac{di}{dt} = U_q \, e^{-\frac{t}{\tau}} \, . \tag{3.229}$$

Typisch sind in Netzen mit Induktivitäten die Spannungssprünge an diesen.

Für konkrete Werte der Anordnung nach Bild 3.56 mit $U_q = 16$ V, $R_1 = R_2 = 5\ \Omega$, $L = 10$ H erhält man mit $I_\infty = 1{,}6$ A, $\tau = 1$ s die gezeigten Darstellungen für $i(t)$, $u_L(t)$.

Während des Einschaltvorganges $0 \leq t < \infty$ wird mit dem Feldaufbau Energie im Raum der Feldausbreitung gespeichert. Diese magnetische Energie (vergleiche Gleichung (3.217)) kann auch aus dem Zeitintegral der Leistungsaufnahme der Induktivität berechnet werden:

$$W = \int_0^\infty p \, dt = \int_0^\infty u_L \, i \, dt = \frac{1}{2} \, L \, I_\infty^2 = W_m \, . \tag{3.230}$$

Für die Werte nach Bild 3.56 folgt als Energiebetrag $W_m = 12{,}8$ Ws.

Abschalten einer Induktivität

Zum Zeitpunkt $t = 0$ wird in der Anordnung nach Bild 3.57 der Schalter geöffnet.

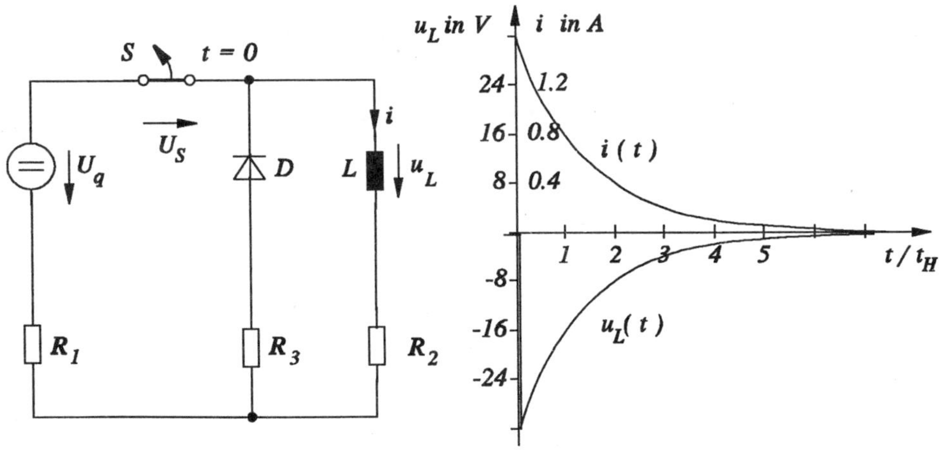

Bild 3.57 Abschalten einer Induktivität über Löschdiode

Die Anordnung enthält als Modifikation zum Einschaltvorgang den Stromzweig mit Diode und Widerstand R_3. Die Diode ist hier als Schalter mit dem Durchlaßwiderstand Null zu sehen. Weiter interessiert die Spannung U_S am geöffneten Schalter im Schaltmoment.

Mit den Richtungspfeilen nach Bild 3.57 folgt für $0 \leq t < \infty$

$$0 = u_L + (R_2 + R_3)\, i = L \frac{di}{dt} + (R_2 + R_3)\, i\ , \tag{3.231}$$

$$\tau_a = \frac{L}{R_2 + R_3}\ , \tag{3.232}$$

$$0 = \tau_a \frac{di}{dt} + i\ . \tag{3.233}$$

Mit $i(t \rightarrow \infty) = I_\infty = 0$ und $i(t = 0) = I_0$ ist die Lösung der Gleichung (3.233) (vergleiche mit der allgemeinen Lösung Gleichung (3.226))

$$i(t) = I_0\, e^{-\frac{t}{\tau_a}}\ , \tag{3.234}$$

$$u_L(t) = L \frac{di}{dt} = -I_0\, (R_2 + R_3)\, e^{-\frac{t}{\tau_a}}\ . \tag{3.235}$$

Für die Schalterspannung gilt (t = 0)

$$0 = U_S - R_3\, I_0 - U_q\ ,$$

$$U_S = U_q + R_3\, I_0\ . \tag{3.236}$$

Mit $R_3 = 15\ \Omega$ und den Parametern sonst nach Anordnung Bild 3.56 beträgt die Abschaltzeitkonstante $\tau_a = 0{,}5$ s, $u_L(t{=}0) = -32$ V, $u_S(t{=}0) = 40$ V. Die Verläufe i(t), $u_L(t)$ zeigt Bild 3.57.

Über den Zweig mit der Diode und Widerstand R_3 kann der Spulenstrom mit der Zeitkonstante τ_a abklingen. Dabei wird die magnetische Feldenergie abgebaut und in R_2 und R_3 in Wärme umgewandelt. Die Diode heißt Freilaufdiode und auch Löschdiode. Ohne den "Freilauf"zweig erzwingt das Schalteröffnen den Stromsprung von I_0 auf Null. Als Folge gibt es theoretisch unendlich große Spannungsspitzen an der Spule und am Schalter.

In den Gleichungen (3.235), (3.236) kann man beliebige Werte für R_3 einsetzen und sich mit $R_3 \rightarrow \infty$ der geschilderten Situation praktisch nähern. Diese Spannungsspitzen führen zum Durchschlag der Wicklungsisolation und zu Lichtbogenerscheinungen am Schalter. Die Schaltungsanordnung nach Bild 3.57 mit $R_3 = 0$ ist praktisch bedeutsam. Sie führt zu definierten Strom-Spannungsbedingungen beim Ein- und Abschalten.

Mit der Wahl der Strom- und Spannungsrichtung an der Spule beim Abschalten nach Verbraucherzählpfeilsystem (Bild 3.57) gilt für die Energiebilanz beim Abschalten

$$0 = \int_0^\infty R_2\, i^2\, dt + \int_0^\infty R_3\, i^2\, dt + \int_0^\infty u_L\, i\, dt \,. \tag{3.237}$$

Man überzeugt sich mit den Ergebnissen nach Gleichung (3.234), (3.235), daß die mit dem Strom I_0 abgespeicherte Energie $W_m = 1/2\ L\ I_0^2$ beim Abschalten in den Widerständen R_2 und R_3 in Wärme umgesetzt wird. In der Richtung der Spulenspannung beim Abschalten wird das energetisch aktive Verhalten deutlich.

Zur Darstellung der Verläufe i(t) und $u_L(t)$ beim Ein- und Abschalten benutzt man zweckmäßig als Darstellungshilfe die Halbwertszeit $t_H = 0{,}69\tau$, wie sie bereits bei den Schaltvorgängen in Kondensatornetzen verwendet wurde. Nach $t = 3\ ...\ 5\tau$ sind praktisch die Ausgleichsvorgänge abgeschlossen.

Ausmessen von Induktivitäten

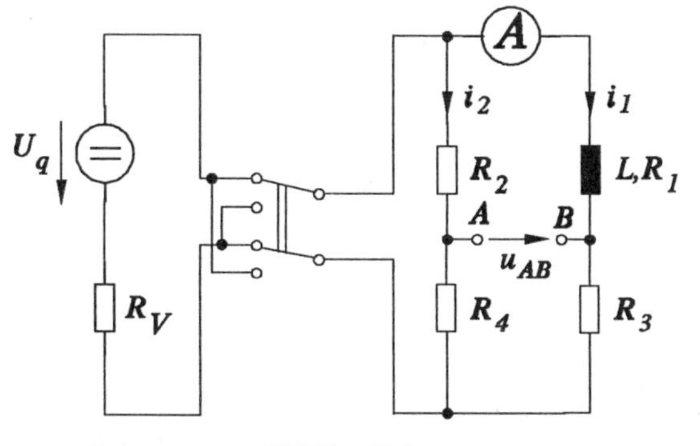

Bild 3.58 Schaltung zum Ausmessen von Ψ-I-Kennlinien

Mit den Erkenntnissen der Vorgänge beim Ein- und Abschalten einer Spule kann in einer Brückenanordnung nach Bild 3.58 die Induktivität einer Spule ausgemessen werden. Beim Einschalten steigt der Strom durch die Spule für $0 \le t < \infty$ auf $i = 0\ ...\ I_1$ und der Induktionsfluß von $\Psi = 0\ ...\ \Psi_1$. Für die Masche, gebildet aus Spule mit L_1 und R_1, R_3, R_2 und R_4 gilt:

$$0 = \frac{d\Psi}{dt} + i_1(R_1 + R_3) - i_2(R_2 + R_4) \,, \tag{3.238}$$

$$0 = i_1\, R_3 - i_2\, R_4 + u_{AB} \,. \tag{3.239}$$

Mit der Wahl der Widerstände

$$\frac{R_1}{R_3} = \frac{R_2}{R_4} = r \tag{3.240}$$

liegt bezüglich der Widerstände ein Wheatstonescher Brückenaufbau im Brückengleichgewicht vor. Aus den Gleichungen (3.238), (3.239), (3.240) erhält man

$$\frac{d\Psi}{dt} = -(r + 1)\ (i_1\, R_3 - i_2\, R_4) = (r + 1)\ u_{AB}\ ,$$

$$\Psi_1 = (r + 1) \int_0^\infty u_{AB}\ dt\ . \tag{3.241}$$

Der Induktionsfluß Ψ_1 nach Gleichung (3.241) kann mit einem direkt anzeigenden Flußmesser gemessen werden. Das Meßprinzip ist ein ballistisches Galvanometer, das den Spannungsstoß nach Gleichung (3.241) zur Anzeige bringt. Die Induktivität der Spule folgt aus:

$$L = \frac{\Psi_1}{I_1}\ .$$

Aus den Ψ-I-Kennlinien eines elektro-magneto-mechanischen Wandlers (z. B. Gleichstrommagnet) mit der Länge δ des Arbeitsluftspaltes als Parameter, man spricht vom $\Psi(I,\delta)$-Kennlinienfeld des Wandlers, kann die Kraft auf den Anker ermittelt werden, wie im Abschnitt 3.8 erläutert wird.

Die Schaltung nach Bild 3.58 ermöglicht das Ausmessen des $\Psi(I,\delta)$-Kennlinienfeldes. Mit dem Vorwiderstand R_V wird ein bestimmter Spulenstrom I_1 eingestellt. Durch das Umschalten werden die Remanenzeinflüsse eliminiert und die Kennlinien eindeutig ausgemessen.

3.6.4 Berechnung der Induktivität von Leiteranordnungen

Bei der Berechnung der Induktivität von Leiteranordnungen geht man von der Definitionsgleichung (Gleichung (3.213) aus:

$$L = \frac{\Psi}{I}\ .$$

Für bestimmte Voraussetzungen kann die Bemessungsgleichung (Gleichung (3.215)) verwendet werden

$$L = \frac{w^2}{R_m} = w^2 \Lambda .$$

In einer Reihe technisch wichtiger Fälle ist nämlich der Raum der Flußführung durch die Form der Erreger- oder Induktionsspule oder durch die magnetischen Eigenschaften des Kernmaterials definiert, und es kann der magnetische Widerstand bzw. Leitwert der Flußführung angegeben werden. Beispiele sind die Kernformen aus Blechzuschnitten. Der Induktivitätsfaktor A_L solcher Pakete aus Blechzuschnitten z. B. entspricht dem magnetischen Leitwert.

Die Beziehungen, einschließlich Luftspalteinfluß, wurden im Abschnitt 3.4.2 angegeben.

Für die Herstellung von Induktivitätsnormalen ist der gleichmäßig bewickelte Ringkern mit konstanter Materialeigenschaft (Gleichung (3.122), Bild 3.32) von Bedeutung. Das gilt auch für die sehr lange Zylinderspule mit $l \geq 10$ d. Wegen der Konzentration des homogenen Feldes im Spulenkern ist

$$\Lambda = \frac{\mu_0 \pi d^2}{4 l} ,$$

$$L = \frac{w^2 \mu_0 \pi d^2}{4 l} . \tag{3.242}$$

Für die meßtechnische Bestimmung sowie die Ermittlung des Parameters L_d bzw. L aus der Ψ-I-Kennlinie wird auf die Ausführungen in Abschnitt 3.6.2 und 3.6.3 verwiesen.

Äußere Induktivität einer Paralleldrahtleitung

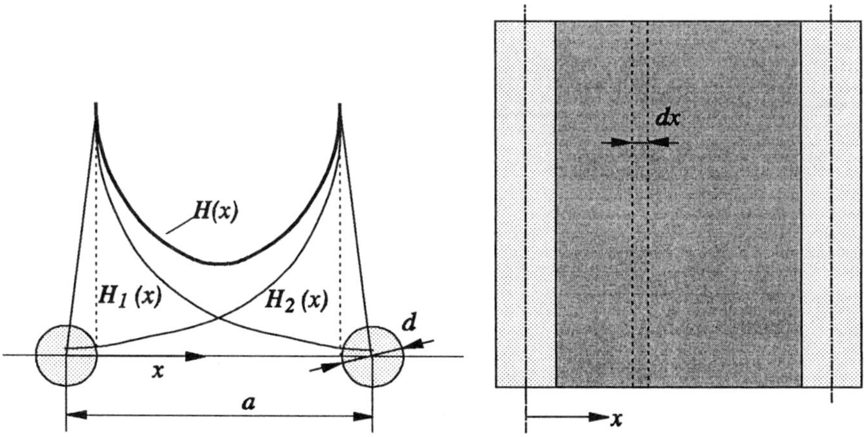

Bild 3.59 Zur Berechnung der äußeren Induktivität der Paralleldrahtleitung

Als Beispiel zur Berechnung der Induktivität über die Definitionsgleichung wird die Induktivität der Paralleldrahtleitung behandelt. Das Beispiel gibt auch Gelegenheit, eine notwendige Unterscheidung zwischen innerer Induktivität und äußerer Induktivität einer Leiterkreisanordnung zu treffen. Im Bild 3.14 ist das Feldbild der Paralleldrahtleitung für Feldpunkte außerhalb der Leiterquerschnitte dargestellt. Die Leiterquerschnitte sind aber nicht feldfrei. Bild 3.59 zeigt die magnetische Feldstärke in Punkten auf der Verbindungslinie zwischen beiden Leitern. In jedem Punkt folgt die resultierende Feldstärke aus der Addition der Teilfeldstärken, herrührend vom Strom des Hin- und Rückleiters. Hinzuweisen ist auf die unterschiedlichen Beschreibungsgleichungen für die magnetische Feldstärke innerhalb und außerhalb des Leiters.

Eindeutige Verhältnisse für die Berechnung des Induktionsflusses Ψ ergeben sich, wenn man als Fläche die von den äußeren Konturen der Leiter berandete annimmt. Der Induktionsfluß zu dieser Berandung heißt Ψ_a, für die äußere Induktivität L_a gilt dann

$$L_a = \frac{\Psi_a}{I} . \tag{3.243}$$

Für das Flächenstück dA = l dx nach Bild 3.59 gilt

$$d\Phi = B\,dA = \mu_0\,H\,dA = \frac{\mu_0\,l\,I}{2\,\pi}\left(\frac{1}{x} + \frac{1}{a-x}\right) dx\,, \tag{3.244}$$

$$\Psi_a = \int\limits_{\frac{d}{2}}^{a-\frac{d}{2}} \frac{\mu_0\,l\,I}{2\,\pi}\left(\frac{1}{x} + \frac{1}{a-x}\right) dx = \frac{\mu_0\,l\,I}{\pi}\,\ln\left(2\,\frac{a}{d} - 1\right)\,, \tag{3.245}$$

$$L_a = \frac{\mu_0\,l}{\pi}\,\ln\left(2\,\frac{a}{d} - 1\right) . \tag{3.246}$$

Bei diesem Beispiel mit in der Regel $a >> d$ können die Integrationsgrenzen in Gleichung (3.245) nicht zu $x = 0$ und $x = a$ gewählt werden.

Induktivität des Koaxialkabels

Für die Signalfortleitung in der Informationstechnik ist das Koaxialkabel (Bild 3.13) ein wichtiger Leitungstyp. Beim Einschalten eines Stromes I kommt es zum Feldaufbau im Volumen des Innenleiters, des Zwischenraumes und des Außenleiters und damit zur Abspeicherung von magnetischer Feldenergie:

$$W_{mges} = W_{mi} + W_{mz} + W_{ma}\,, \tag{3.247}$$

$$\frac{1}{2} L_{ges} I^2 = \frac{1}{2} L_{ii} I^2 + \frac{1}{2} L_{az} I^2 + \frac{1}{2} L_{ia} I^2 , \quad (3.248)$$

$$L_{ges} = L_{ii} + L_{az} + L_{ia} . \quad (3.249)$$

L_{ii} ist dabei die innere Induktivität des Innenleiters, L_{az} ist die äußere Induktivität des Zwischenraumes, L_{ia} ist die innere Induktivität des Außenleiters.

Innere Induktivität des Innenleiters

Bei der Berechnung empfiehlt es sich, vom Zusammenhang Induktivität und Energieabspeicherung auszugehen. Im Volumen des Innenleiters wird mit dem Strom I die Energie

$$W_{mi} = \frac{1}{2} L_{ii} I^2 = \frac{1}{2} \Psi_i I \quad (3.250)$$

gespeichert.

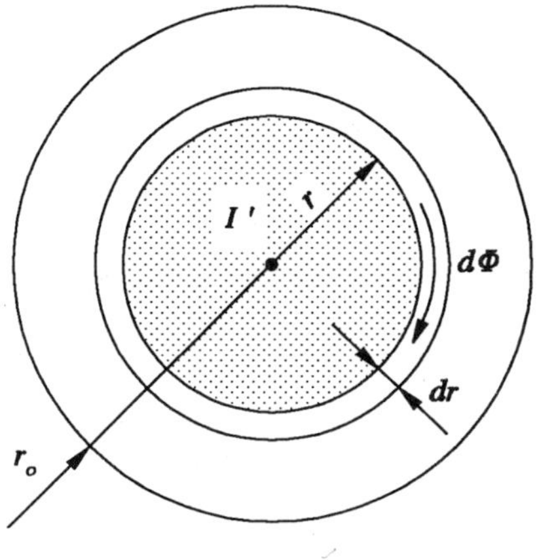

Bild 3.60 Zur Berechnung der inneren Induktivität des Leiters

Teilt man das Volumen des Innenleiters aus Feldsymmetriegründen in Hohlzylinder mit (Bild 3.60)

$$dV = 2 \pi r l dr \quad (3.251)$$

auf, so ist in jedem Element dV der Energieanteil

$$dW_{mi} = \frac{1}{2} d\Psi_i I' \quad (3.252)$$

gespeichert.

dV, dW_{mi}, $d\Psi_i$ sind hier nicht Veränderliche, sondern infinitesimale Teile. Der Strom I' ist der vom Hohlzylinder umfaßte Stromteil

$$I' = J\,A = \frac{I}{\pi\,r_0^2}\,\pi\,r^2 = \frac{r^2}{r_0^2}\,I\,. \tag{3.253}$$

Dieser Stromteil I' führt über das Durchflutungsgesetz zur magnetischen Feldstärke H im Volumenelement dV und damit zum Magnetflußanteil $d\Phi_i$ durch die Fläche $dA = l\,dr$ des Volumenelementes dV

$$d\Phi_i = B\,dA = \mu_0\,\frac{I\,r}{2\,\pi\,r_0^2}\,l\,dr\,. \tag{3.254}$$

Damit folgt

$$dW_{mi} = \frac{1}{2}\,\frac{\mu_0\,I\,l}{2\,\pi\,r_0^2}\,r\,dr\,\frac{r^2}{r_0}\,I = \frac{\mu_0\,I^2\,l}{4\,\pi\,r_0^4}\,r^3\,dr\,. \tag{3.255}$$

Bei der Zusammenfassung der Gleichungen (3.253), (3.254) gemäß Gleichung (3.252) zum Ergebnis (3.255) ist formal $d\Phi_i = d\Psi_i$. Falsch wäre aber die Schlußfolgerung, daß der Magnetfluß Φ_i im Innenleiter gleich dem Induktionsfluß Ψ_i ist. Durch die Zusammenführung der Terme zum Energieanteil dW_{mi} im Volumenelement dV wird betont, daß $d\Phi_i$ der Magnetflußanteil ist, der vom Strom I' herrührt und mit der Struktur, die diesen Stromteil führt, verkettet ist. Damit wird der Übergang zum Induktionsflußanteil $d\Psi_i$ gemäß Definition Gleichung (3.191) unter Beachtung der Situation Selbstinduktion vollzogen. Jeder Flußanteil in einem anderen Hohlzylinder mit dV hat seine Ursache in einem anderen Stromanteil I' und ist mit einer anderen Struktur, die diesen Stromteil I' führt, verkettet.

Aus Gleichung (3.255) folgt

$$W_{mi} = \int_0^{r_0} dW_{mi} = \frac{\mu_0\,I^2\,l}{4\,\pi\,r_0^4}\int_0^{r_0} r^3\,dr = \frac{\mu_0\,I^2\,l}{16\,\pi} \tag{3.256}$$

und damit aus Gleichung (3.250)

$$L_{ii} = \frac{\mu_0\,l}{8\,\pi}\,. \tag{3.257}$$

Äußere Induktivität des Zwischenraumes

Für die äußere Induktivität des Zwischenraumes folgt (vergleiche auch Bild 3.13)

$$dW_{mz} = \frac{1}{2} \frac{\mu_0 I}{2 \pi r} l \, dr \, I \,, \tag{3.258}$$

$$W_{mz} = \frac{\mu_0 I^2 l}{4 \pi} \int_{r_0}^{r_i} \frac{dr}{r} = \frac{\mu_0 I^2 l}{4 \pi} \ln \frac{r_i}{r_0} \,, \tag{3.259}$$

$$L_{az} = \frac{\mu_0 l}{2 \pi} \ln \frac{r_i}{r_0} \,. \tag{3.260}$$

Das Ergebnis Gleichung (3.260) folgt auch aus der Definitionsgleichung der Induktivität mit

$$\Psi_{az} = \Phi_{az} = \int_{r_0}^{r_i} \frac{\mu_0 I l}{2 \pi r} dr = \frac{\mu_0 I l}{2 \pi} \ln \frac{r_i}{r_0} \,. \tag{3.261}$$

Innere Induktivität des Außenleiters

Für den Außenleiter mit $r_i \leq r \leq r_a$ berechnet sich der Stromteil I' zu

$$I' = I - I \frac{r^2 - r_i^2}{r_a^2 - r_i^2} = I \frac{r_a^2 - r^2}{r_a^2 - r_i^2} \,. \tag{3.262}$$

Mit der magnetischen Feldstärke nach Gleichung (3.70) folgt für den Energieteil dW_{ma} im Volumenelement dV des Außenleiters

$$dW_{ma} = \frac{1}{2} \left(\frac{\mu_0 I}{2 \pi r} \frac{r_a^2 - r^2}{r_a^2 - r_i^2} l \, dr\right) \left(I \frac{r_a^2 - r^2}{r_a^2 - r_i^2}\right) \tag{3.263}$$

und damit

$$W_{ma} = \int_{r_i}^{r_a} dW_{ma} = \frac{\mu_0 l I^2}{4 \pi (r_a^2 - r_i^2)^2} \left(r_a^4 \ln \frac{r_a}{r_i} - r_a^4 + r_a^2 r_i^2 + \frac{r_a^4}{4} - \frac{r_i^4}{4}\right) \,, \tag{3.264}$$

$$L_{ia} = \frac{\mu_0 l}{2 \pi (r_a^2 - r_i^2)} \left(\frac{r_a^4}{(r_a^2 - r_i^2)} \ln \frac{r_a}{r_i} - \frac{1}{4}(3 r_a^2 - r_i^2)\right) \,. \tag{3.265}$$

Beispiel: Für ein Koaxialkabel mit l = 1m, r_0 = 0,29mm, r_i = 1,85mm, r_a = 2,2mm folgen die Induktivitäten L_{ii} = 50nH, L_{az} = 371nH, L_{ia} = 12,6nH, L_{ges} = 434nH.

3.6.5 Energiedichte des magnetischen Feldes

Als Energiedichte des magnetischen Feldes w_m wird festgelegt:

$$w_m = \frac{dW_m}{dV} . \tag{3.266}$$

Die bisher betrachteten Beispiele führen zu einem allgemeingültigen Ergebnis.

Für die Ringkernspule nach Bild 3.32 folgt aus

$$W_m = \frac{1}{2} L I^2 = \frac{1}{2} w^2 I^2 \Lambda ,$$

$$dW_m = \frac{1}{2} w^2 I^2 d\Lambda , \tag{3.267}$$

und mit dem Teilleitwert $d\Lambda$ und dem Volumenelement dV

$$d\Lambda = \frac{\mu_0 \mu_r h dr}{2 \pi r} , \tag{3.268}$$

$$dV = h dr 2 \pi r \tag{3.269}$$

wird

$$w_m = \frac{dW_m}{dV} = \frac{1}{2} w^2 I^2 \frac{\mu_0 \mu_r}{2 \pi r^2} = \frac{1}{2} \mu_0 \mu_r H^2 = \frac{1}{2} B H . \tag{3.270}$$

Für die sehr lange Zylinderspule ist mit $\mu = \mu_0$ und L nach Gleichung (3.242)

$$w_m = \frac{dW_m}{dV} = \frac{W_m}{V} = \frac{1}{2} \frac{w^2 \mu_0 \pi d^2}{4 l \pi d^2 l/4} I^2 = \frac{1}{2} \frac{w^2 I^2}{l^2} \mu_0 = \frac{1}{2} B H . \tag{3.271}$$

Dieses Ergebnis folgt auch aus den Betrachtungen zum Koaxialkabel, beispielsweise aus den Gleichungen (3.255), (3.251) sowie Gleichung (3.263), (3.251) u. a..

Es gilt also

$$w_m = \frac{1}{2} B H = \frac{1}{2} \mu_0 H^2 = \frac{1}{2} \frac{B^2}{\mu_0} . \tag{3.272}$$

Das allgemeingültige Ergebnis für die Energiedichte (3.272) ermöglicht, aus der Kenntnis der Feldgrößen **B**, **H** in den Raumpunkten die im Volumen gespeicherte magnetische Energie zu berechnen:

$$W_m = \int_V w_m dV . \tag{3.273}$$

Daraus kann dann z. B. auch die Induktivität der Anordnung bestimmt werden.

3.7 Gegeninduktivität M, Gegeninduktion

In einem Leiterkreis 1 fließe der Strom I_1. Dieser Strom I_1 erzeugt im Raum ein Magnetfeld $\mathbf{B}_1(x,y,z)$. Befindet sich ein Leiterkreis 2 im Magnetfeld des Stromes I_1, so gibt es einen Induktionsfluß Ψ_{21} durch den Leiterkreis 2 mit

$$\Psi_{21} = \int_{A_2} \boldsymbol{B}_1 \, d\boldsymbol{A}_2 \; .$$

Ändert sich der Strom im Leiterkreis 1 zeitlich, führt das zur Erscheinung der Selbstinduktion im Leiterkreis 1, die Induktionswirkung im Leiterkreis 2 als Folge der Induktionsflußänderung heißt Gegeninduktion. Die magnetische Verkopplung zweier Leiterkreise soll in einem Feldraum mit konstanten magnetischen Eigenschaften untersucht und beschrieben werden. Dabei wird die Beschreibung auf vorerst statische Betrachtungen beschränkt.

3.7.1 Gegeninduktivität M

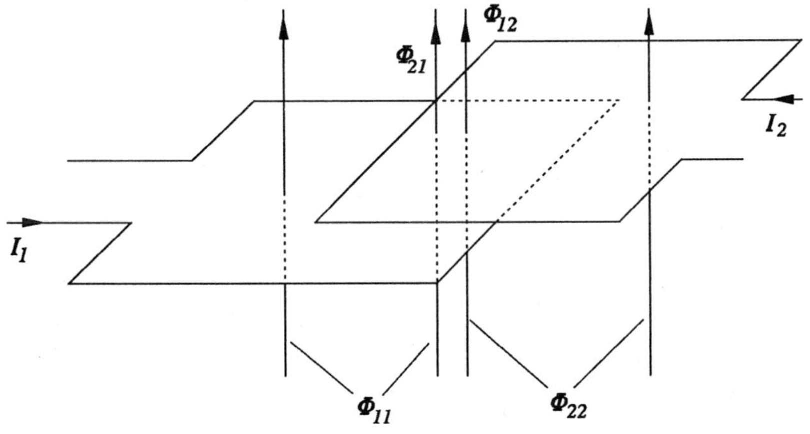

Bild 3.61 Zur Erläuterung des Begriffs Gegeninduktivität

In der Anordnung nach Bild 3.61 hat der Strom I_1 im Leiterkreis 1 ein Magnetfeld $\mathbf{B}_1(x,y,z)$ zur Folge. Der Strom I_2 im Leiterkreis 2 führt zum Magnetfeld $\mathbf{B}_2(x,y,z)$. In den Feldpunkten überlagern sich die magnetischen Flußdichten zur resultierenden Flußdichte. Der Induktionsfluß Ψ_1 im Leiterkreis 1 berechnet sich nach der Definitionsgleichung (3.191) zu:

$$\Psi_1 = \int_{A_1} (\boldsymbol{B}_1 + \boldsymbol{B}_2)\, d\boldsymbol{A}_1 \,, \tag{3.274}$$

und für den Induktionsfluß Ψ_2 im Leiterkreis 2 gilt

$$\Psi_2 = \int_{A_2} (\boldsymbol{B}_1 + \boldsymbol{B}_2)\, d\boldsymbol{A}_2 \,. \tag{3.275}$$

A_1 und A_2 sind dabei die von den Berandungen der Leiterkreise aufgespannten Flächen.

Die Induktionsflüsse nach Gleichung (3.274), (3.275) lassen sich in Terme aufspalten:

$$\Psi_{11} = \int_{A_1} \boldsymbol{B}_1\, d\boldsymbol{A}_1 = L_1\, I_1 \,, \tag{3.276}$$

$$\Psi_{12} = \int_{A_1} \boldsymbol{B}_2\, d\boldsymbol{A}_1 = M_{12}\, I_2 \,, \tag{3.277}$$

$$\Psi_{22} = \int_{A_2} \boldsymbol{B}_2\, d\boldsymbol{A}_2 = L_2\, I_2 \,, \tag{3.278}$$

$$\Psi_{21} = \int_{A_2} \boldsymbol{B}_1\, d\boldsymbol{A}_2 = M_{21}\, I_1 \,. \tag{3.279}$$

Die Gleichungen (3.276), (3.278) beschreiben die bekannten Zusammenhänge für die Induktivitäten L_1 und L_2 der Leiterkreise, über die Gleichungen (3.277), (3.279) werden die Parameter Gegeninduktivität M_{12}, M_{21}

$$M_{12} = \frac{\Psi_{12}}{I_2} \,, \tag{3.280}$$

$$M_{21} = \frac{\Psi_{21}}{I_1} \tag{3.281}$$

definiert, die die magnetische Verkopplung der Leiterkreise beschreiben. In den Gleichungen (3.276) bis (3.281) sowie in den folgenden bedeutet jeweils die Reihenfolge der Indizes:

1. Index benennt den Ort der Wirkung (Leiterkreis),

2. Index zeigt auf den Strom als Ursache.

Die Einheit der Gegeninduktivität ist

$$[M_{12}] = [M_{21}] = 1\, \frac{Wb}{A} = 1\, H \,. \tag{3.282}$$

Für einen Feldraum mit konstanten magnetischen Eigenschaften ist nun eine wichtige Tatsache, daß für zwei Leiterkreise gilt

$$M_{12} = M_{21} = M \; . \tag{3.283}$$

Die Aussage Gleichung (3.283) ist als Umkehrungssatz bekannt.

Der Umkehrungssatz ist keine Folge geometrischer Symmetrie, über die Berechnung der im Feld gespeicherten magnetischen Energie kann die Richtigkeit der Aussage des Umkehrungssatzes bestätigt werden.

Die Ströme I_1, I_2 in den Leiterkreisen rufen in jedem Feldpunkt eine magnetische Flußdichte **B**(x,y,z) hervor, die z. B. über das Gesetz von Biot-Savart berechnet werden kann. Damit ist die Energiedichte (Gleichung (3.272)) in jedem Volumenelement gegeben und die magnetische Energie kann nach Gleichung (3.273) berechnet werden. Zu der Leiteranordnung mit den Strömen I_1, I_2 gibt es demnach einen definierten Wert der gespeicherten magnetischen Energie.

In der Anordnung nach Bild 3.61 soll vorgenommen werden:

1.1. i_1 wächst von 0 ... I_1, $i_2 = 0$:

$$W = \int u_1 \, i_1 \, dt = W_m = \int_0^{\Psi_{11}} i_1 \, d\Psi_1 = \int_0^{I_1} L_1 \, i_1 \, di_1 = \frac{1}{2} \, L_1 \, I_1^2 \; . \tag{3.284}$$

Die von der Quelle zu leistende Energie wird als magnetische Energie im Feld abgespeichert.

1.2. $i_1 = I_1$, i_2 wächst von 0 ... I_2:

$$W_m = \frac{1}{2} \, L_1 \, I_1^2 + \int_{\Psi_{21}}^{\Psi_{21}+\Psi_{22}} i_2 \, d\Psi_2 + \int_{\Psi_{11}}^{\Psi_{11}+\Psi_{12}} I_1 \, d\Psi_1 \; , \tag{3.285}$$

$$W_m = \frac{1}{2} \, L_1 \, I_1^2 + \frac{1}{2} \, L_2 \, I_2^2 + M_{12} \, I_2 \, I_1 \; . \tag{3.286}$$

Bei der Interpretation der Terme in den Gleichungen (3.285), (3.286) ist zu berücksichtigen:

$$d\Psi_2 = d\Psi_{22} = L_2 \, di_2 \; , \tag{3.287}$$

$$d\Psi_1 = d\Psi_{12} = M_{12} \, di_2 \; . \tag{3.288}$$

Die Induktionsflußänderungen in den Leiterkreisen führen zu Induktionsspannungen, die als Klemmenspannungen zur Belastung der Quellen führen. Es kommt zum Vorgang der Umwandlung elektrischer Energie in magnetische Feldenergie.

2.1. $i_1 = 0$, i_2 wächst von 0 ... I_2:

$$W_m = \int_0^{\Psi_{22}} i_2 \, d\Psi_2 = \frac{1}{2} L_2 I_2^2 \, . \qquad (3.289)$$

2.2. $i_2 = I_2$, i_1 wächst von 0 ... I_1:

$$W_m = \frac{1}{2} L_2 I_2^2 + \int_{\Psi_{12}}^{\Psi_{12}+\Psi_{11}} i_1 \, d\Psi_1 + \int_{\Psi_{22}}^{\Psi_{22}+\Psi_{21}} I_2 \, d\Psi_2 \, ,$$

$$W_m = \frac{1}{2} L_2 I_2^2 + \frac{1}{2} L_1 I_1^2 + M_{21} I_1 I_2 \, . \qquad (3.290)$$

Damit ist die Gültigkeit des Umkehrungssatzes Gleichung (3.283) nachgewiesen, denn zu der Leiterkreisanordnung nach Bild 3.61 mit den Strömen I_1 und I_2 gibt es einen definierten Wert der magnetischen Feldenergie, Gleichung (3.286) und (3.290) müssen übereinstimmen.

3.7.2 Beschreibung der Zweiwicklungsanordnung

Zwei Drahtwickel auf getrenntem Wickelkörper seien durch einen magnetischen Eisenkreis verkoppelt. Solche Wicklungsanordnungen sind u. a. als Übertrager und Transformator von großer technischer Bedeutung. Neben den bereits eingeführten Parametern L_1, L_2, $M_{12} = M_{21} = M$ sind weitere Beschreibungsgrößen der Koppelfaktor k und der Streufaktor σ des Zweiwicklungssystems. Anhand der Anordnung nach Bild 3.62 sollen die Zusammenhänge beispielhaft erläutert werden.

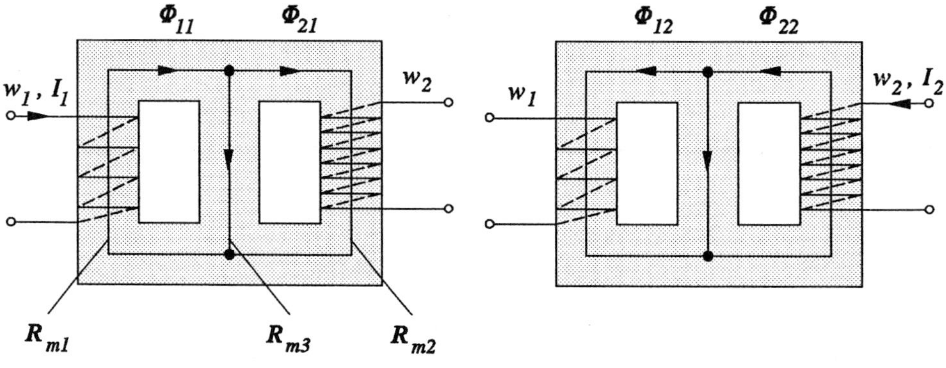

Bild 3.62 Zweiwicklungsanordnung

Der magnetische Kreis ist durch die magnetischen Widerstände R_{m1}, R_{m2}, R_{m3} beschrieben. Fließt der Strom I_1 durch die Wicklung mit der Windungszahl w_1, stellt sich der Fluß Φ_{11} ein, der mit dem Teil Φ_{21} den Schenkel mit der Wicklung w_2 durchsetzt (Bild 3.62).

Allgemein gilt (vergleiche auch Bild 3.61):

$$L_1 = \frac{\Psi_{11}}{I_1} = \frac{w_1\,\Phi_{11}}{I_1}\,, \tag{3.291}$$

$$M_{21} = \frac{\Psi_{21}}{I_1} = \frac{w_2\,\Phi_{21}}{I_1} = \frac{w_2}{w_1}\,\frac{\Phi_{21}}{\Phi_{11}}\,\frac{w_1\,\Phi_{11}}{I_1}\,. \tag{3.292}$$

Als Kopplungsfaktor von 1 nach 2 wird eingeführt

$$k_{21} = \frac{\Phi_{21}}{\Phi_{11}}\,. \tag{3.293}$$

Mit Gleichung (3.293) erhält man aus Gleichung (3.292)

$$M_{21} = \frac{w_2}{w_1}\,k_{21}\,L_1\,. \tag{3.294}$$

Fließt der Strom I_2 durch die Wicklung mit w_2 (Bild 3.62) folgt analog:

$$L_2 = \frac{\Psi_{22}}{I_2} = \frac{w_2\,\Phi_{22}}{I_2}\,, \tag{3.295}$$

$$M_{12} = \frac{\Psi_{12}}{I_2} = \frac{w_1\,\Phi_{12}}{I_2} = \frac{w_1\,\Phi_{12}}{w_2\,\Phi_{22}}\,\frac{w_2\,\Phi_{22}}{I_2}\,. \tag{3.296}$$

$$M_{12} = \frac{w_1}{w_2}\,k_{12}\,L_2\,, \tag{3.297}$$

$$k_{12} = \frac{\Phi_{12}}{\Phi_{22}}\,. \tag{3.298}$$

k_{12} ist der Kopplungsfaktor von 2 nach 1.

Aus Gleichung (3.294) und (3.297) erhält man mit $M_{12} = M_{21} = M$

$$M = \sqrt{k_{12}\, k_{21}}\ \sqrt{L_1\, L_2} = k\, \sqrt{L_1\, L_2}\ , \tag{3.299}$$

$$k = \sqrt{k_{12}\, k_{21}}\ . \tag{3.300}$$

k ist der Koppelfaktor des Zweiwicklungssystems. Es ist $0 \leq k \leq 1$. $k \rightarrow 1$ heißt feste Kopplung.

Zum Koppelfaktor k des Zweiwicklungssystems wird der Streufaktor σ des Zweiwicklungssystems in Beziehung gesetzt:

$$k = \sqrt{1 - \sigma}\ , \tag{3.301}$$

$$\sigma = 1 - k^2 = 1 - \frac{M^2}{L_1\, L_2}\ . \tag{3.302}$$

Gleichung (3.302) führt zur meßtechnischen Bestimmung von Koppel- und Streufaktor.

Mit Gegeninduktivitäts- und Induktivitätsmeßbrücken werden M, L_1 und L_2 des Zweiwicklungssystems bestimmt und k, σ berechnet. Bei fester Kopplung benutzt man für Gleichung (3.301) auch die Näherung

$$k = 1 - \frac{\sigma}{2}\ . \tag{3.303}$$

In technischen Anordnungen sind Koppelfaktor und Streufaktor in Grenzen beeinflußbare Dimensionierungsgrößen, die das elektrische Verhalten der Zweiwicklungsanordnung maßgeblich bestimmen.

Für die Beschreibungsgrößen des Zweiwicklungssystems erhält man für die Anordnung nach Bild 3.62:

$$L_1 = \frac{w_1^2}{R_{m1} + \dfrac{R_{m2}\, R_{m3}}{R_{m2} + R_{m3}}}\ ,$$

$$L_2 = \frac{w_2^2}{R_{m2} + \dfrac{R_{m1}\, R_{m3}}{R_{m1} + R_{m3}}}\ ,$$

$$M_{12} = M_{21} = M = \frac{w_1\, w_2\, R_{m3}}{R_{m1}(R_{m2} + R_{m3}) + R_{m2}\, R_{m3}}\ ,$$

$$k = \frac{R_{m3}}{\sqrt{(R_{m1} + R_{m3})\,(R_{m2} + R_{m3})}} \le 1\,,$$

$$\sigma = \frac{R_{m1}(R_{m2} + R_{m3}) + R_{m2}\,R_{m3}}{(R_{m2} + R_{m3})(R_{m1} + R_{m3})} \le 1\,.$$

In den Ergebnissen wird der Einfluß des magnetischen Nebenschlusses nach Bild 3.62 deutlich. Für $R_{m3} \rightarrow \infty$ ist z. B. $k = 1$ und $\sigma = 0$, für $R_{m3} = 0$ ist z. B. $k = 0$ und $\sigma = 1$.

3.7.3 Schaltungen mit Gegeninduktivitäten

Reihenschaltung verkoppelter Spulen

In der Anordnung nach Bild 3.63 sind zwei Drahtwickel auf getrenntem Wickelkörper durch einen magnetischen Eisenkreis verkoppelt. Klemme 2 des Drahtwickels mit der Windungszahl w_1 ist mit Klemme 1 des Drahtwickels mit w_2 verbunden. Es soll das Klemmenverhalten der Spulenanordnung untersucht werden.

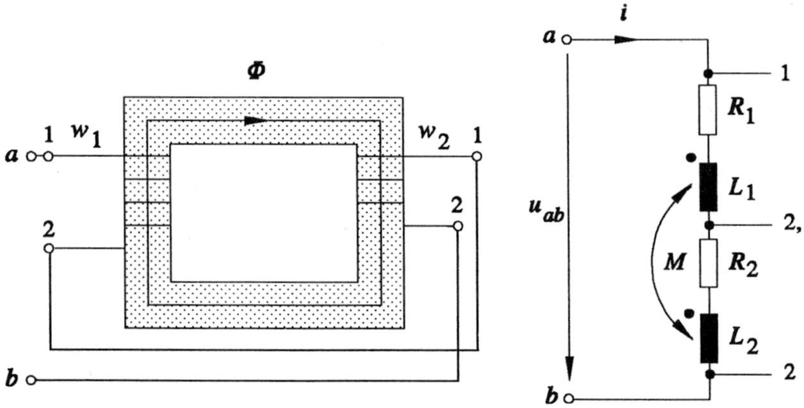

Bild 3.63 Reihenschaltung magnetisch verkoppelter Spulen

Kann davon ausgegangen werden, daß wegen der Geometrie und der magnetischen Eigenschaften des Kernmaterials Streuflußanteile auf Nebenwegen vernachlässigbar sind, folgt für den Fluß im Kern

$$\Phi = \frac{w_1\,i + w_2\,i}{R_m}\,. \tag{3.304}$$

Für gleiche Windungszahlen der Drahtwickel $w_1 = w_2 = w$ erhält man aus den Definitionsgleichungen für L und M

$$L_1 = L_2 = M_{12} = M_{21} = \frac{w^2}{R_m} , \tag{3.305}$$

$$k_{12} = k_{21} = k = 1 , \tag{3.306}$$

$$\sigma = 0 . \tag{3.307}$$

Für den allgemeinen Fall $w_1 \neq w_2$ und $k < 1$ würde eine genauere Analyse zur Beschreibung des Magnetkreises gemäß Bild 3.62 führen. Die Berechnung der Parameter der Wicklungsanordnung erfolgt dann mit den Gleichungen (3.291) bis (3.302).

Zur Untersuchung des Klemmenverhaltens der Anordnung nach Bild 3.63 soll der Durchlaufpfeil der Berandung in Richtung des Stromes i orientiert werden. Daraus folgt die Spannungsbilanz ($R_1 = R_2 = 0$)

$$-\frac{d\Psi_1}{dt} - \frac{d\Psi_2}{dt} = -u_{ab} . \tag{3.308}$$

Ψ_1 und Ψ_2 sind die Induktionsflüsse in den Wicklungsanordnungen. Die Induktionsspannungen in Gleichung (3.308) lassen sich nach ihrer Ursache in die Terme Selbstinduktionsspannungen und Gegeninduktionsspannungen aufspalten.

Gleichung (3.308) wird dann zu

$$u_{ab} = L_1 \frac{di}{dt} + M_{12} \frac{di}{dt} + L_2 \frac{di}{dt} + M_{21} \frac{di}{dt} , \tag{3.309}$$

$$u_{ab} = \frac{di}{dt} (L_1 + L_2 + 2M) = L_{ges} \frac{di}{dt} , \tag{3.310}$$

$$L_{ges} = L_1 + L_2 + 2M . \tag{3.311}$$

Für einen Strom $i = I$ ist die magnetische Energie

$$W_m = \frac{1}{2} (L_1 + L_2 + 2M) I^2 \tag{3.312}$$

im Magnetfeld der Anordnung gespeichert.

Im Schaltbild der Anordnung Bild 3.63 wird durch die Kennzeichnung der Spulenklemmen der physikalische Sachverhalt zum Ausdruck gebracht, daß sich die Induktionsflußanteile in den Wicklungen addieren:

$$\Psi_1 = \Psi_{11} + \Psi_{12} \,, \tag{3.313}$$

$$\Psi_2 = \Psi_{22} + \Psi_{21} \,. \tag{3.314}$$

In Übereinstimmung damit wird festgelegt: Fließen die Spulenströme in einer Schaltung gleichsinnig zu gekennzeichneten Spulenklemmen, dann addiert sich die Gegeninduktionsspannung zur Selbstinduktionsspannung, anderenfalls ergibt sich Subtraktion. Die Kennzeichnung der Spulenklemmen drückt Kenntnis über die magnetischen Verhältnisse aus, abgeleitet aus der Anordnung oder verschafft durch Messung.

Verbindet man in der Anordnung nach Bild 3.63 Klemme 2 des Drahtwickels mit w_1 mit Klemme 2 des Drahtwickels mit w_2 bei Beibehaltung der anderen Parameter der Anordnung einschließlich Wicklungssinn der einzelnen Spulen, so ist nunmehr das Klemmenverhalten der Wicklungsanordnung aus dem Schaltbild nach Bild 3.64 abzuleiten. Die Widerstände R_1 und R_2 repräsentieren die ohmschen Widerstände, die beim Aufbau der Drahtwickel entstehen. Für die Klemmenspannung erhält man:

$$u_{ab} = R_1\, i + L_1 \frac{di}{dt} - M \frac{di}{dt} + R_2\, i + L_2 \frac{di}{dt} - M \frac{di}{dt} \,,$$

$$u_{ab} = (R_1 + R_2) i + (L_1 + L_2 - 2M) \frac{di}{dt} \,. \tag{3.315}$$

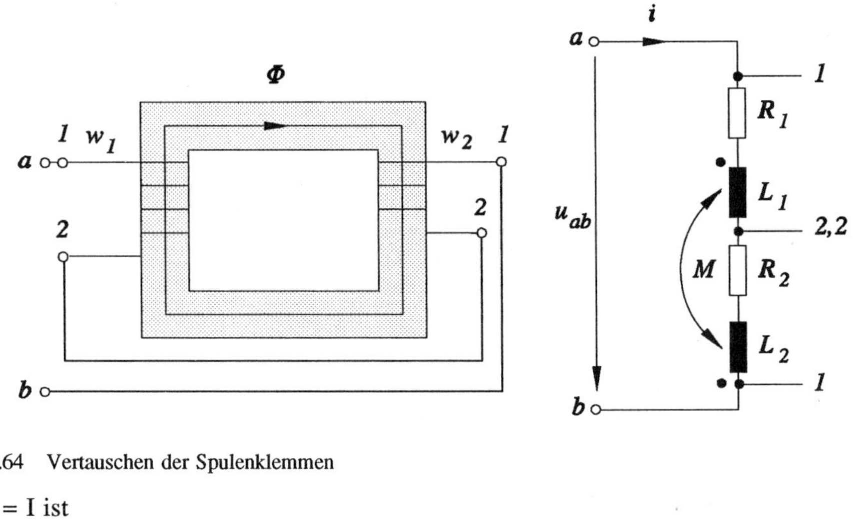

Bild 3.64 Vertauschen der Spulenklemmen

Für i = I ist

$$W_m = \frac{1}{2} I^2 (L_1 + L_2 - 2M) \,. \tag{3.316}$$

Bild 3.64 vergegenwärtigt noch einmal die Festlegungen zur Richtung der Klemmenspannung und des Klemmenstromes.

Gilt für die Anordnung nach Bild 3.63 mit der Zusammenschaltung nach Bild 3.64 k = 1, $w_1 = w_2$, so ist:

$$\Phi = \frac{w_1\, i - w_2\, i}{R_m} = 0 \,, \tag{3.317}$$

$$L_{ges} = L_1 + L_2 - 2M = 0 \,, \tag{3.318}$$

$$u_{ab} = (R_1 + R_2)\, i \,. \tag{3.319}$$

Das Klemmenverhalten wird nur durch die beiden Wicklungswiderstände bestimmt. Das Klemmenverhalten dieser Spulenanordnung ist trägheitslos. Es wird keine magnetische Energie abgespeichert.

m-magnetisch verkoppelte Spulen

Sind mehr als zwei Spulen in einer Anordnung magnetisch verkoppelt, ist paarweise zu untersuchen, wie sich die Induktionsflußanteile zum Induktionsfluß der einzelnen Spulen aufsummieren. Nach den bisherigen Richtungsfestlegungen ist Rechtszuordnung für den gesamten Induktionsfluß und für den Anteil, der zur Selbstinduktionsspannung führt, vereinbart.

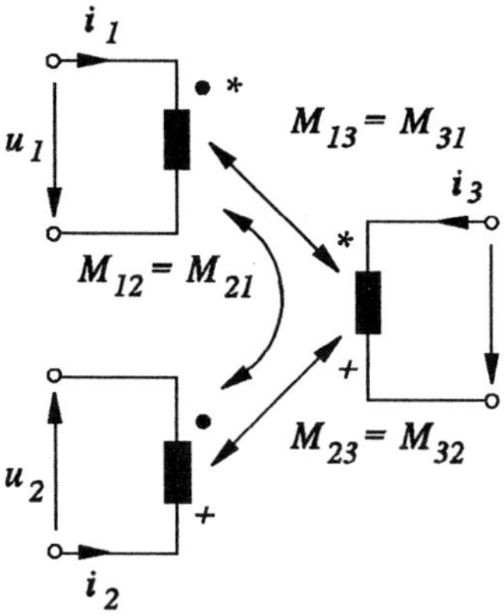

Bild 3.65 m-magnetisch verkoppelte Spulen (m = 3)

Für das Beispiel m = 3 nach Bild 3.65 mit den Klemmenkennzeichnungen • für die Charakterisierung der Verkopplung $M_{12} = M_{21}$, * für $M_{13} = M_{31}$ und + für $M_{23} = M_{32}$ folgt

$$+\Psi_1 = +\Psi_{11} - \Psi_{12} + \Psi_{13}, \tag{3.320}$$

$$u_1 = L_1 \frac{di_1}{dt} - M_{12} \frac{di_2}{dt} + M_{13} \frac{di_3}{dt}, \tag{3.321}$$

$$+\Psi_2 = +\Psi_{22} - \Psi_{21} - \Psi_{23}, \tag{3.322}$$

$$u_2 = L_2 \frac{di_2}{dt} - M_{21} \frac{di_1}{dt} - M_{23} \frac{di_3}{dt}, \tag{3.323}$$

$$+\Psi_3 = +\Psi_{33} + \Psi_{31} - \Psi_{32}, \tag{3.324}$$

$$u_3 = L_3 \frac{di_3}{dt} + M_{31} \frac{di_1}{dt} - M_{32} \frac{di_2}{dt}. \tag{3.325}$$

Transformatorprinzip

Ein Zweiwicklungssystem, die Drahtwickel auf getrenntem oder gemeinsamen Wickelkörper durch einen magnetischen Eisenkreis verkoppelt, habe die eine Wicklung an einer Generatorspannung.

Sie wird als Primärwicklung bezeichnet, ihre Größen werden mit dem Index 1 gekennzeichnet. Die zweite Wicklung schließt mit dem Lastwiderstand R_a ab. Sie wird als Sekundärwicklung bezeichnet und ihre Größen werden mit dem Index 2 bezeichnet. Diese Zweiwicklungsanordnung ist eine der wichtigsten Baugruppen in der Elektrotechnik und wird als Umspanner, Übertrager und Meßwandler verwendet. Bild 3.66 charakterisiert in einer Prinzipskizze das magnetisch verkoppelte Zweiwicklungssystem mit den elektrischen Klemmengrößen.

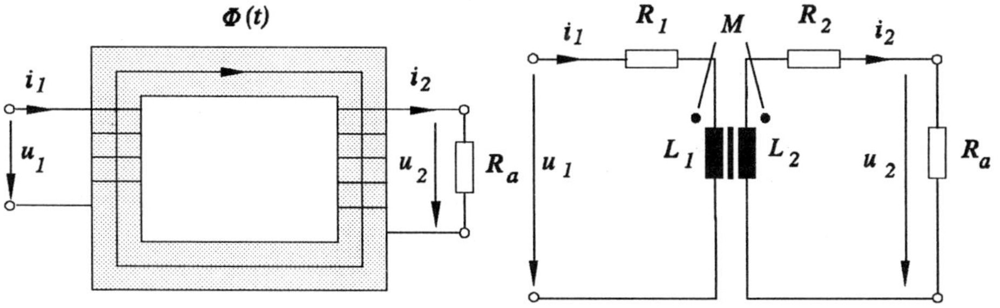

Bild 3.66 Transformator: Prinzip, Schaltzeichen

Das Wirkprinzip, beruhend auf Induktionsgesetz und Durchflutungsgesetz und die charakteristischen Eigenschaften sollen vorerst unter folgenden Voraussetzungen betrachtet werden: Wicklungswiderstände $R_1 = R_2 = 0$, magnetischer Widerstand des Eisenkreises $R_m \to 0$, k=1:

1. Überlegung $R_a \to \infty$ (Leerlauf)

Die eingeprägte Primärspannung u_1 legt den zeitlichen Magnetflußverlauf im Eisenkreis $\Phi(t)$ fest

$$u_1 = \frac{d\Psi_1}{dt} = w_1 \frac{d\Phi}{dt} . \tag{3.326}$$

Für die Sekundärspannung u_2 folgt (vergleiche Bild 3.66)

$$-\frac{d\Psi_2}{dt} = -u_2 , \tag{3.327}$$

$$u_2 = w_2 \frac{d\Phi}{dt} . \tag{3.328}$$

Die Richtungsfestlegung für u_2 ist dabei beliebig, erweist sich aber für die nachfolgende Betrachtung als zweckmäßig. Aus Gleichung (3.326), (3.327) folgt

$$u_1 = \frac{w_1}{w_2} u_2 = ü\, u_2 . \tag{3.329}$$

$ü = w_1/w_2$ ist das Übersetzungsverhältnis des Transformators. Für den Primärstrom gilt wegen $R_m \to 0$:

$$\Theta = w_1 i_1 = V_{Umlauf} = \Phi R_m = 0 , \tag{3.330}$$

also $i_1 = 0$.

2. Überlegung $R_a < \infty$ (Nennbetrieb)

Für die Spannungen u_1, u_2 gelten die Beziehungen (3.326), (3.327) unverändert. Wegen

$$u_2 = R_a i_2 \tag{3.331}$$

setzt sich die elektrische Durchflutung Θ nun aus zwei Termen zusammen, die sich nach Gleichung (3.330) zu Null addieren müssen:

$$\Theta = w_1 i_1 - w_2 i_2 = V_{Umlauf} = \Phi R_m = 0 . \tag{3.332}$$

Man spricht von den Gegenamperewindungen, der Gegendurchflutung der Sekundärwicklung. Aus Gleichung (3.332) folgt

$$i_1 = \frac{w_2}{w_1} i_2 = \frac{1}{ü} i_2 . \tag{3.333}$$

Weiter erhält man aus (3.329), (3.331), (3.333)

$$u_1 = (\frac{w_1}{w_2})^2 R_a i_1 = ü^2 R_a i_1 , \tag{3.334}$$

$$u_1 i_1 = u_2 i_2 . \tag{3.335}$$

Der Transformator verhält sich mit obigen Voraussetzungen eingangsseitig wie ein ohmscher Widerstand. Als Eingangswiderstand R_e ist der transformierte Lastwiderstand R_a wirksam

$$R_e = ü^2 R_a . \tag{3.336}$$

Die Anwendungsgebiete des Transformators resultieren aus der Möglichkeit der Spannungstransformation (Gleichung (3.329)), der Stromtransformation (Gleichung (3.333)), der Widerstandstransformation (Gleichung (3.336)). Die Sekundärwicklung ist galvanisch von der Primärwicklung getrennt.

Es kommt zum Leistungsfluß von der Primärwicklung zur Sekundärwicklung nach Gleichung (3.335). Der Vermittler ist der Magnetfluß Φ.

Der physikalische Sachverhalt der Gegendurchflutung der stromdurchflossenen Sekundärwicklung führt zur Kennzeichnung der Spulenklemmen, wie in Bild 3.66 vorgenommen.

Für den realen Transformator muß man zur Beschreibung des Klemmenverhaltens berücksichtigen: $R_1 > 0$, $R_2 > 0$, $k < 1$, $\sigma > 0$, $R_m > 0$.

Aus dem Schaltbild Bild 3.66 folgen die Beziehungen

$$u_1 = R_1 i_1 + L_1 \frac{di_1}{dt} - M \frac{di_2}{dt} , \tag{3.337}$$

$$0 = R_2 i_2 + L_2 \frac{di_2}{dt} - M \frac{di_1}{dt} + u_2 . \tag{3.338}$$

Die Gleichungen (3.337), (3.338) sind im Abschnitt 4 (2. Band) der Ausgangspunkt für die Herleitung des Ersatzschaltbildes des realen Transformators. Bisher wurden aus den Überlegungen die Wirkverluste im Eisenkern (Ummagnetisierungsverluste, Hystereseverluste, Wirbelstromverluste), die zur Erwärmung des Kernes führen, ausgeklammert.

3.8 Kräfte im magnetischen Feld

3.8.1 Kräfte auf bewegte Ladungen und Ströme

Die Beobachtung einer Kraftwirkung auf eine bewegte Ladung führt zur Aussage, die Ladungsbewegung erfolgt im Magnetfeld.

Die feldbeschreibende Größe magnetische Flußdichte **B**(x,y,z) wurde über die Lorentzkraft auf die Ladung (Gleichung (3.1))

$$\boldsymbol{F}(x,y,z) = Q(\boldsymbol{v}(x,y,z) \times \boldsymbol{B}(x,y,z))$$

definiert. Ein Beispiel für die Anwendung der Lorentzkraft war die Berechnung der Flugbahn einer positiven Ladung beim Eintritt in ein Magnetfeld (Abschnitt 3.1.2).

Das Umlaufintegral der Lorentzkraft in einer Leiterschleife, bezogen auf die Ladung, führt (Bewegungsinduktion) zum Wert der induzierten Spannung U_i (Gleichung (3.174)). Mit dem Steuerstrom I_s durch ein Hallelement bewegen sich Ladungen mit der Driftgeschwindigkeit v. Über die Ablenkung dieser Ladungen durch die Lorentzkraft bei Vorhandensein eines Magnetfeldes kommt es zur Hallspannung. Die Hallspannung ist proportional der magnetischen Flußdichte B (Gleichung (3.9)).

Im unmittelbaren Zusammenhang mit der Lorentzkraft steht das Ampèresche Kraftgesetz (Gleichung (3.18))

$$\boldsymbol{F}_{dl} = I(d\boldsymbol{l} \times \boldsymbol{B}) \ . \tag{3.339}$$

Es beschreibt die Kraftwirkung auf ein stromdurchflossenes Leiterelement d**l** im Magnetfeld mit der Flußdichte **B**. Rührt die Flußdichte vom Eigenfeld des Leiterkreises bzw. von anderen stromdurchflossenen Leitern her, wird die Flußdichte zweckmäßig über das Gesetz von Biot und Savart (Gleichung (3.11), (3.27)) berechnet

$$\boldsymbol{B} = 10^{-7} \ \frac{H}{m} \ I \oint_L \frac{d\boldsymbol{l} \times \boldsymbol{r}}{r^3} \ . \tag{3.340}$$

Kraftwirkungen auf Leiteranordnungen

Für die Leiteranordnung nach Bild 3.67 sollen die Kraftwirkungen betrachtet werden.

Im Bild 3.67a geht es um die Kraftwirkungen auf die Teile des Leiterkreises durch das Eigenmagnetfeld des Leiterstromes. Zu jedem Leiterelement d**l** der Stromschleife gibt es eine magnetische Flußdichte **B′**, senkrecht zu d**l** und aus der Zeichenebene herausweisend, wie die Anwendung der Gleichung (3.340) zeigt. Aus Symmetriegründen ist der Betrag der magnetischen Flußdichte für jedes Leiterelement gleichgroß. Auf jedes Leiterelement wird nach Gleichung (3.339) eine Kraft **F** ausgeübt, die die Leiterschleife zu vergrößern sucht. Die d**l** der Stromschleife sind dabei in Richtung des Stromes orientiert.

Für die Drei-Leiter-Anordnung nach Bild 3.67b soll gelten $I_1 = I_3 = I$, $I_2 = 2\ I$. Jeder Leiter befindet sich im Magnetfeld der beiden anderen Leiter.

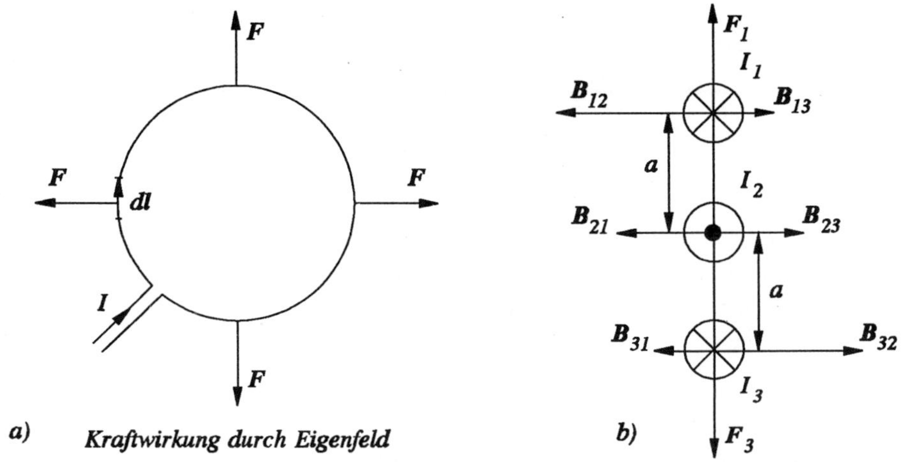

Bild 3.67 Kraftwirkungen auf Leiteranordnungen

Wegen der Zylindersymmetrie der Einzelfelder läßt sich die magnetische Flußdichte leicht über das Durchflutungsgesetz berechnen. Beispielsweise gilt für die magnetische Flußdichte B_{12} an der Stelle des Leiters 1, hervorgerufen durch den Strom des Leiters 2,

$$B_{12} = \mu_0 \frac{I_2}{2 \pi a} , \tag{3.341}$$

und für z. B. B_{31}

$$B_{31} = \mu_0 \frac{I_1}{4 \pi a} . \tag{3.342}$$

Für den Betrag der Kraft z. B. F_{12} folgt dann mit der Leiterlänge l

$$F_{12} = \mu_0 \frac{I_1 \, I_2 \, l}{2 \pi a} . \tag{3.343}$$

Die einzelnen Flußdichten bzw. die Teilkräfte nach Bild 3.67b lassen sich zu resultierenden Wirkungen zusammenfassen.

Drehmoment auf Stromschleifen

Auf die Leiterstäbe der Länge l einer Leiterschleife nach Bild 3.68 wird im homogenen radialen Magnetfeld ein Drehmoment ausgeübt.

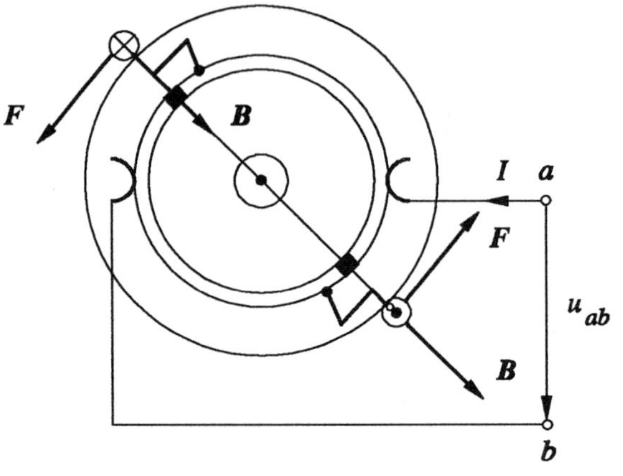

Bild 3.68 Drehmoment auf eine Leiterschleife im radialen Magnetfeld

Die Kraft **F**, die an einem Leiterstab angreift, ist vom Betrag

$$F = I\ l\ B\ . \tag{3.344}$$

Während der Bewegung der Stäbe unter den Polschuhen ist das Drehmoment M an der Achse der Leiterschleife

$$M = 2\ r\ F = 2\ r\ l\ I\ B\ . \tag{3.345}$$

Die Stromzuleitung wird durch Stromwender so gestaltet, daß jeweils der unter gleichem Polschuh sich bewegende Leiterstab vom Strom in vorgegebener Richtung durchflossen wird. Besteht nun die Leiterschleife aus einer Vielzahl von in bestimmter Weise zusammengeschalteten räumlich versetzten Leiterstäben, so daß bei der Drehbewegung die Zahl der Leiterstäbe (z. B. m) unter den Polen konstant bleibt, ist das Drehmoment M an der Achse zeitlich konstant

$$M = 2\ r\ l\ m\ I\ B\ . \tag{3.346}$$

Stellt sich zu einer Last an der Antriebsachse die Drehzahl n ein, so ist mit der Winkelgeschwindigkeit $\omega = 2\ \pi$ n die mechanische Leistung

$$P_{mech} = M\ \omega = 2\ r\ l\ \omega\ m\ I\ B\ . \tag{3.347}$$

Mit der Drehung der Leiterschleife gibt es eine Spannungsinduktion U_i in der Leiterschleife

$$U_i = 2\ r\ l\ \omega\ m\ B = u_{ab}$$

(vergleiche Bild 3.48). Der Generator mit dem Generatorstrom I muß die Leistung

$$P_{el} = u_{ab}\, I = 2\, r\, l\, \omega\, m\, I\, B \tag{3.348}$$

aufbringen, die als mechanische Leistung an der Welle zur Verfügung steht.

3.8.2 Energie und Kraftwirkungen

Elektrodynamische Kräfte zwischen stromdurchflossenen Leiterkreisen können auch aus der Änderung von Energieanteilen berechnet werden, die infolge einer gedachten Formänderung (z. B. virtuelle Verschiebung von Leiterteilen) der Anordnung entstehen. Die Vorgehensweise soll am Beispiel der Anordnung Bild 3.69 erläutert werden.

Zum Vergleich sollen aber zuerst die Kräfte mit dem Ampèreschen Kraftgesetz ermittelt werden.

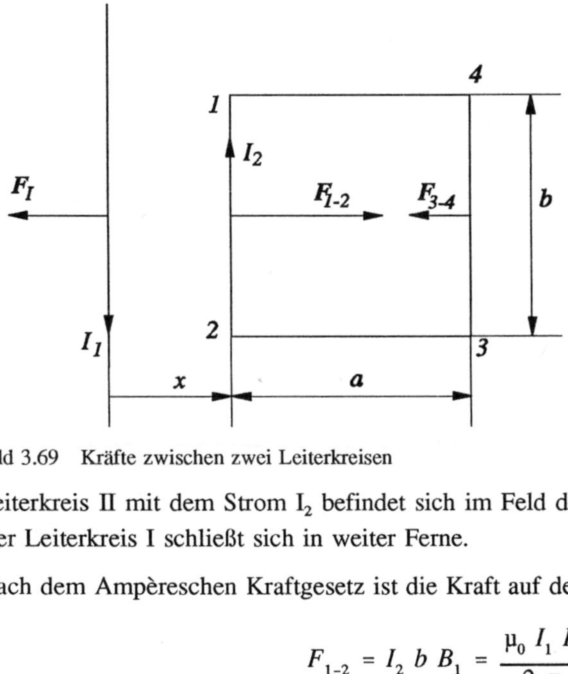

Bild 3.69 Kräfte zwischen zwei Leiterkreisen

Leiterkreis II mit dem Strom I_2 befindet sich im Feld des Leiterkreises I mit dem Strom I_1. Der Leiterkreis I schließt sich in weiter Ferne.

Nach dem Ampèreschen Kraftgesetz ist die Kraft auf den Leiterstab 1-2 der Anordnung II

$$F_{1-2} = I_2\, b\, B_1 = \frac{\mu_0\, I_1\, I_2\, b}{2\, \pi\, x}\;. \tag{3.349}$$

Die Kraft auf den Leiterstab 3-4 der Anordnung II beträgt

$$F_{3-4} = \frac{\mu_0\, I_1\, I_2\, b}{2\, \pi\, (x + a)}\;. \tag{3.350}$$

Wegen $F_{1\text{-}2} > F_{3\text{-}4}$ ist die resultierende Kraft in x-Richtung

$$F_{II} = F_{1-2} - F_{3-4} = \frac{\mu_0 I_1 I_2 b}{2 \pi} \left(\frac{1}{x} - \frac{1}{x+a}\right) . \tag{3.351}$$

Sie versucht, den Leiterkreis II aus dem Feld der Anordnung I herauszuschieben.

Die **dl** der Leiterstäbe 2-3 und 3-4 befinden sich im Feld des Leiters mit I_1. Die daraus resultierenden Kräfte kompensieren sich, ebenfalls die Kräfte auf die Leiterelemente des Kreises II, hervorgerufen durch das Eigenfeld des Stromes I_2.

Bedeutend aufwendiger ist, die Kraft F_I auf den Leiter mit I_1 zu berechnen, der sich im Feld der Anordnung mit I_2 befindet. Für ein Stromelement $I_1 \mathbf{dl}_1$ in allgemeiner Lage ist die magnetische Flußdichte $\mathbf{B}_{II}$ an der Stelle $\mathbf{dl}_1$ zu berechnen, die vom Leiterkreis II mit I_2 herrührt.

Da sich der Leiterkreis II aus geraden Leiterstücken zusammensetzt, können die Feldbeiträge der Leiterstücke nach Gleichung (3.76) bestimmt werden. Anschließend sind die Kraftbeiträge aller Leiterelemente des Leiters I zur Gesamtkraft $\mathbf{F}_I$ aufzusummieren. Für das Ergebnis F_I muß gelten: $F_I = F_{II}$.

Es soll nun gegen eine Federkraft eine virtuelle Verschiebung des Leiterkreises II in x-Richtung um dx erfolgen. Dabei wird die mechanische Arbeit

$$dW_{mech} = F \, dx \tag{3.352}$$

geleistet.

Die Lageänderung der Stromkreise zueinander führt zur Veränderung der Induktionsflüsse in den Stromkreisen

$$\Psi_1 = \Psi_{11} - \Psi_{12} ,$$

$$\Psi_2 = \Psi_{22} - \Psi_{21} ,$$

genauer der Terme Ψ_{12} und Ψ_{21}, weil die magnetische Verkopplung der Stromkreise sich verringert. Verbunden damit ist eine Änderung der im Feld der Anordnung gespeicherten magnetischen Energie.

Aus

$$W_m = \frac{1}{2} \Psi_1 I_1 + \frac{1}{2} \Psi_2 I_2 \tag{3.353}$$

folgt

$$dW_m = \frac{1}{2}\, d\Psi_1\, I_1 + \frac{1}{2}\, d\Psi_2\, I_2 \,. \qquad (3.354)$$

Die Induktionsflußänderung führt zu Gegeninduktionsspannungen. Diese äußern sich als Spannungsbelastung der Stromquellen, die die Konstanz der Ströme I_1 und I_2 gewährleisten. Setzt man die Klemmenspannungen der Stromquellen in Richtung der Ströme I_1 und I_2 an, so folgt für die Klemmenspannungen aus dem Induktionsvorgang

$$u_1 = -\frac{d\Psi_1}{dt} \,,$$

$$u_2 = -\frac{d\Psi_2}{dt}$$

und damit

$$dW_{el} = u_1\, I_1\, dt + u_2\, I_2\, dt = -d\Psi_1\, I_1 - d\Psi_2\, I_2 \,. \qquad (3.355)$$

Die Änderungen aller Energieanteile addieren sich zu Null:

$$0 = dW_{el} + dW_{mech} + dW_m \,, \qquad (3.356)$$

$$F\, dx = \frac{1}{2}(d\Psi_1\, I_1 + d\Psi_2\, I_2\,) = -\frac{1}{2}(d\Psi_{12}\, I_1 + d\Psi_{21}\, I_2) \,, \qquad (3.357)$$

$$F = -I_1\, I_2\, \frac{dM}{dx} \,. \qquad (3.358)$$

Es ist leicht, den Induktionsflußanteil Ψ_{21} zu berechnen und sehr aufwendig, Ψ_{12} bestimmen zu wollen (vergleiche die Erläuterungen zur unmittelbaren Kraftberechnung).

$$\Psi_{21} = \frac{\mu_0\, I_1\, b}{2\,\pi} \int_x^{x+a} \frac{dr}{r} = \frac{\mu_0\, I_1\, b}{2\,\pi}\, \ln\,(\frac{x + a}{x}) \,. \qquad (3.359)$$

Damit ist

$$M_{21} = M_{12} = M = \frac{\mu_0\, b}{2\,\pi}\, \ln\,(\frac{x + a}{x}) \,. \qquad (3.360)$$

Für die Kraft folgt aus Gleichung (3.358), (3.359)

$$F = -\frac{\mu_0\, I_1\, I_2\, b}{2\,\pi}\, \frac{x}{x + a}\, \frac{-a}{x^2} = \frac{\mu_0\, I_1\, I_2\, b}{2\,\pi}\, (\frac{1}{x} - \frac{1}{x + a}) \qquad (3.361)$$

in Übereinstimmung mit Gleichung (3.351).

3.8.3 Kraft auf Pole

Energiedichte und Flächenspannung

Für die Energiedichte des magnetischen Feldes ergab sich für lineare magnetische Eigenschaften, nachgeprüft an konkreten Anordnungen, die Beziehung nach Gleichung (3.272)

$$w_m = \frac{1}{2} B H .$$

Im Vergleich zu den elektrostatischen Feldanordnungen liegen die realisierbaren Energiedichten im magnetischen Feld um mehrere Zehnerpotenzen höher. Beispielsweise folgt für eine magnetische Flußdichte B = 1,5 T im Luftspalt einer technischen Anordnung w_m = 0,9 Ws/cm^3. Diese Energiedichten führen zu um Zehnerpotenzen größeren Feldkräften als in elektrostatischen Anordnungen.

Das wird in elektro-magneto-mechanischen Energiewandlern in technische Aufgabenstellungen umgesetzt.

Die Kräfte auf ein Volumen im Magnetfeld sind gleich dem Integral über die Flächenspannungen über die gesamte Oberfläche des Volumens.

Der Betrag der Flächenspannung **f** ist unabhängig von der Feldrichtung gleich der Energiedichte

$$f = \frac{1}{2} B H = w_m . \tag{3.362}$$

Schließen die Feldgrößen **B, H** mit der äußeren Normalen auf die Oberfläche den Winkel β ein, dann gilt für die Richtung der Oberflächenspannung **f** der Winkel 2β zur äußeren Normalen.

Diesen Sachverhalt zeigt Bild 3.70 für typische Feldbedingungen an den Stirnflächen und der Mantelfläche eines Eisenankers im Magnetfeld.

Bild 3.70 verdeutlicht, daß ein aus der Ankerstirnfläche austretendes a) wie eintretendes Feld c) jeweils Zugkräfte in Richtung der Flächennormalen ausübt, weshalb bei Gleichstrommagneten der Fluß durch Flußleitstücke in den Mantel des Ankers einzuleiten ist. Die Zugkräfte auf die Ankerstirnfläche führen dann zur Ankerbewegung (vergleiche Bild 3.29). Flußanteile mit einem Austrittswinkel β > 0 aus der Mantelfläche von Eisenankern (Bild 3.70b) führen über die tangentiale Komponente der Flächenspannung ebenfalls zu Zugkräften auf den Anker.

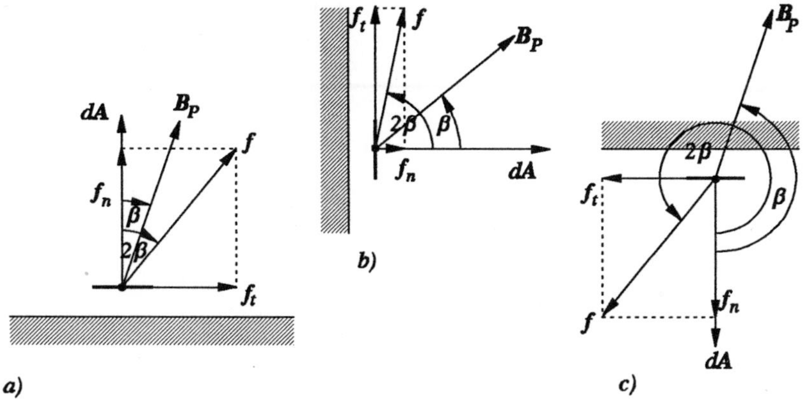

Bild 3.70 Flächenspannungen an Oberflächen

Für die Komponenten der Oberflächenspannung gilt

$$f_n = f \cos(2\beta) = \frac{1}{2\,\mu}(B_n^2 - B_t^2) \;, \tag{3.363}$$

$$f_t = f \sin(2\beta) = \frac{1}{\mu} B_n B_t \;. \tag{3.364}$$

An Grenzflächen Eisen gegen Luft ist zumeist $\beta = 0$, so daß

$$f_n = \frac{1}{2\,\mu_0} B_n^2 \;, \tag{3.365}$$

$$f_t = 0 \;. \tag{3.366}$$

Die Berechnung der Kraftwirkungen auf ein Volumen über die Flächenspannungen erfordert die Kenntnis der Feldverteilung **B** (x,y,z) auf der Oberfläche des Volumens. Dazu ist es notwendig, die feldbeschreibenden Differentialgleichungen numerisch zu lösen, wobei die Lösung den Randbedingungen in der konkreten technischen Anordnung anzupassen ist. Die dazu erforderlichen Methoden werden hier nicht untersucht.

Kraftermittlung aus den Ψ(I,δ)-Kennlinien der Anordnung

Die Kraftwirkungen in elektro-magneto-mechanischen Einrichtungen können aus den Ψ(I, δ)-Kennlinien der Anordnung ermittelt werden. Ein solcher Energiewandler ist der Gleichstrommagnet, das Relais u. a.. An der Prinzipskizze (Bild 3.71) soll die Problematik erläutert werden: Auf den beweglichen Teil des Eisenkreises (Anker) gibt es eine resultierende Feldkraft **F** in x-Richtung.

Das Gleichgewicht für einen bestimmten Luftspalt δ wird durch die Gegenkraft der Feder erreicht.

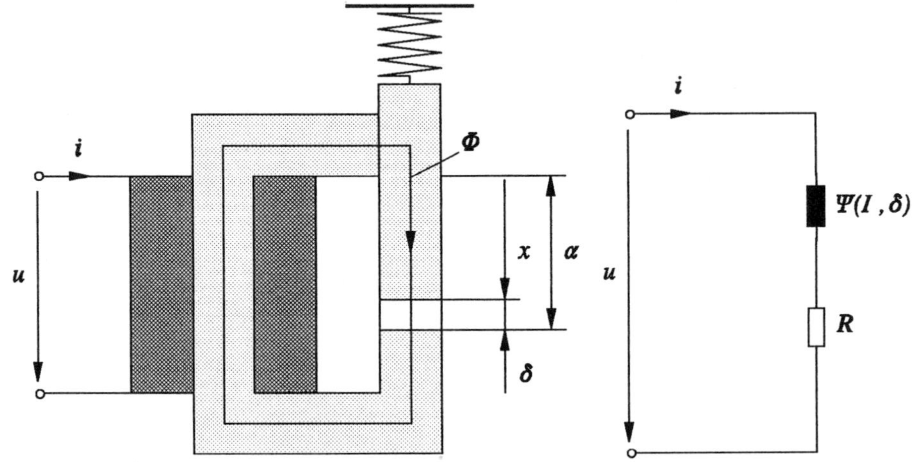

Bild 3.71 Energiewandler: Prinzipskizze, Schaltbild

Für einen Stromwert I der Erregerspule und einen eingestellten Luftspalt δ ist im Abschnitt 3.6.2 die meßtechnische Ermittlung des Induktionsflusses Ψ(I,δ) beschrieben worden.

Im Zeitintervall dt soll eine virtuelle Verschiebung dx des Ankers betrachtet werden. Dabei kommt es zu einer Induktionsflußänderung dΨ in der Erregerspule, was unter noch zu charakterisierenden Bedingungen zur Belastung der Quelle und zum Arbeitsaufwand dW_{el} führt. Es wird mechanische Arbeit dW_{mech} geleistet und die im Feld gespeicherte magnetische Energie ändert sich um dW_m (vergleiche die Ausführungen im Abschnitt 3.8.2).

Die Beschreibungsgleichungen lauten:

$$u = R\, i + \frac{d\Psi}{dt}\,, \tag{3.367}$$

$$dW_{el} = u\, i\, dt = R\, i^2\, dt + i\, d\Psi = R\, i^2\, dt + dW_{mech} + dW_m\,, \tag{3.368}$$

also

$$i\, d\Psi = dW_{mech} + dW_m\,. \tag{3.369}$$

Zur Auswertung der Gleichung (3.369) wird eine Fallunterscheidung vorgenommen.

1. Annahme: $\Psi = \Psi_0 =$ konst., $d\Psi = 0$

Die Annahme setzt voraus, daß die elektrische Quelle in der Zeiteinheit dt den Strom so nachregelt, daß trotz Induktivitätsänderung der Anordnung der Induktionsfluß konstant bleibt.

Aus Gleichung (3.369) wird dann

$$i\,d\Psi = 0 = F\,dx + dW_m\,, \tag{3.370}$$

$$F = -\left(\frac{dW_m}{dx}\right)_{\Psi = \Psi_0 = konst.}\,. \tag{3.371}$$

Im $\Psi(I,\delta)$-Kennlinienfeld (Bild 3.72a) kann die Aussage der Gleichung (3.371) nachvollzogen werden. Bei Veränderung der Ankerstellung von x_2 nach x_3 mit $x_3 > x_2$ ($\delta_3 < \delta_2$) verringert sich die im Feld der Anordnung gespeicherte magnetische Energie ($W_m(x_3) < W_m(x_2)$). Die Energiedifferenz wird in mechanische Arbeit umgeformt. Als mittlere Kraft auf den Anker im Intervall, z. B. $x_2 \le x \le x_3$ findet man aus dem Kennlinienfeld (vergleiche Bild 3.72)

$$F_{mitt} = -\frac{\Delta W_m}{\Delta x} = \frac{W_m(x_2) - W_m(x_3)}{x_3 - x_2}\,. \tag{3.372}$$

Die Fläche zwischen den Kennlinien mit den Parametern x_3, x_2, begrenzt durch Ψ_0, ist auszumessen und über die Achsenmaßstäbe in den äquivalenten Energieterm umzurechnen.

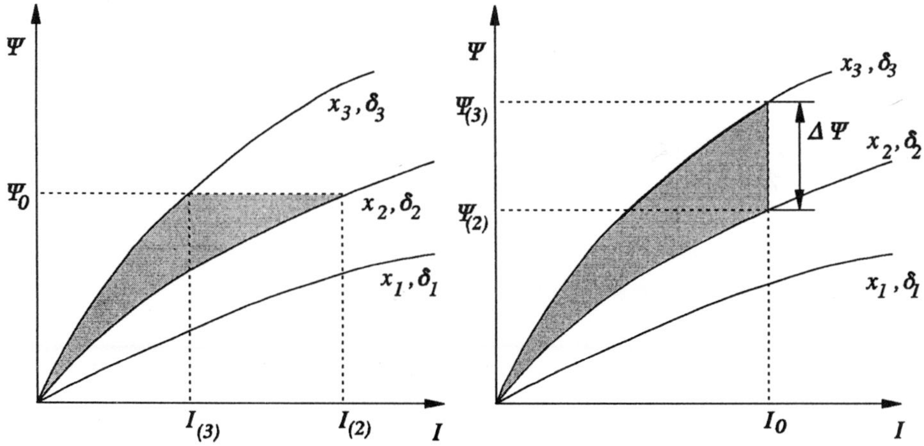

Bild 3.72 Ermittlung der Polkraft aus dem $\Psi(I,\delta)$-Kennlinienfeld

Maxwellsche Zugkraftformel

Kann davon ausgegangen werden, daß das Magnetfeld senkrecht aus der Stirnfläche austritt (z. B. bei sehr kleinem Luftspalt), dann folgt die Änderung der magnetischen Energie auch aus folgender Überlegung:

Bei der virtuellen Verschiebung des Ankers um dx nimmt das Eisenvolumen des Magnetkreises um dV = A dx zu und das Luftspaltvolumen entsprechend ab. Für die Energieänderung folgt daraus über die Energiedichte

$$dW_m = \frac{1}{2\,\mu} B_n^2 A\, dx - \frac{1}{2\,\mu_0} B_n^2 A\, dx \,, \tag{3.373}$$

$$F = -\frac{dW_m}{dx} = \frac{1}{2\,\mu_0} B_n^2 A \left(1 - \frac{1}{\mu_r}\right) . \tag{3.374}$$

Für $\mu_r >> 1$ folgt aus Gleichung (3.374)

$$F = \frac{1}{2\,\mu_0} B_n^2 A \,. \tag{3.375}$$

Gleichung (3.375) ist als Maxwellsche Zugkraftformel bekannt (vergleiche auch Gleichung (3.365)). Aus ihr kann folgende zugeschnittene Größengleichung entwickelt werden.

$$\frac{F}{N} = 40 \left(\frac{B}{T}\right)^2 \frac{A}{cm^2} \,. \tag{3.376}$$

Für B = 1 T folgt die Polkraft F = 40 N pro 1 cm^2 Polfläche.

2. Annahme i = I_0 = konst.

Diese Annahme entspricht besser der Realität als die Annahme 1.

Ein Konstantstromquellenverhalten der elektrischen Quelle ist gut vorstellbar.

Das $\Psi(I,\delta)$-Kennlinienfeld wird punktweise für bestimmte Ströme I und Luftspaltabstände δ ausgemessen. Aus Gleichung (3.369) wird

$$I_0\, d\Psi = dW_{mech} + dW_m \,, \tag{3.377}$$

$$F\, dx = I_0\, d\Psi - dW_m \,. \tag{3.378}$$

Für einen magnetisch linearen Wandler (lineares $\Psi(I,\delta)$-Kennlinienfeld) gilt

$$W_m = \frac{1}{2} I_0\, \Psi \,, \tag{3.379}$$

$$dW_m = \frac{1}{2} I_0\, d\Psi \,. \tag{3.380}$$

Aus Gleichung (3.378), (3.380) wird

$$F\,dx = \frac{1}{2}\,I_0\,d\Psi = dW_m\,, \tag{3.381}$$

$$F = \left(\frac{dW_m}{dx}\right)_{i\,=\,I_0\,=\,konst.}\,. \tag{3.382}$$

Weitere Beziehungen folgen aus

$$W_m = \frac{1}{2}\,I_0^2\,L\,,$$

$$dW_m = \frac{1}{2}\,I_0^2\,dL \tag{3.383}$$

und damit

$$F = \frac{1}{2}\,I_0^2\,\frac{dL}{dx} = \frac{1}{2}\,\Theta^2\,\frac{d\Lambda}{dx}\,. \tag{3.384}$$

In der Literatur findet man für typische Anordnungen Anker-Ankergegenstück Hinweise zur Berechnung des magnetischen Leitwertes in Abhängigkeit von der Luftspaltlänge δ, woraus wegen $a = x + \delta$ (vergleiche Bild 3.71) $\Lambda = \Lambda(x)$ ermittelt werden kann.

Ermittlung der Kraft aus dem Ψ(I, δ)-Kennlinienfeld

Ein sicherer Weg zur Ermittlung der Kraft-Weg-Kennlinie einer technischen Anordnung ist das Ausmessen des $\Psi(I, \delta)$-Kennlinienfeldes und die Auswertung der Gleichung (3.378) durch Flächenbetrachtungen.

Aus Bild 3.72b kann man für den Übergang von der Ankerstellung x_2 zur Ankerstellung x_3 ablesen:

$$F_{mitt}\,\Delta x = I_0\,\Delta\Psi - \Delta\,W_m = I_0\,\Delta\Psi + W_m(x_2) - W_m(x_3)\,,$$

$$F_{mitt} = \frac{I_0\,\Delta\Psi + W_m(x_2) - W_m(x_3)}{x_3 - x_2}\,. \tag{3.385}$$

Der mechanischen Arbeit ΔW_{mech} äquivalent ist die Fläche zwischen den $\Psi(I)$-Kennlinien mit den Parametern x_3, x_2, begrenzt durch den Stromwert I_0.

3.9 Gleichstrommaschinen

In rotierenden elektrischen Maschinen beruht die Energieumwandlung auf der Wechselwirkung von Spannungsinduktion (Abschnitt 3.5.3) und Kraftwirkung (Abschnitt 3.8.1) im Magnetfeld. Mit den Betrachtungen zu den Gleichstrommaschinen kann gezeigt werden, daß mit der Kenntnis der Gesetzmäßigkeiten zu den Grundgebieten der Elektrotechnik, insbesondere zum Magnetfeld, technische Anordnungen in ihrem Betriebsverhalten grundsätzlich erklärt werden können. Zur Herleitung der typischen Kennlinien werden auch Ersatzschaltbilder für die technische Anordnung und deren Analyse genutzt.

3.9.1 Aufbau, Maschinengleichungen

Aufbau

Generatoren und Motoren haben den gleichen Aufbau. Der Ständer der Maschine besteht aus dem zylindrischen Joch, an dem die Pole angeordnet sind. Die Pole tragen die Erregerwicklung. Durch die Polschuhform wird ein radialsymmetrisches Luftspaltfeld realisiert. Der Läufer oder Anker ist zur Verringerung der Wirbelströme (Bewegungsinduktion) aus Blechzuschnitten zum Paket geschichtet. Über den Läuferumfang sind Nuten eingestanzt, in die die Läufer- oder Ankerwicklung eingebettet ist. Die Wicklungsenden der Ankerwicklung sind mit dem Stromwender oder Kommutator verbunden.

1. Maschinengleichung

Als Beispiel für Bewegungsinduktion wurde die Drehbewegung einer Schleife im homogenen radialen Magnetfeld behandelt (s. Bild 3.48). Die Induktionsspannung U_i in der Ankerwicklung hängt in bekannter Weise (Gleichung (3.187)) von der Geometrie der Spule, Magnetfeld im Luftspalt und Drehzahl des Ankers ab. Im Unterschied zur Drehbewegung einer Schleife soll eine Maschinenkonstante K_1 die Schaltungsart der Ankerwicklung, andere Konstanten und Parameter zusammenfassen. Mit dem Stromwenderprinzip ist die Induktionsspannung eine Gleichspannung. Wegen $\omega = 2\,\pi\,n$ und mit $\Phi = 2\,r\,l\,B$ erhält man

$$U_i = U_0 = K_1\,\Phi\,n\,. \tag{3.386}$$

Gleichung (3.386) heißt 1. Maschinengleichung der Gleichstrommaschine. Der Magnetfluß Φ wird vom Erregerstrom I_E in der Erregerwicklung erzeugt. Die Spannung U_0 ist die Leerlaufklemmenspannung des Gleichstromgenerators. Bei Belastung führt der Widerstand R_A der Ankerspule mit dem Strom I_A zum inneren Spannungsabfall. Die Spannungsgleichung für den Ankerkreis des Generators lautet

$$U_G = U_0 - R_A\, I_A\,. \tag{3.387}$$

Im Gleichstrommotor führt die Drehbewegung der Ankerwicklung ebenfalls zur Induktionsspannung nach Gleichung (3.386).

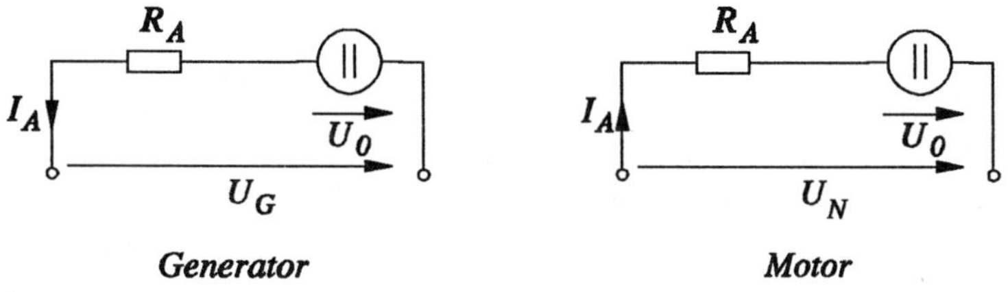

Bild 3.73 Ersatzschaltbilder für den Ankerkreis der Gleichstrommaschine

Die Spannungsgleichung für den Ankerkreis des Gleichstrommotors lautet

$$U_N = U_0 + R_A\, I_A\,. \tag{3.388}$$

U_N ist die angelegte Netzspannung. Die Ersatzschaltbilder zeigt Bild 3.73.

2. Maschinengleichung

Auf die stromdurchflossene Leiterschleife im homogenen radialen Magnetfeld wird ein Drehmoment nach Gleichung (3.345) (vergleiche Bild 3.68) ausgeübt. Mit $\Phi = 2\, r\, l\, B$ und der Maschinenkonstante K_2 folgt für das Drehmoment auf die Ankerwicklung

$$M = K_2\, \Phi\, I_A\,. \tag{3.389}$$

Das ist die 2. Maschinengleichung.

Die an der Welle des Ankers beim Generator aufgebrachte Leistung P_{mech} führt zur elektrischen Leistung P_{el} und muß die Stromwärmeverluste $R_A\, I^2_A$ aufbringen:

$$P_{mech} = M\, \omega = U_0\, I_A = U_G\, I_A + R_A\, I_A^2\,. \tag{3.390}$$

Die Leistungsaufnahme des Motors P_{el} führt zur mechanischen Leistung P_{mech} an der Welle und muß die Stromwärmeverluste aufbringen

$$P_{el} = U_N\, I_A = P_{mech} + R_A\, I_A^2 = U_0\, I_A + R_A\, I_A^2\,. \tag{3.391}$$

Die Leistungsbilanzen bestätigen die Überlegung zu den Spannungsbilanzen (Gleichungen (3.387), (3.388)) und veranschaulichen die Wechselwirkung von Spannungsinduktion und Kraftwirkung im Ankerkreis der Gleichstrommaschine.

3.9.2 Gleichstromgenerator

Beim fremderregten Gleichstromgenerator ist die Erregerwicklung an ein fremdes Gleichstromnetz angeschlossen. Über einen Feldsteller kann der Erregerstrom I_E und damit der Polfluß Φ verändert werden.

Im Leerlauf ($I_A = 0$) ist die Generatorspannung U_G gleich der Spannung U_0 (Gleichung (3.387)). Die Betriebskennlinie $U_G = f(I_A)$ entspricht der Kennlinie der linearen Spannungsquelle (Bild 3.74).

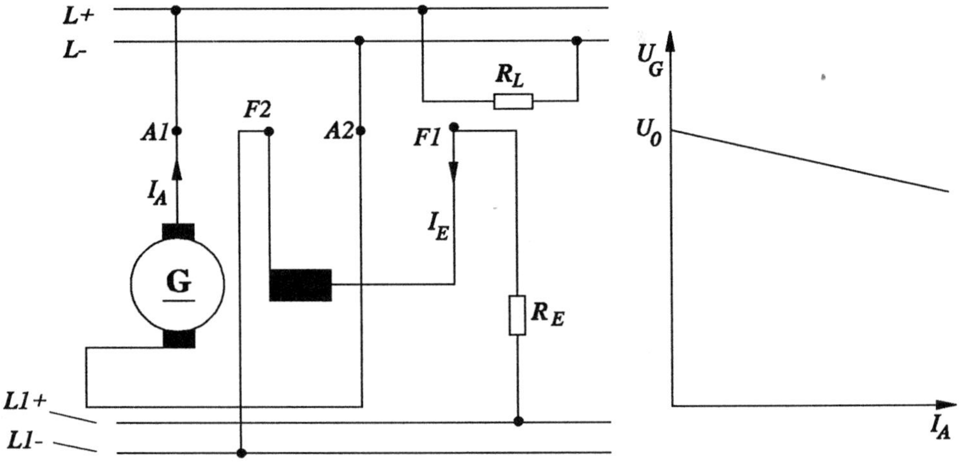

Bild 3.74 Fremderregter Gleichstromgenerator, Schaltung, Betriebskennlinie

Beim selbsterregten Nebenschlußgenerator ist die Feldwicklung mit Feldsteller parallel zum Ankerkreis geschaltet. Bild 3.75 zeigt die Schaltung und das Ersatzschaltbild.

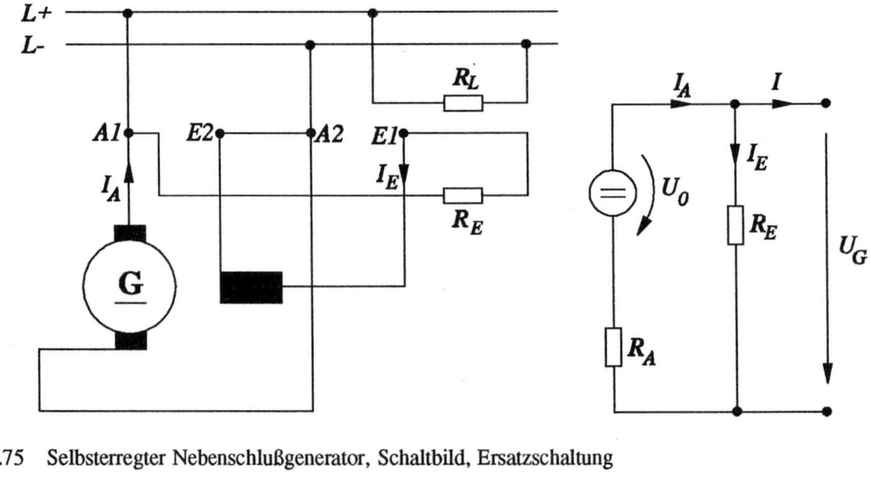

Bild 3.75 Selbsterregter Nebenschlußgenerator, Schaltbild, Ersatzschaltung

Nach dem dynamoelektrischen Prinzip, das W. v. Siemens 1866 aufstellte und technisch nutzte, erregt sich die Generatorspannung U_0 im Leerlauf auf den Wert U_S (Bild 3.76a).

Genutzt wird dabei der Remanenzfluß Φ_r des Magnetkreises. Nach der 1. Maschinengleichung ist die Spannung U_0 bei n = konst. proportional dem Polfluß Φ. Idealisiert man den Zusammenhang $\Phi = \Phi(I_E)$, so folgt $U_0 = f(I_E)$ wie im Bild 3.76a dargestellt. Die Remanenzspannung U_r führt zu einem Feldstrom I_E, der bei richtiger Polung der Erregerwicklung den Polfluß Φ verstärkt. Als Arbeitspunkt stellt sich der Schnittpunkt zwischen der Kennlinie $U_0 = f(I_E)$ und der Widerstandsgeraden $U_R = I_E\,(R_A + R_E)$ ein (im Leerlauf ist $I_A = I_E$).

Die Leerlaufklemmenspannung U_{GL} ist

$$U_{GL} = U_S \frac{R_E}{R_A + R_E} . \tag{3.392}$$

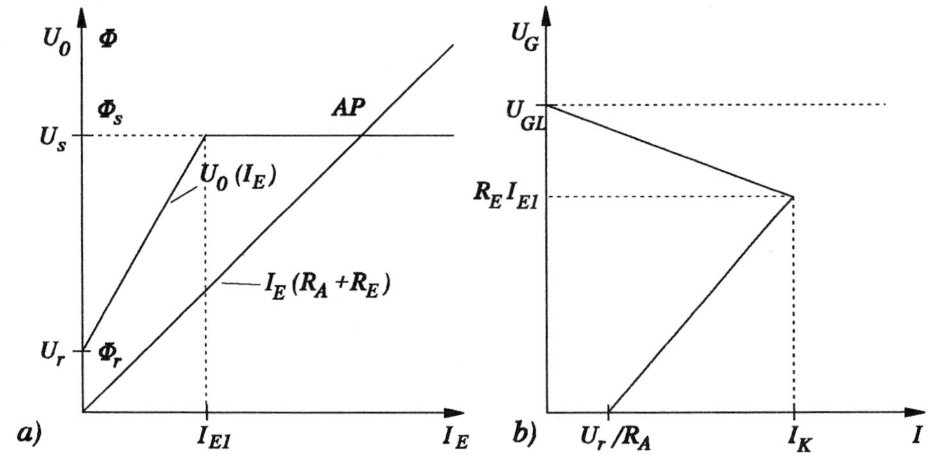

Bild 3.76 Betriebskennlinien des selbsterregten Nebenschlußgenerators

Als Betriebskennlinie $U_G = f(I)$ ergibt sich mit obiger idealisierter Annahme der Verlauf nach Bild 3.76b. Die Begründung folgt aus der Analyse des Ersatzschaltbildes Bild 3.75. Wegen $U_0 = f(I_E)$ enthält der Stromkreis eine stromgesteuerte Spannungsquelle.

Für $I_E \geq I_{E1}$, $0 \leq I \leq I_K$ ist $U_0 = U_S$ = konst. und

$$U_G = U_S \frac{R_E}{R_A + R_E} - \frac{R_A\,R_E}{R_A + R_E}\, I = U_{GL} - R_{iers}\, I . \tag{3.393}$$

Für $I_E = I_{E1}$ ist der Klemmenstrom I gleich dem Kippstrom I_K. Da dann $U_G = R_E\, I_{E1}$, berechnet sich der Kippstrom I_K zu

$$I_K = \frac{U_{GL} - R_E I_{E1}}{R_{iers}} = \frac{U_S - I_{E1} (R_A + R_E)}{R_A} . \qquad (3.394)$$

Für $0 \leq I_E \leq I_{E1}$, $I_K \geq I \geq U_r/R_A$ erhält man

$$U_G = U_0 (I_E) \frac{R_E}{R_A + R_E} - \frac{R_A R_E}{R_A + R_E} I , \qquad (3.395)$$

$$U_G = (U_r + \frac{U_S - U_r}{I_{E1}} I_E) \frac{R_E}{R_A + R_E} - \frac{R_A R_E}{R_A + R_E} I . \qquad (3.396)$$

Daraus wird mit $I_E = U_G/R_E$

$$U_G(\frac{R_A + R_E}{R_E} - \frac{U_S}{R_E I_{E1}} + \frac{U_r}{R_E I_{E1}}) = U_r - R_A I$$

und mit Gleichung (3.394)

$$U_G = \frac{R_E I_{E1}}{I_K - \frac{U_r}{R_A}} (I - \frac{U_r}{R_A}) \qquad (3.397)$$

(vergleiche die Kennlinie in Bild 3.76b).

3.9.3 Gleichstrommotor

Aus der Spannungsgleichung für den Ankerkreis (Gleichung (3.388)) und den Maschinengleichungen (3.386), (3.389) können als Betriebskennlinien die Drehzahl-Drehmomentcharakteristik und Ankerstrom-Drehmomentcharakteristik abgeleitet werden.

Gleichstrom-Nebenschlußmotor

Für den Gleichstrom-Nebenschlußmotor ist der Erregerstrom $I_E = U_N / R_E$ = konst. und damit der Polfluß Φ = konst. (Bild 3.77)

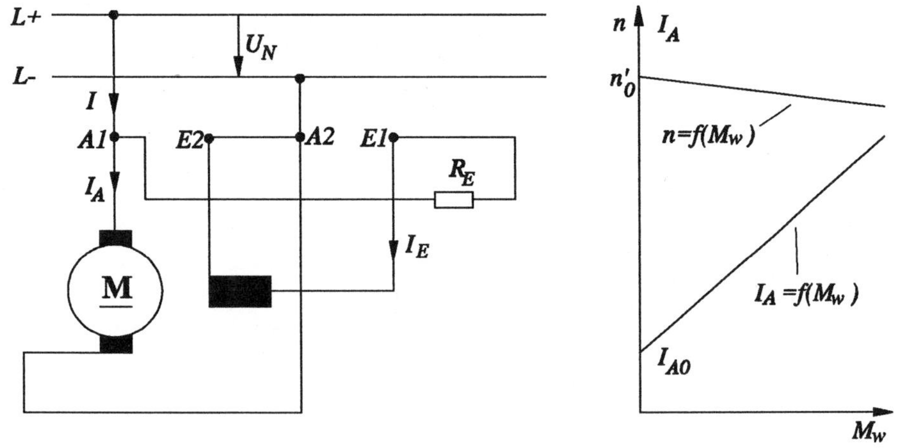

Bild 3.77 Nebenschlußmotor: Schaltung, Betriebskennlinien

Für die Drehzahl-Drehmomentcharakteristik folgt aus den oben angeführten Gleichungen

$$U_N = K_1 \Phi n + \frac{M}{K_2 \Phi} R_A , \tag{3.398}$$

$$n = \frac{U_N}{K_1 \Phi} - \frac{R_A}{K_1 K_2 \Phi^2} M = n_0 - K M . \tag{3.399}$$

Für die Ankerstrom-Drehmomentcharakteristik folgt unmittelbar aus der 2. Maschinengleichung

$$I_A = \frac{M}{K_2 \Phi} . \tag{3.400}$$

In den Gleichungen (3.399), (3.400) ist das Drehmoment M das elektromagnetisch erzeugte Drehmoment des Motors. Bei der Aufnahme der Betriebskennlinien wird man Drehzahl n und Ankerstrom I_A in Abhängigkeit vom Drehmoment M_W, das an der Welle des Motors zur Verfügung steht, messen. Es gilt

$$M_W = M - M_V . \tag{3.401}$$

M_V ist das Verlustmoment, durch magnetische und mechanische Verluste im Motor hervorgerufen.

Damit lauten die Betriebskennlinien

$$n = n_0 - K M_V - K M_W = n_0' - K M_W , \tag{3.402}$$

$$I_A = \frac{M_V}{K_2\,\Phi} + \frac{M_W}{K_2\,\Phi} = I_{A0} + \frac{M_W}{K_2\,\Phi}\,. \tag{3.403}$$

Gleichstrom-Reihenschlußmotor

Das Schaltbild und die Betriebskennlinien zeigt Bild 3.78.

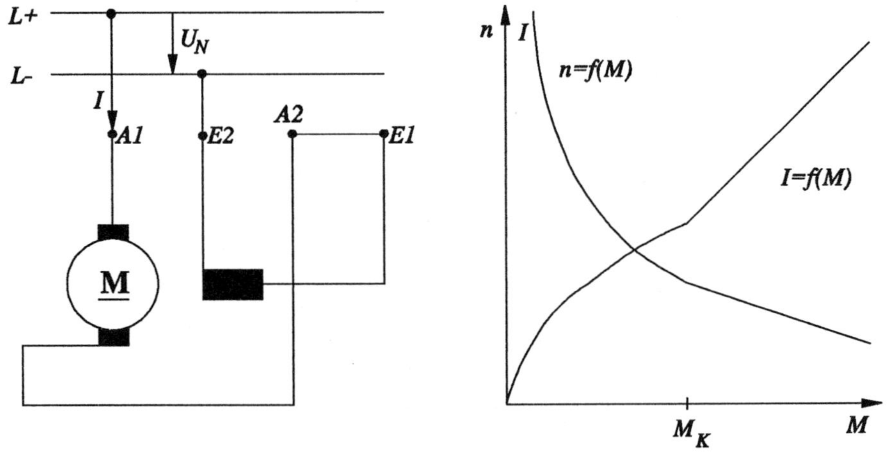

Bild 3.78 Reihenschlußmotor: Schaltung, Betriebskennlinien

Nunmehr ist der Ankerstrom I_A gleich dem Erregerstrom I_E gleich dem Klemmenstrom I. Wegen der Abhängigkeit des Polflusses Φ vom Erregerstrom I_E muß zur Herleitung der Betriebskennlinien eine Fallunterscheidung vorgenommen werden.

1. $I_A \geq I_{AK}$, gilt $\Phi = \Phi_S$ (vergleiche Bild 3.76a, wobei $I_{E1} = I_{AK}$):

Ab dem Strom $I_A = I_{AK}$ zeigt der Reihenschlußmotor Nebenschlußverhalten

$$n = \frac{U_N}{K_1\,\Phi_S} - \frac{R_A + R_E}{K_1\,\Phi_S}\,\frac{M}{K_2\,\Phi_S}\,, \tag{3.404}$$

$$I_A = \frac{M}{K_2\,\Phi_S}\,. \tag{3.405}$$

2. $0 \leq I_A \leq I_{AK}$, gilt $\Phi = K_3\, I_A$ mit $K_3 = \Phi_S / I_{AK}$:

$$I_A = \sqrt{\frac{M}{K_2\, K_3}}\,, \tag{3.406}$$

$$n = \frac{U_N}{K_1\, K_3 \sqrt{\dfrac{M}{K_2\, K_3}}} - \frac{R_A + R_E}{K_1\, K_3}\,. \tag{3.407}$$

Im Intervall $0 \leq M \leq M_K$ zeigt der Motor eine starke Drehzahl-Drehmomentabhängigkeit (weiche Betriebskennlinie). Eine minimale Last muß gewährleistet sein, damit der Motor nicht "durchgeht".

Aus den Unterschieden in den Betriebskennlinien resultieren unterschiedliche Einsatzgebiete. Bei der Diskussion der Betriebskennlinien ist zu berücksichtigen, daß idealisierte Annahmen, insbesondere zum Polflußverhalten $\Phi = \Phi(I_E)$, zugrunde gelegt wurden. Dennoch ist die Vorgehensweise: elektrische Ersatzschaltbilder, vereinfachte Kennlinienapproximation typisch und geeignet, das Verhalten der Anordnung Gleichstrommaschine hinreichend genau zu beschreiben.

Literaturverzeichnis

1. Studienliteratur zur Allgemeinen Elektrotechnik

/1.1/ Altmann, S.; Schleyer, D.: Lehr- und Übungsbuch Elektrotechnik. Fachbuchverlag Leipzig GmbH 1995.

/1.2/ Führer, A.; Heidemann, K.; Nerreter, W.: Grundgebiete der Elektrotechnik. Band 1: Stationäre Vorgänge 6. Auflage 1997. Band 2: Zeitabhängige Vorgänge 6. Auflage 1998. Carl Hanser Verlag München.

/1.3/ Grave, H.-F.: Grundlagen der Elektrotechnik. Akademische Verlagsgesellschaft Frankfurt a. M. 1971.

/1.4/ Mattes, H.: Übungskurs Elektrotechnik 1. Springer-Verlag Berlin 1992.

/1.5/ Moeller/Fricke/Frohne/Vaske: Grundlagen der Elektrotechnik. 17. Auflage. B. G. Teubner Stuttgart, 1986.

/1.6/ Ose, R.: Elektrotechnik für Ingenieure. Band 1: Grundlagen. Fachbuchverlag im Carl Hanser Verlag 1996.

/1.7/ Paul, R.: Elektrotechnik 1: Felder und einfache Stromkreise. 3. Auflage 1993. Elektrotechnik 2: Netzwerke. 3. Auflage 1994. Springer-Verlag Berlin.

/1.8/ Paul, R.; Paul, S.: Arbeitsbuch zur Elektrotechnik 1. Springer-Verlag Berlin 1996.

/1.9/ Paul, R.; Paul, S.: Repetitorium Elektrotechnik. Elektromagnetische Felder, Netzwerke, Systeme. Springer-Verlag Berlin 1996.

/1.10/ Prechtl, A.: Vorlesungen über die Grundlagen der Elektrotechnik. Band 1 1995. Band 2 1995. Springer-Verlag Wien.

/1.11/ Pregla, R.: Grundlagen der Elektrotechnik. 5. Auflage. Hüthig Verlag Heidelberg 1995.

/1.12/ Weyh, U.: Die Grundlagen der Lehre vom elektrischen und magnetischen Feld. 2. Auflage. Oldenbourg Verlag München, Wien 1984.

2. Ergänzende Literatur

/2.1/ Dobrinski, P.; Krakau, G.; Vogel, A.: Physik für Ingenieure. 7. Auflage. B. G. Teubner Stuttgart 1988.

/2.2/ Kallenbach, E.: Der Gleichstrommagnet. Akademische Verlagsgesellschaft Geeest & Portig K.-G.. Leipzig 1969.

/2.3/ Küpfmüller, K.; Kohn, G.: Theoretische Elektrotechnik und Elektronik. Eine Einführung. 14. Auflage. Springer-Verlag Berlin 1993.

/2.4/ Paus, H.-J.: Physik in Experimenten und Beispielen. Carl Hanser Verlag München 1995.

/2.5/ Philippow, E. (Hrsg.): Taschenbuch Elektrotechnik. Band 1. 3. Auflage. Carl Hanser Verlag München 1986.

/2.6/ Purcell, E. M.: Elektrizität und Magnetismus. 4. Auflage. Friedr. Vieweg Verlagsgesellschaft Braunschweig/Wiesbaden 1989.

/2.7/ Schönfeld, H.: Die wissenschaftlichen Grundlagen der Elektrotechnik. 3. Auflage. Springer-Verlag Berlin 1960.

/2.8/ Schrüfer, E.: Elektrische Meßtechnik. 6. Auflage. Carl Hanser Verlag München 1995.

/2.9/ Tricker, R. A. R.: Faraday und Maxwell. Akademie Verlag Berlin 1974.

/2.10/ Tricker, R. A. R.: Frühe Elektrodynamik. Akademie Verlag Berlin 1974.

Sachwortverzeichnis